HUNAN SHENG CHANG ZHU TAN GUOJIA
ZIZHU CHUANGXIN SHIFANQU TIAOLI SHIYI

《湖南省长株潭国家自主创新示范区条例》释义

湖南省人大教育科学文化卫生委员会　｜编著
湖南省科学技术厅

顾　　问：**王柯敏　彭国甫**

主　　编：**梁肇洪**

副主编：**陈佳新　朱　皖**

编审专家：**詹　鸣　周刚志**

撰稿人：**蒋　威　张启江　张建华**

　　　　　宋　捷　肖北庚　谢　慧

　　　　　周　兴　黄　维　郑清波

统　　稿：**李　彪　陈　松　易峥嵘**

中南大学出版社
www.csupress.com.cn
· 长沙 ·

前　言

创新是引领发展的第一动力，是推动一个国家、一个民族向前发展的重要力量。建设国家自主创新示范区，在进一步完善科技创新的体制机制，加快发展高新技术产业和战略性新兴产业，落实创新驱动发展战略，加快转变经济发展方式等方面将发挥重要的示范、引领、辐射、带动作用。2014 年 12 月 11 日，国务院下发《关于同意支持长株潭国家高新区建设国家自主创新示范区的批复》（国函〔2014〕164 号），同意长沙、株洲、湘潭三个国家高新技术产业开发区建设国家自主创新示范区。为了促进和保障长株潭国家自主创新示范区建设，提高自主创新能力，打造具有核心竞争力的科技创新高地，把长株潭国家自主创新示范区建设成为创新驱动发展引领区、体制机制改革先行区、军民融合创新示范区和中西部地区发展新的增长极，在湖南省委领导下，省人大、省政府启动了长株潭国家自主创新示范区立法工作，2020 年 3 月 31 日湖南省第十三届人民代表大会常务委员会第十六次会议通过了《湖南省长株潭国家自主创新示范区条例》，自 2020 年 7 月 1 日起施行。《湖南省长株潭国家自主创新示范区条例》是自主性立法，坚持问题导向，突出特色优势，着力推动以科技创新为核心的全面创新，重点围绕理顺管理体制机制、鼓励先行先试、激发创新主体活力、强化创新要素保障、加强科技与金融结合等方面进行规范，为贯彻落实省委"三高四新"战略、建设长株潭国家自主创新示范区提供了法治保障。

为深入学习、广泛宣传、贯彻实施好《湖南省长株潭国家自主创新示范区条例》，应社会各方面需要，湖南省人大教育科学文化卫生委员会、湖南省人大常委会法制工作委员会、湖南省科学技术厅组织编写了《〈湖南省长株潭国家自主创新示范区条例〉释义》。本书内容分为四部分，包括条例文本、条例释义、相关文件、相关法律、行政法规、规章政策。本书的编写目的是帮助大家准确掌握条文立法的原意，并提供相关的立法依据，以便准确理解和实施该条例。

本书编写由湖南省人大常委会党组副书记王柯敏、副主任彭国甫担任顾问；湖南省人大教育科学文化卫生委员会主任委员梁肇洪担任主编；湖南省人大教育科学文化卫生委员会副主任委员陈佳新，湖南省科学技术厅副厅长朱皖担任副主编。湖南省人大教育科学文化卫生委员会原副主任委员詹鸣、中南大学教授周刚志担任编审专家。由蒋威、张启江、张建华、宋捷、肖北庚、谢慧、周兴、黄维、郑清波撰稿，李彪、陈松、易峥嵘统稿。

由于水平有限，书中难免有不足之处，恳请读者批评指正。

编　者
2021 年 5 月

目 录

湖南省长株潭国家自主创新示范区条例 1
《湖南省长株潭国家自主创新示范区条例》释义 6

相关文件

湖南省第十三届人民代表大会常务委员会公告 33
关于《湖南省长株潭国家自主创新示范区条例(草案)》的说明 34
关于《湖南省长株潭国家自主创新示范区条例(草案)》审议意见的报告 ... 37
湖南省人民代表大会法制委员会关于《湖南省长株潭国家自主创新示范区条例(草案)》
   修改情况的汇报 40
湖南省人民代表大会法制委员会关于《湖南省长株潭国家自主创新示范区条例(草案)》
   审议结果的报告 43
湖南省人民代表大会法制委员会关于《湖南省长株潭国家自主创新示范区条例(草案)》
   修改情况的再说明 45

相关法律、行政法规、规章制度

中华人民共和国科学技术进步法 49
中华人民共和国促进科技成果转化法 58
国务院关于印发实施《中华人民共和国促进科技成果转化法》若干规定的通知 65
实施《中华人民共和国促进科技成果转化法》若干规定 66
长株潭国家自主创新示范区发展规划纲要(2015—2025 年) 71
国务院办公厅关于促进开发区改革和创新发展的若干意见 92
国务院关于促进国家高新技术产业开发区高质量发展的若干意见 98

国务院关于推进国家级经济技术开发区创新提升打造改革开放新高地的意见 103

湖南省实施《中华人民共和国促进科技成果转化法》办法 108

中共湖南省委 湖南省人民政府关于建设长株潭国家自主创新示范区的若干意见 . . . 113

中共湖南省委 湖南省人民政府关于贯彻落实创新驱动发展战略建设科技强省的
实施意见 118

湖南省人民政府办公厅关于印发《长株潭国家自主创新示范区建设三年行动计划
（2017—2019 年）》的通知 127

长沙高新技术产业开发区条例长沙市人民代表大会常务委员会公告 133

中共长沙市委 长沙市人民政府关于印发《长沙市建设创新创业人才高地的若干
措施》的通知 138

中共株洲市委 株洲市人民政府印发《关于进一步推进人才优先发展的 30 条措施》的
通知 145

中共湘潭市委 湘潭市人民政府关于印发《莲城人才行动计划》的通知 151

中关村国家自主创新示范区条例 157

东湖国家自主创新示范区条例 166

深圳经济特区国家自主创新示范区条例 174

苏南国家自主创新示范区条例 184

成都国家自主创新示范区条例 192

广东省自主创新促进条例 199

湖南省长株潭国家自主创新示范区条例

（2020 年 3 月 31 日湖南省第十三届人民代表大会常务委员会第十六次会议通过）

第一条 为了促进和保障长株潭国家自主创新示范区建设，提高自主创新能力，把长株潭国家自主创新示范区建设成为创新驱动发展引领区、体制机制改革先行区、军民融合创新示范区和中西部地区发展新的增长极，根据有关法律、行政法规，结合本省实际，制定本条例。

第二条 长株潭国家自主创新示范区的建设及相关活动，适用本条例。

长株潭国家自主创新示范区（以下简称自创区）是指国务院批准的长沙、株洲、湘潭国家高新技术产业开发区等园区。省人民政府根据自创区发展需要，确定长株潭范围内的其他园区与自创区统筹规划、一体推进。

自创区各个园区的具体范围由省人民政府公布。

第三条 自创区建设应当坚持省统筹、市建设和区域协同、部门协作原则。

自创区应当重点发展高新技术产业、战略性新兴产业，提升产业基础能力和产业链水平，培育和发展具有国际竞争力的创新型产业集群；制定激励创新政策，在科研院所转制、科技成果转化、军民融合发展、人才引进、绿色发展等方面先行先试；整合创新资源，支持产业创新，促进技术、成果、资金、人才等创新要素自由流动、高效聚集、开放共享，推进自创区一体化建设。

第四条 省人民政府对自创区建设实行统一领导。省人民政府自创区协调机构对自创区建设进行统筹协调，定期研究自创区建设重大问题，研究提出自创区政策、发展规划、专项资金使用及年度重点工作计划等重大事项方案，并报省人民政府审定。自创区协调机构日常工作由省人民政府确定的机构负责。

第五条 长沙市、株洲市、湘潭市（以下简称长株潭三市）人民政府对本市自创区建设承担主体责任，应当建立工作责任制度，加大财政支持力度，研究解决自创区建设中的重大问题，按照国家和省有关规定整合、规范各类园区，建立健全相应的工作推进机制，并明确具体组织协调自创区建设的管理机构。

第六条 省人民政府科学技术主管部门负责自创区建设的对口协调和业务指导工作。省人民政府其他有关部门、长株潭三市人民政府有关部门在各自职责范围内支持、促进和服务自创区建设。

第七条 自创区内园区管理机构行使长株潭三市人民政府授予的经济和社会管理职权；按照机构编制管理相关规定，推进机构设置和职能配置优化协同高效。

自创区内园区管理机构享有人事管理优化调整的自主权，实行以聘用制为主的人事管理制度，创新符合自创区实际的选人用人机制、薪酬激励机制和人才培养、评价、交流机制。选人用人应当注重能力和业绩，不受身份、资历、任职年限的限制，建立能上能下、能进能出的机制。

第八条 省人民政府有关部门和长株潭三市人民政府有关部门应当将有关行政审批事项下放或者委托自创区内园区管理机构负责实施，并在自创区先行先试行政审批改革。

自创区内各园区应当设立集中的政务服务中心，统一办事流程，实行一窗受理、集成服务、一次办结，实现行政审批办事不出园区。

第九条 自创区建设应当纳入全省国民经济和社会发展规划、计划，统筹各种创新资源配置，统筹规划产业布局，合理设置产业功能区，形成优势互补、错位发展、特色明显的产业发展格局。

省人民政府组织编制自创区发展规划，报国家有关部门确定。长株潭三市人民政府根据自创区发展规划编制实施方案，报省人民政府批准后实施。

省人民政府有关部门和长株潭三市人民政府有关部门编制的与自创区建设有关的专项规划，应当与自创区发展规划相衔接。

自创区内园区管理机构应当按照有关规划，分别围绕自创区科创谷、动力谷、智造谷布局园区重点产业和生产性服务业，推动特色产业发展。

第十条 支持自创区内企业参与岳麓山国家大学科技城、马栏山视频文创产业园以及长株潭三市其他重大标志性创新平台建设，鼓励自创区内企业自建或者联合国内外高等院校、科研院所共建重大科技创新平台。

第十一条 自创区应当建立国家高新技术企业和科技型中小企业培育库，对纳入培育库的企业所开展的产品、技术、工艺、业态创新给予培育支持。

鼓励企业、高等院校、研究开发机构以及其他组织和个人在自创区内设立创新创业孵化载体。省人民政府、长株潭三市人民政府及其有关部门和自创区内园区管理机构对符合条件的创新创业孵化载体予以扶持。

鼓励企业、高等院校、研究开发机构、创业投资和风险投资机构在自创区内共建产业技术、知识产权等创新合作组织。支持符合条件的创新合作组织依法办理社会组织法人登记。

第十二条 自创区实行下列科技计划管理模式：

（一）围绕产业链、创新链等关键领域遴选重大科研项目，面向全球招标攻关团队或者购买符合条件的科技成果；

（二）实行重大科研项目经理人制度，由项目经理人承担重大科技项目组织实施、跟踪评估、财务监管等工作。

第十三条 自创区内园区管理机构可以根据需要，设立或者参与设立主要从事科学研究、技术创新和研发服务，投资主体多元化、管理制度现代化、运行机制市场化、用人机制灵活且具有独立法人资格的新型研发机构。鼓励民间资本设立或者参与发起设立新型研发机构发展基金，参与自创区内新型研发机构的建设和运营。

支持新型研发机构参与重点实验室、技术创新中心、工程研究中心等创新平台建设。

省人民政府科学技术主管部门会同有关部门拟定新型研发机构发展规划、扶持办法、评价标准、评审程序等规定，报省人民政府批准后实施。

第十四条　自创区内自然科学和技术领域科研事业单位自主制定章程，报有关部门核准后依章程自主管理。

自创区内科研院所转制推行股份制改造和混合所有制改革，可以对单位员工实行股权和分红激励。

支持自创区内政府设立的研究开发机构在岗位设置、人员聘用、职称评聘、绩效工资内部分配等方面扩大自主权。

第十五条　鼓励自创区内高等院校、研究开发机构组建知识产权运营机构，进行知识产权资产管理，开展科技成果转移转化。

鼓励社会资本在自创区设立知识产权运营公司，开展知识产权收储、开发、组合、投资等服务。

鼓励各类创新创业主体参与制定地方标准、行业标准、国家标准和国际标准，成立标准联盟，开展与国际、国内标准化组织的战略合作，推进技术标准的产业化应用。

第十六条　自创区探索职务科技成果转化激励新方式，对完成职务科技成果作出重大贡献的科研人员，职务科技成果完成单位可以赋予其一定比例的职务科技成果所有权或者长期使用权。

第十七条　鼓励自创区内园区与其他园区采取一区多园、合作共建、委托管理等模式，构建联动协同发展机制。

自创区内园区应当加强与国内外高科技园区、高等院校和研究开发机构等的交流合作，推动建设合作科技园区。

国内外高等院校、研究开发机构、跨国公司可以在自创区设立符合产业发展方向的国际性或者区域性研究开发机构、技术转移机构。

第十八条　省人民政府、长株潭三市人民政府和自创区内园区管理机构应当促进军民创新融合，构建军民融合协同创新机制、军民信息和设施共享机制，推进军民两用技术研发与科技成果转化。

第十九条　长株潭三市人民政府制定实施自创区高层次人才引进使用专项制度和创新型人才引进、培养计划，组织引进重点领域高端领军人才和高水平科学研究团队，培育引进各类经营管理人才、专业技术人才、金融人才和技能型人才，优化人才队伍结构。

自创区高层次人才可以在长株潭三市的一个市内申请落户，相关人民政府及有关部门应当在户籍、居住证、住房保障、医疗服务、子女教育、配偶就业等方面提供便利条件。

第二十条　对自创区内取得重大基础研究和前沿技术突破、解决重大工程技术难题、在经济社会各项事业发展中作出重大贡献的专业技术人才，以及引进的高层次人才申报评审专业技术职称的，可以不受资历、工作年限等条件限制。

省人民政府有关部门和长株潭三市人民政府有关部门应当为自创区内非公有制经济组织和社会组织的有关人才申报参加职称评审等提供便利。

第二十一条　自创区内的高等院校、研究开发机构可以自主公开招聘高层次人才和具有创新实践成果的科研人员。对高等院校、研究开发机构等单位急需紧缺的高层次人才，可以采取特设岗位方式引进，实行协议工资、项目工资或者年薪制，所需特殊薪酬单列，不受单位原核定绩效工资总量限制。

自创区内创新能力强和人才密集度高的企业、研究开发机构可以开展高级职称自主评审。用人单位按照规定自主评聘的高层次人才和具有创新实践成果的科研人员，可以按照省有关规定，在政府科技计划项目申报、科技奖励申报、人才培养和选拔中享受同级别专业技术人员待遇。

第二十二条 鼓励商业银行在自创区设立科技支行等科技金融专营机构，支持符合条件的民营企业依法设立服务自创区的民营银行。

鼓励社会资本参与设立地方金融机构、创业投资和风险投资机构，积极引进国内外金融机构。

完善融资担保体系和再担保体系。鼓励在自创区内设立信用担保机构、再担保机构；鼓励担保机构加入再担保体系，为创新型企业提供融资信用担保。

第二十三条 支持自创区加快科技金融发展，鼓励商业银行创新金融产品，开展知识产权质押融资、股权质押融资等业务，为自创区内科技型企业提供特色化信贷服务，加大对高科技企业信贷支持力度。

支持小额贷款公司、融资担保公司、融资租赁公司、商业保理公司、地方资产管理公司、创业投资和风险投资机构在自创区内依法依规开展金融服务创新。

建立完善科技型中小微企业信贷风险补偿机制。

探索设立科技创新基金，推动科技型企业加大科研投入和成果转化。

第二十四条 支持自创区内符合条件的科技型企业加快上市培育，以科创板为重点，在境内外证券市场公开发行股票。培育发展科技创新专板，指导中小科技型企业进行股份制改造，建立现代企业制度。鼓励自创区内科技型企业利用股权、债权开展多渠道直接融资，逐步提高直接融资比重。

第二十五条 省级财政相关专项资金中应当根据需要安排资金专门用于自创区建设。长株潭三市人民政府应当设立自创区建设专项资金，列入财政预算。

省人民政府、长株潭三市人民政府应当统筹政府资金投入，加大投入力度，以前资助、后补助、股权投资、风险补偿、贷款贴息等方式支持自创区创新能力建设、基础研究、重大科技创新载体建设、科技成果转化、知识产权保护、人才培养和引进、科技金融发展、军民融合创新等工作。

第二十六条 长株潭三市人民政府国土空间总体规划应当为自创区建设和发展预留空间，根据自创区发展需要和节约集约利用土地原则，优先保障并单列下达新增规划建设用地指标和新增建设用地年度计划指标。省级以上重大建设项目应当安排省级用地计划指标保障。自创区的建设用地应当重点用于高新技术产业、战略性新兴产业、科技创新载体项目和配套设施项目。

长株潭三市人民政府自然资源和规划主管部门对自创区范围内按产业规划布局有相应特定用途的工业用地，以招标拍卖挂牌方式出让的，可以将产业类型、生产技术、产业标准、产品品质等要求作为土地供应前置条件。

自创区科技成果研发和产业化项目可以通过出让、出租、入股等方式依法使用集体经营性建设用地。

第二十七条 在自创区内依法开展规划环境影响评价，应当明确空间管控、总量管控等要求；对符合规划环境影响评价要求的建设项目，按照国家和省有关规定简化环境影响评价内容。

第二十八条 省人民政府、长株潭三市人民政府及其有关部门和自创区内园区管理机构对自创区新技术、新产业、新业态、新模式，应当采取有利于保护创新的监管标准和措施；对创新过程中出现的问题，在坚守质量和安全底线的前提下，可以设置一定的观察期，及时予以引导或者处置。

第二十九条 自创区进行的创新活动，未能实现预期目标，但同时符合以下情形的，对当事人不作负面评价，免予追究相关责任：

（一）创新方案的制定和实施不违反法律、法规规定；

（二）相关人员履行了勤勉尽责义务；

（三）未非法谋取私利，未恶意串通损害公共利益和他人合法权益。

第三十条 长株潭三市以外的国家高新技术产业开发区，经省人民政府确定参照本条例执行。

第三十一条 本条例自 2020 年 7 月 1 日起施行。

《湖南省长株潭国家自主创新示范区条例》释义

第一条 为了促进和保障长株潭国家自主创新示范区建设，提高自主创新能力，把长株潭国家自主创新示范区建设成为创新驱动发展引领区、体制机制改革先行区、军民融合创新示范区和中西部地区发展新的增长极，根据有关法律、行政法规，结合本省实际，制定本条例。

【释义】本条是关于《湖南省长株潭国家自主创新示范区条例》（以下简称《条例》）立法目的和立法依据的规定。

一、立法目的。国家自主创新示范区是以国家高新技术产业开发区为核心载体，在推进自主创新和发展高新技术产业方面先行先试、探索经验、示范带动的区域。根据《国务院关于同意支持长株潭国家高新区建设国家自主创新示范区的批复》（国函〔2014〕164号）精神，长株潭国家自主创新示范区（以下简称"自创区"）是由湖南省人民政府报经国务院批准，以长沙、株洲、湘潭三个国家高新技术产业开发区为主体组成的国家自主创新示范区。其战略定位和发展目标是：全面实施创新驱动发展战略，充分发挥长株潭地区科教资源集聚和体制机制灵活的优势，推进科技成果转化，努力将自创区建设成为创新驱动发展引领区、科技体制改革先行区、军民融合创新示范区、中西部地区发展新的增长极（以下简称"三区一极"）。获批以来，在省委、省政府的坚强领导下，自创区紧紧围绕"创新引领、开放崛起"战略实施和"三区一极"战略定位，牢牢把握"引领创新发展方向，开展政策先行先试，优化创新创业服务"这一主题主线，全力推进自创区创新能力建设，助力湖南创新型省份建设，取得了积极成效。但是，近几年的实践表明，面对新形势、新任务和新要求，自创区建设还存在管理机制不顺、创新激励不强、协同发展不够、人才引进较难等问题和差距。制定《条例》的目的是为自创区进一步大胆创新、先行先试提供法治引领、规范和保障。

二、立法依据。《条例》的立法依据主要是相关科技法律、行政法规和中央、省委有关政策。其中，上位法依据主要包括《中华人民共和国科学技术进步法》《中华人民共和国促进科技成果转化法》等；政策依据主要包括《国务院关于同意支持长株潭国家高新区建设国家自主创新示范区的批复》（国函〔2014〕164号）、《国务院关于推进国家级经济技术开发区创新提升打造改革开放新高地的意见》（国发〔2019〕11号）、《国务院办公厅关于促进开发区改革和创新发展的若干意见》（国办发〔2017〕7号）、《国务院办公厅关于推广第二批支持创新相关改革举措的通知》（国办发〔2018〕126号）、《长株潭国家自主创新示范区发展规划纲要（2015—2025年）》（国科发高〔2016〕50号）、《中共湖南省委湖南省人民政府关于建设长株潭国家自主创新示范区的若干意见》（湘发〔2015〕19号）等。在立法过程中，也参考了《长株潭国家自主创新示范区建设三年行动计划（2017—2019年）》（湘政办发〔2017〕15号）、《湖南创新型省份建设实施方案》（湘政发〔2018〕35号）等文件，借鉴了北京、河南、江苏、湖北等其他省市国家自主创新示范区立法的相关规定。

第二条 长株潭国家自主创新示范区的建设及相关活动，适用本条例。

长株潭国家自主创新示范区（以下简称自创区）是指国务院批准的长沙、株洲、湘潭国家高新技术产业开发区等园区。省人民政府根据自创区发展需要，确定长株潭范围内的其他园区与自创区统筹规划、一体推进。

自创区各个园区的具体范围由省人民政府公布。

【释义】本条是关于《条例》适用范围的规定。

一、《条例》适用于自创区的建设及相关活动，主要包括自创区的管理体制机制、科技创新、产业发展、金融服务、用地保障、营商环境等。如，《条例》第三条至第八条对自创区管理体制机制进行了规范。

二、《条例》对自创区的空间范围分两个层次作了规定：

第一个层次，明确了自创区的范围。"长株潭国家自主创新示范区，是指国务院批准的长沙、株洲、湘潭国家高新技术产业开发区等园区。"该规定表达了两个意思，一是建设自创区是由国务院批准的；二是自创区的空间范围也是由国务院批准确定的。

第二个层次，明确了统筹规划、一体推进的范围，参与自创区建设的区域范围，以自创区为主体，但不仅限于此。条文中的"等"字即此意思。在制定《条例》的过程中，考虑到2014年国务院批准的自创区范围为长沙、株洲、湘潭三个国家高新技术产业开发区，因区域范围限制而难以承担国务院批复中要求建设成为"三区一极"的示范任务，因此《条例》规定，根据自创区发展需要，省政府在推进自创区建设过程中，可以在事权范围内统筹自创区与长株潭行政划范围内的其他园区的建设，其他园区可以参照执行自创区相关政策，推进自创区与其他园区的一体化发展。

第三条 自创区建设应当坚持省统筹、市建设和区域协同、部门协作原则。

自创区应当重点发展高新技术产业、战略性新兴产业，提升产业基础能力和产业链水平，培育和发展具有国际竞争力的创新型产业集群；制定激励创新政策，在科研院所转制、科技成果转化、军民融合发展、人才引进、绿色发展等方面先行先试；整合创新资源，支持产业创新，促进技术、成果、资金、人才等创新要素自由流动、高效聚集、开放共享，推进自创区一体化建设。

【释义】本条是关于自创区建设原则与总体要求的规定。

一、自创区建设原则。自创区建设涉及省人民政府、长株潭三市人民政府及三个国家高新区，未来政策覆盖范围还将扩大到其他园区（区块），具有跨层级、跨区域、跨部门等特点，科学合理地划定各建设参与主体的地位、职责、定位等，直接关系到自创区建设各方积极性的调动和主观能动性的发挥，关系到自创区建设的高效、有序推进。本条第一款规定了"省统筹、市建设和区域协同、部门协作"原则，明确了省人民政府、长株潭三市人民政府、各园区管理机构及相关部门在自创区建设工作中的责任与关系。其内涵主要如下：

一是"省统筹"。"省统筹"是指省人民政府具有自创区建设的最高行政决策、管理与指导等权力，统筹布局创新资源，统筹推进自创区建设，统筹协调自创区与其他园区的一体化发展，等等。

二是"市建设"。"市建设"是指长沙市、株洲市、湘潭市人民政府对本市自创区建设承担主体责任，建立工作责任制度，研究解决自创区建设中的重大问题，推进本市自创区建设。

三是"区域协同"。"区域协同"是指长沙、株洲、湘潭三市加强协同，形成有机发展整体，对外加强与周边园区、周边省市、东中西部地区乃至国际的联动与协作。

四是"部门协作"。"部门协作"是指省、市部门与部门之间，在管理、规划、资源、技术、信息及人财物等方面加强协调与合作，形成自创区建设齐抓共管的工作格局。

二、自创区建设总体要求。本条第二款规定的自创区建设总体要求包括三个方面的内容：

一是重点发展高新技术产业、战略性新兴产业，提升产业基础能力和产业链水平，培育和发展具有国际竞争力的创新型产业集群，抢占全球科技创新和高新技术产业发展战略制高点，引领高质量发展。其中，高新技术产业是指以高新技术为基础，从事高新技术及其产品的研究、开发、生产和技术服务，相对成熟并在研发领域投入较多的知识密集型、技术密集型产业。比如，信息技术产业、生物技术产业、新材料技术产业等。战略性新兴产业是指以重大技术突破和重大发展需求为基础，对经济社会全局和长远发展具有重大引领带动作用，知识技术密集、物质资源消耗少、成长潜力大、综合效益好的产业。比如，节能环保、新一代信息技术、生物、高端装备制造、新能源、新材料、新能源汽车等产业。

二是制定激励创新政策，在科研院所转制、科技成果转化、军民融合发展、人才引进、绿色发展等方面先行先试。该规定直接切入自创区建设发展中需要破解的重大难题，为自创区内相关改革创新政策的制定及后续探索深化提供法律依据。激励创新政策是指能够激发创新主体活力、调动创新主体积极性的政策举措。比如，2018 年国务院出台了《关于优化科研管理提升科研绩效若干措施的通知》（国发〔2018〕25 号），全面推进科技领域"放管服"改革的要求，在科研项目、科研团队、科研经费调整和管理方面赋予科研人员更大的人财物自主支配权，减轻科研人员负担，充分释放创新活力，调动科研人员积极性，营造良好的科研氛围，打造一流科研环境，最大限度地释放科技创新活力。

三是整合创新资源，支持产业创新，促进技术、成果、资金、人才等创新要素自由流动、高效聚集、开放共享。技术、成果、资金、人才等创新要素是支撑科技进步和创新的重要物质基础，自由流动、高效聚集、开放共享直接关系到创新要素的规模、质量和利用效率，进而影响科技创新实力和竞争力。整合创新资源，就是整合全省创新要素，发挥各自优势，实现信息共享、资源互补，围绕产业链部署创新链、围绕创新链布局产业链，推动创新链、产业链、人才链、资金链、政策链、服务链深度融合，在更广范围、更高层次、更深程度上推动创新发展。

第四条　省人民政府对自创区建设实行统一领导。省人民政府自创区协调机构对自创区建设进行统筹协调，定期研究自创区建设重大问题，研究提出自创区政策、发展规划、专项资金使用及年度重点工作计划等重大事项方案，并报省人民政府审定。自创区协调机构日常工作由省人民政府确定的机构负责。

【释义】本条是关于省人民政府及其自创区协调机构职责的规定。

一、省人民政府对自创区建设实行统一领导。这种统一领导，主要体现在省人民政府在自创区建设、运行与发展过程中，研究自创区建设相关政策、工作计划、重点任务等事项。

二、省人民政府自创区协调机构对自创区建设进行统筹协调。目前，省人民政府设立的自创区协调机构，是2015年6月成立的长株潭国家自主创新示范区建设工作领导小组，负责定期研究自创区建设重大问题，研究提出自创区政策、专项资金使用、年度重点工作计划等重大事项方案，并报省人民政府审定。

三、省人民政府确定的机构负责自创区协调机构日常工作。省人民政府可以根据自创区发展实际，明确协调机构的办事机构。目前，长株潭国家自主创新示范区建设工作领导小组办公室设在省科技厅，负责领导小组的日常工作。

第五条 长沙市、株洲市、湘潭市（以下简称长株潭三市）人民政府对本市自创区建设承担主体责任，应当建立工作责任制度，加大财政支持力度，研究解决自创区建设中的重大问题，按照国家和省有关规定整合、规范各类园区，建立健全相应的工作推进机制，并明确具体组织协调自创区建设的管理机构。

【释义】本条是关于长株潭三市人民政府职责的规定。

根据本条规定，长沙、株洲、湘潭三市人民政府应当在省人民政府的统一领导下，承担自创区建设的主体责任。

一、建立工作责任制度。长沙、株洲、湘潭三市人民政府应当根据《条例》等法律法规和相关职责分工，立足本市自创区工作实际，制定科学合理的工作责任制度，明确相关工作机构及工作人员的职权与责任，推动本市自创建设区工作的制度化与规范化。

二、加大财政支持力度。长沙、株洲、湘潭三市人民政府应当统筹政府资金投入，不断优化财政政策，充分发挥财政资金扶持引导作用，加大财政支持力度，以前资助、后补助、股权投资、风险补偿、贷款贴息和其他扶持方式支持自创区创新能力建设、基础研究、重大科技创新载体建设、科技成果转化、知识产权保护、人才培养和引进、科技金融发展、军民融合创新等工作。

三、研究解决自创区建设中的重大问题。长沙、株洲、湘潭三市人民政府应当研究本市自创区政策拟定、专项资金管理使用、重大事项协调等事项，及时研究并解决本市自创区建设过程中的体制机制、投入保障、平台建设等重大问题。长沙、株洲、湘潭三市人民政府研究解决本市自创区建设中的重大问题时，要在省人民政府的统一领导和统筹规划之下进行。

四、按照国家和省有关规定整合、规范各类园区。主要依托长沙、株洲、湘潭三个国家高新区建设，未来政策覆盖范围可能会涉及更多园区（区块），管理主体、发展规划、产业布局、发展水平等不尽相同，不利于协同发展。因此，根据《国务院办公厅关于促进开发区改革和创新发展的若干意见》（国办发〔2017〕7号）、《湖南省人民政府办公厅关于加快推进产业园区改革和创新发展的实施意见》（湘政办发〔2018〕15号）、《国务院关于推进国家级经济技术开发区创新提升打造改革开放新高地的意见》(国发〔2019〕11号)、《国务院关于促进国家高新技术产业开发区高质量发展的若干意见》(国发〔2020〕7号)等国家政策和省有关规定,长沙、株洲、湘潭三市人民政府要强化规划引导,加强统筹布局,优化园区管理机构设置、整合规范各类园区,鼓励以国家级或发展水平较高的省级园区为主体,整合区位相邻、相近的园区,对小而散的各类园区进行清理、整合、撤销,推动自创区内园区整合和产业协同发展,形成整体合力。

五、建立健全相应的工作推进机制。建立健全统筹协调、协同推进、定期调度等工作推进机制,最主要的是明确本市自创区建设、管理和协调的工作机构及其工作职责,明确本市各级人民政府及其工作部门在自创区建设管理中的职能职责,科学厘定各相关机构及工作人员的工作权限及义务,并建立完善一系列具体工作制度和机制。

六、明确具体组织协调自创区建设的管理机构。长沙、株洲、湘潭三市人民政府承担主体责任,必须有具体的管理机构统筹协调、推进工作、督促指导。因此,长沙、株洲、湘潭三市人民政府要明确具体负责组织协调本市自创区建设的管理机构。

第六条 省人民政府科学技术主管部门负责自创区建设的对口协调和业务指导工作。省人民政府其他有关部门、长株潭三市人民政府有关部门在各自职责范围内支持、促进和服务自创区建设。

【释义】本条是关于省市相关部门职责的规定。

一、《长株潭国家自主创新示范区建设协调议事工作规则》(湘创组〔2017〕2号)规定,长株潭国家自主创新示范区建设工作领导小组办公室是领导小组的办事机构,设在省科技厅,具体负责组织编制行动计划、协调组织召开领导小组会议、工作督查调度等工作事务。湖南省科技厅是省人民政府科学技术主管部门,其法定职责是推动科学技术进步,在自创区建设中负责对口协调和业务指导。

二、省人民政府其他有关部门、长株潭三市人民政府有关部门在各自职责范围内支持、促进和服务自创区建设。创新是全方位的,包括制度创新、模式创新、文化创新等,实施创新驱动发展战略需要推动以科技创新为核心的全面创新。自创区建设涉及区域协同发展、重点产业用地、科研条件建设、科技成果转化、财政资金投入、高新技术产业发展、人才引进培养、人才职称评审、知识产权保护、金融服务等多个方面,需要省发展和改革委员会、省教育厅、省工业和信息化厅、省财政厅、省人力资源和社会保障厅、省知识产权局、省地方金融监督管理局等相关职能部门、长株潭三市人民政府相关职能部门协同配合、齐抓共管。比如,发改部门的职能涉及推进落实区域协调发展战略和重大政策,组织拟订并推动实施高技术产业和战略性新兴产业发展规划政策,协调推进重大基础设施建设,会同相关部门规划布局全省重大科技基础设施等工作;知识产权部门的职能涉及制定实施知识产权创造、保护、运用的政策和措施,建设知识产权保护体系,促进知识产权转移转化等工作;金融监管部门的职能涉及拟定多层次资本市场培育,改革和发展的政策措施,培育上市后备资源、协调和推动企业上市挂牌等工作。因此,本条规定省人民政府其他有关部门、长株潭三市人民政府有关部门在各自职责范围内支持、促进和服务自创区建设。

第七条 自创区内园区管理机构行使长株潭三市人民政府授予的经济和社会管理职权；按照机构编制管理相关规定，推进机构设置和职能配置优化协同高效。

自创区内园区管理机构享有人事管理优化调整的自主权，实行以聘用制为主的人事管理制度，创新符合自创区实际的选人用人机制、薪酬激励机制和人才培养、评价、交流机制。选人用人应当注重能力和业绩，不受身份、资历、任职年限的限制，建立能上能下、能进能出的机制。

【释义】本条是关于自创区内园区管理机构职责的规定。

《条例》中，园区管理机构是指各园区党工委、管委会。

一、园区管理机构根据相关法律法规和所在地政府授权或委托履行职能。自创区内的园区管理机构主要负责本级人民政府授予的招商引资、经济贸易、国有资产、科技创新、知识产权、统计等经济事务管理，以及根据本级人民政府的授权和有关行政主管部门的委托开展社会管理、公共服务和市场监管等工作。

二、推进机构设置和职能配置优化协同高效。按照《国务院办公厅关于促进开发区改革和创新发展的若干意见》(国办发〔2017〕7号)、《国务院关于推进国家级经济技术开发区创新提升打造改革开放新高地的意见》(国发〔2019〕11号)关于"要按照精简高效的原则，进一步整合归并内设机构，集中精力抓好经济管理和投资服务，焕发体制机制活力""允许国家级经开区按照机构编制管理相关规定，调整内设机构、职能、人员等，推进机构设置和职能配置优化协同高效。优化国家级经开区管理机构设置，结合地方机构改革逐步加强对区域内经济开发区的整合规范。地方人民政府可根据国家级经开区发展需要，按规定统筹使用各类编制资源"等规定精神，自创区园区管理机构可以根据机构编制管理相关规定，调整内设机构、职能、人员等；长株潭三市人民政府可根据园区发展需要，按规定统筹使用各类编制资源，推进园区机构设置和职能配置优化协同高效。

三、自创区内园区管理机构享有人事管理优化调整的自主权。所谓自主权，即自创区内园区管理机构可以根据有关法律法规、政策规定，实行以聘用制为主的人事管理制度，自主优化人事管理和用人机制，创新符合自创区实际的选人用人机制、薪酬激励机制和人才培养、评价、交流机制，建立能上能下、能进能出的选人用人机制。按照有关规定和程序实行聘任制、绩效考核制等管理机制，以及兼职兼薪、年薪制、协议工资制等多种分配方式。

第八条 省人民政府有关部门和长株潭三市人民政府有关部门应当将有关行政审批事项下放或者委托自创区内园区管理机构负责实施，并在自创区先行先试行政审批改革。

自创区内各园区应当设立集中的政务服务中心，统一办事流程，实行一窗受理、集成服务、一次办结，实现行政审批办事不出园区。

【释义】本条是关于自创区行政审批改革的规定。

一、自创区内园区管理机构的行政审批。自创区内园区管理机构可以根据自然人、法人或者其他组织提出的申请，经过依法审查，准予其从事特定活动、认可其资格资质、确认特定民事关系或者特定民事权利能力和行为能力。

二、自创区承接省市相关行政审批事项的下放。省人民政府、长株潭三市人民政府及其有关部门,应该按照"能放则放,应放尽放"的原则,将职责范围内可以下放给自创区内园区管理机构的权限尽量下放。自创区内园区管理机构可以依照法律法规和有关规定行使相应的行政审批权力,依法精简投资项目准入手续,简化审批程序,推动其走在"放管服"改革、优化营商环境的前列。比如,长沙市已将工程建设项目招标方式、招标组织形式和招标方范围核准、非重大和非限制类企业投资项目备案、临时用地许可、燃气设施改动审批、房屋建筑和市政工程项目初步设计审批等行政审批事项下放至相关园区管委会。

三、自创区接受省市相关行政审批事项的委托。省人民政府有关部门和长株潭三市人民政府有关部门应大力推进"放管服"改革,将省级、市级相关行政审批事项依法委托自创区内园区管理机构实施。自创区内园区管理机构可以在省人民政府有关部门和长株潭三市人民政府有关部门的委托权限范围内,以该委托机关的名义行使行政审批权,但不得再委托其他组织或者个人实施行政审批。同时,省人民政府有关部门和长株潭三市人民政府有关部门对自创区内园区管理机构接受委托实施行政审批的行为应当负责监督,并对该行为的后果承担法律责任。

四、行政审批改革在自创区先行先试。主要是指省人民政府、长株潭三市人民政府及其有关部门,应进一步转变政府职能,深化"放管服"改革,有关行政审批改革可以选择在自创区先行先试、探索试点,成熟后逐步推广至省内其他地区。

五、设立自创区内各园区集中政务服务中心。在园区设立集中的政务服务中心,是优化行政审批流程,推进行政审批改革的重要方式;是加强政务服务,提高行政效能,为人民群众提供优质、便捷、高效服务的重要平台。

一窗受理和集成服务,是指在设立集中的政务服务中心和统一办事流程的基础上,自创区内各类主体申请园区管理机构依法履行行政审批职能的,只需要到政务服务中心提交申请和领取审批结果,由一个相应办公窗口统一受理,通过采取统一办理、联合办理、集中办理等方式优化审批流程,减少审批环节,实行集成服务,提供优质、高效、便捷的"一站式"行政审批服务。

一次办结,是指自创区内各类主体所申请行政审批事项在符合法律法规规定和资料齐全的前提下,只需一次完整提交申请资料后,即可当场办结或由政府部门内部流转在承诺时限内办结。

规定的目的,是引导和推动自创区内各园区为各类创新企业提供优质、高效、便捷的"一站式"行政审批服务,逐步实现行政审批办事不出园区。

第九条 自创区建设应当纳入全省国民经济和社会发展规划、计划,统筹各种创新资源配置,统筹规划产业布局,合理设置产业功能区,形成优势互补、错位发展、特色明显的产业发展格局。

省人民政府组织编制自创区发展规划,报国家有关部门确定。长株潭三市人民政府根据自创区发展规划编制实施方案,报省人民政府批准后实施。

省人民政府有关部门和长株潭三市人民政府有关部门编制的与自创区建设有关的专项规划,应当与自创区发展规划相衔接。

自创区内园区管理机构应当按照有关规划,分别围绕自创区科创谷、动力谷、智造谷布局园区重点产业和生产性服务业，推动特色产业发展。

【释义】本条是关于自创区发展规划的规定。

一、自创区建设纳入全省国民经济和社会发展规划、计划。将自创区建设纳入全省国民经济和社会发展规划、计划，能有效统筹自创区内各园区发展，统筹各种创新资源配置，统筹规划产业布局，也是进一步完善"省统筹、市建设、区域协同、部门协作"的工作机制、协同推进自创区建设的体现。

二、自创区产业发展格局。自创区建设要坚持以产业发展为主，科学规划功能布局，在遵循区域经济协调发展的同时，充分发挥各地的产业优势和区域特色，合理设置产业功能区，实现区域间产业互补和良性互动，推动区域协同创新发展。

三、自创区发展规划及实施方案编制。在符合国民经济和社会发展规划、主体功能区规划、土地利用总体规划、城镇体系规划、城市总体规划和生态环境保护规划的前提下，如果省人民政府组织编制自创区发展规划，长株潭三市人民政府编制实施方案，这种分工有利于统筹协调自创区建设，确保发展规划的落地实施，推动协同发展、差异发展，优化产业布局。

四、与自创区建设有关的专项规划。省人民政府有关部门和长株潭三市人民政府有关部门可以针对自创区建设重点领域和薄弱环节、关系全局的重大问题等编制专项规划。编制的专项规划必须符合国民经济和社会发展规划的总体要求，还应充分衔接省人民政府组织编制的自创区发展规划，实现多规的协调统一、上下协同、合理布局，优化资源配置，避免同质化建设。

五、自创区内园区管理机构在相互衔接、协调统一的相关规划体系指导下，围绕科创谷、动力谷、智造谷布局园区重点产业和生产性服务业，推动特色产业发展。科创谷，即长沙国家高新技术产业开发区及长沙市范围内其他纳入自创区的园区（区块）；动力谷，即株洲国家高新技术产业开发区及株洲市范围内其他纳入自创区的园区（区块）；智造谷，即湘潭国家高新技术产业开发区及湘潭市范围内其他纳入自创区的园区（区块）。自创区要按照有关规划，统筹产业布局，分别围绕各园区重点产业和生产性服务业特色，推动"产业发展差异化、资源利用最优化、整体功能最大化"。

第十条 支持自创区内企业参与岳麓山国家大学科技城、马栏山视频文创产业园以及长株潭三市其他重大标志性创新平台建设，鼓励自创区内企业自建或者联合国内外高等院校、科研院所共建重大科技创新平台。

【释义】本条是关于自创区重大科技创新平台建设的规定。

重大科技创新平台，是指聚焦国家战略和湖南需求，围绕科技研发、孵化转化、成果产业化、公共服务等方面建设的创新平台，包括研发平台、大科学装置、重大科技基础设施，如岳麓山国家大学科技城、马栏山视频文创产业园、岳麓山种业创新中心、国家先进轨道交通装备创新中心、国家应用数学中心和淡水鱼类省部共建国家重点实验室等。其中，岳麓山国家大学科技城，坐落在长沙市岳麓区，周边集聚了中南大学、湖南大学、湖南师范大学等高校院所20多所、国家和省部级重点实验室60余个，汇聚了众多"两院"院士、在校大学生、创新创业团队和科研人员，着力打造全国领先的自主创新策源地、科技成果转化地、高端人才集聚地；马栏山视频文创产业园，坐落在长沙市开福区浏阳河第八湾，是以数字视频内容生产为核心，集数字视频创意、研发、生产、推广、交易、设计等为一体的数字视频产业集聚区。

本条规定了企业参与自创区重大科技创新平台建设的三种模式：一是企业参与重大标志性创新平台建设。支持自创区内企业在重大标志性创新平台建设中发挥积极作用，并在参与过程中加快自身发展。二是企业自建重大科技创新平台。鼓励自创区内企业按照相关政策和标准，自主建立聚焦国家发展战略和重大需求，具有技术研发、技术转化、资源共享、孵化企业等功能的科创平台。三是企业联合国内外高等院校、科研院所联合共建重大科技创新平台。鼓励自创区内企业联合国内外高等院校、科研院所这两类主体，共同建设重大科技创新平台。

第十一条 自创区应当建立国家高新技术企业和科技型中小企业培育库，对纳入培育库的企业所开展的产品、技术、工艺、业态创新给予培育支持。

鼓励企业、高等院校、研究开发机构以及其他组织和个人在自创区内设立创新创业孵化载体。省人民政府、长株潭三市人民政府及其有关部门和自创区内园区管理机构对符合条件的创新创业孵化载体予以扶持。

鼓励企业、高等院校、研究开发机构、创业投资和风险投资机构在自创区内共建产业技术、知识产权等创新合作组织。支持符合条件的创新合作组织依法办理社会组织法人登记。

【释义】本条是关于自创区服务和支持创新创业主体培育的规定。

自创区通过建立国家高新技术企业和科技型中小企业培育库、创新创业孵化载体、创新合作组织等形式服务和支持创新创业主体培育。

一、建立企业培育库。企业培育库，是指为持续引导企业创新发展，提升专业化能力和水平，将符合一定条件的企业纳入培育名单，加大对入库企业培育和帮扶的力度。为纳入培育库的企业提供培育支持，主要是针对两类创新创业主体：国家高新技术企业和科技型中小企业。建立培育库，对进入培育库的企业进行培训服务，帮助企业解决实际困难和问题，择优推荐申报各级财政扶持资金，开展融资对接、产业对接、企业帮扶、对外交流、人才培训等活动，鼓励企业加大研发力度，加快新产品研发和成果产业化，推进企业创新产品的质量和品牌建设，使其成为拥有核心关键技术及知识产权、实现可持续发展的优秀企业。

二、设立创新创业孵化载体。创新创业孵化载体，是指聚集科技创新创业企业、研发机构、公共技术、商务服务机构，集成技术、人才、资金等要素，形成"政府、企业、高校、科研机构、中介机构"联合开展技术研发、成果转化、企业（项目）孵化的聚集体，如专业化众创空间、科技企业孵化器、加速器等。该条规定省人民政府、长株潭三市人民政府及其有关部门和自创区内园区管理机构对符合条件的创新创业孵化载体予以扶持，促进创新创业孵化载体的建设发展。

三、共建创新合作组织。鼓励自创区企业、高等院校、研究开发机构、创业投资和风险投资机构，以企业的发展需求和各方的共同利益为基础，以提升知识产权产业化能力和产业技术创新能力为目标，以具有法律约束力的协议为保障，共建联合开发、优势互补、利益共享、风险共担的创新合作组织。支持符合条件的创新合作组织依法通过民政部门登记，成为具有独立法人地位的实体性组织，这是为创新合作组织获取合法市场主体地位提供的法律保障。

第十二条 自创区实行下列科技计划管理模式：

(一)围绕产业链、创新链等关键领域遴选重大科研项目，面向全球招标攻关团队或者购买符合条件的科技成果；

(二)实行重大科研项目经理人制度，由项目经理人承担重大科技项目组织实施、跟踪评估、财务监管等工作。

【释义】本条是关于科技计划管理模式的规定。

一、自创区重大科技项目"揭榜挂帅"制。自创区围绕产业链、创新链关键领域，瞄准湖南省经济社会发展重大需求，聚焦关键核心技术和重大应急攻关，公开征集需求、发布基础研究、技术攻关或成果转化任务的一种非周期竞争性科技制度安排。该制度能在一定程度上弥补传统奖励与政府科研经费拨款制度的不足，广招高人贤才攻克技术难题或者购买符合条件的科技成果，对营造开放创新氛围、提升科研效率、促进产业发展、激发全社会创新活力有积极作用。

二、自创区重大科研项目经理人制度。重大科研项目经理人负责组织安排科研项目团队的科研工作，提出项目实施方案，管理科研项目经费，按规定报告科研项目执行情况。自创区实行重大科研项目经理人制度，由项目承担单位聘请专业的优秀人才为科技项目经理，赋予其进行项目组织实施、跟踪评估、财务监督等的管理权限，提高研发效率和成果质量。

第十三条 自创区内园区管理机构可以根据需要，设立或者参与设立主要从事科学研究、技术创新和研发服务，投资主体多元化、管理制度现代化、运行机制市场化、用人机制灵活且具有独立法人资格的新型研发机构。鼓励民间资本设立或者参与发起设立新型研发机构发展基金，参与自创区内新型研发机构的建设和运营。

支持新型研发机构参与重点实验室、技术创新中心、工程研究中心等创新平台建设。

省人民政府科学技术主管部门会同有关部门拟定新型研发机构发展规划、扶持办法、评价标准、评审程序等规定，报省人民政府批准后实施。

【释义】本条是关于自创区培育发展新型研发机构的规定。

通过明确新型研发机构设立方式和功能定位、鼓励设立新型研发机构发展基金、支持新型研发机构参与创新平台建设、新型研发机构制定相关管理办法，促进自创区大力培育和发展新型研发机构。

一、新型研发机构设立和功能定位。根据《科技部关于促进新型研发机构发展的指导意见》(国科发政〔2019〕313号)精神，新型研发机构是聚焦科技创新需求的独立法人机构，主要从事科学研究、技术创新和研发服务，具有投资主体多元化、管理制度现代化、运行机制市场化、用人机制灵活化的特点，可依法注册为科技类民办非企业单位(社会服务机构)、事业单位或者企业。自创区内园区管理机构可以根据需要设立或者参与设立新型研发机构，充分发挥园区和产业界的积极性，进一步优化科研力量布局，强化产业技术供给，促进科技成果转移转化，推动科技创新和经济社会发展深度融合。

二、新型研发机构发展基金。《国务院关于鼓励和引导民间投资健康发展的若干意见》（国发〔2010〕13 号），鼓励和引导民间资本进入法律法规未明确禁止准入的行业和领域。《科技部关于进一步鼓励和引导民间资本进入科技创新领域的意见》（国科发财〔2012〕739 号），进一步鼓励和引导民间资本进入科技创新领域，支持民间资本创办或参股科技创业投资机构。鼓励民间资本进入科技创新领域，通过设立或者参与发起设立新型研发机构发展基金，引导民间资本参与新型研发机构发展，符合国家相关法律和政策，是民间资本参与自创区内新型研发机构建设和运营的重要方式。

三、自创区支持新型研发机构参与创新平台建设。创新平台主要包括重点实验室、技术创新中心、工程研究中心、企业技术中心以及相关研发、服务平台等。支持新型研发机构参与创新平台建设，有利于打破不同所有制等体制机制障碍，有利于国家、地方和产业发展需求相融合，有利于资本、产业有机结合，促进人才、技术、成果创新要素开放共享，盘活各类创新资源。

四、自创区新型研发机构管理规定。自创区新型研发机构的相关管理规定，包括新型研发机构的发展规划、扶持办法、评价标准等，由省人民政府相关主管部门拟定，报省人民政府批准后实施。建立完善促进新型研发机构发展的相关制度措施，加强对新型研发机构发展的引导，进一步破除制约新型研发机构发展的体制机制障碍，有利于推动新型研发机构健康有序发展，提升创新体系整体效能。目前，湖南省已制定出台《湖南省新型研发机构管理办法》（湘科发〔2020〕67 号）。

第十四条 自创区内自然科学和技术领域科研事业单位自主制定章程，报有关部门核准后依章程自主管理。

自创区内科研院所转制推行股份制改造和混合所有制改革，可以对单位员工实行股权和分红激励。

支持自创区内政府设立的研究开发机构在岗位设置、人员聘用、职称评聘、绩效工资内部分配等方面扩大自主权。

【释义】本条是关于研发机构管理创新的规定。

一、自创区科研事业单位自主制定章程，依章程自主实行管理。科研事业单位章程是科研事业单位管理运行、开展科研活动的基本准则，是科研事业单位举办单位或主管部门（以下简称举办单位）、科技行政管理部门、登记管理机关以及社会各界开展科研事业单位监督评估的重要依据。实行章程管理，是科研事业单位健全现代科研院所制度、提升科技创新能力的重要途径，也是深化事业单位改革和科技体制改革的重要内容。为进一步深化科研事业单位改革发展，落实和扩大科研事业单位自主权，自创区内自然科学和技术领域的科研事业单位应依其自主制定并经有关部门核准的章程进行自主管理。同时，明确自创区内实行章程管理的科研事业单位范围主要是自然科学和技术领域内的科研事业单位。

二、自创区内科研院所转制推行股份制改造和混合所有制改革，可以对单位员工实行股权和分红激励。科研院所，是对开展科学技术研究的研究院和研究所的统称。科研院所转制，是指科研院所由事业单位转制为国有企业。股权激励是指国有科技型企业以本企业股权为标的，采取股权出售、股权奖励、股权期权等方式，对企业重要技术人员和经营管理人员实施激励的行为。分红激励，是指国有科技型企业以科技成果转化收益为标的，采取项目收益分红方式；或者以企业经营收益为标的，采取岗位分红方式，对企业重要技术人员和经营管理人员实施激励的行为。实行股权和分红激励，有利于推动建立国有科技型企业自主创新和科技成果转化的激励分配机制，充分调动技术和管理人员的积极性和创造性，推动高新技术产业化和科技成果转化。

三、支持自创区内政府设立的研究开发机构扩大自主权。科学技术研究开发机构，是专门从事科学技术方面研究，并将研究成果开发为工具、设备、仪器、材料、方法、工艺等的单位。支持自创区内政府设立的研究开发机构扩大自主权的范围，主要包括岗位设置、人员聘用、职称评聘、绩效工资内部分配以及需扩大自主权的其他事项等，有利于完善相关制度体系，加快转变政府职能，增强研究开发机构创新活力，提升创新绩效，增加科技成果供给，支撑经济社会高质量发展。

第十五条 鼓励自创区内高等院校、研究开发机构组建知识产权运营机构，进行知识产权资产管理，开展科技成果转移转化。

鼓励社会资本在自创区设立知识产权运营公司，开展知识产权收储、开发、组合、投资等服务。

鼓励各类创新创业主体参与制定地方标准、行业标准、国家标准和国际标准，成立标准联盟，开展与国际、国内标准化组织的战略合作，推进技术标准的产业化应用。

【释义】本条是关于支持自创区内知识产权运营主体发展和各类创新创业主体开展标准制定、标准产业化活动的规定。

一、知识产权运营机构，是指致力于提供商标、专利和版权等知识产权一站式服务和运营的专业性机构，业务范围包括但不限于提供知识产权的申请代理、检索分析、评估作价、交易、许可、质押、专利组合培育、专利联盟运作、专利投融资、专利证券化等应用和转化工作。科技成果转化不仅需要政府的政策支持，更需要符合科技成果转化规律、致力于转化的专业性主体。自创区内的高等院校和各类研究开发机构是科技成果转化的重要力量，由高等院校、研究开发机构组建的知识产权运营机构便是承担此类任务的专业性主体，有利于构建知识产权培育孵化、交易流转、转化转移等价值链条，提供一体化知识产权运营服务。

二、知识产权运营公司，是指专业从事知识产权运营、企业知识产权管理咨询及法律服务的知识产权创新服务机构，包括但不限于在知识产权领域开展收购储备、研究开发、专利技术组合以及经营投资等服务。在自创区内，通过社会资本设立的知识产权运营公司开展各项知识产权服务活动时，可以拓宽服务的范围和渠道，增强服务活力，以更好地支持创新活动，提升创新创业主体的市场竞争力。

三、参与标准制定、开展标准合作与推进标准产业化应用。一是标准的内涵。《中华人民共和国标准化法》(2017年修订)第二条规定："标准(含标准样品)是指农业、工业、服务业以及社会事业等领域需要统一的技术要求"。自创区内创新创业主体参与标准制定、开展标准合作、推进标准产业化应用是提升自身素质和行业影响力的重要方式。二是标准的作用。标准不仅关系到社会经济生活的方方面面，而且对国民经济的发展发挥着极其重要的基础性作用。同时，标准决定科学技术领域的话语权，谁制定标准，谁就拥有话语权；谁掌握标准，谁就占据制高点。标准不仅是促进科学技术进步、科技创新成果转化的桥梁和纽带，而且也是推进科技创新成果产业化、市场化，大力推进新业态、新模式不断发展壮大不可或缺的措施。因此，自创区内创新创业主体应当积极参与地方标准、行业标准、国家标准和国际标准的制定、修改和完善工作，成立标准联盟，开展与国内、国际标准化组织的战略合作，推进技术标准的产业化应用。三是成立标准联盟。标准联盟是指市场主体基于共同的发展战略利益，以标准的制定、修改、产业化应用等为目的而形成的联盟。标准联盟可以实现成员之间的资源共享、互惠互利，提升成员的群体性竞争力，推动联盟标准的实施，扩大联盟标准的影响。四是标准化组织。国内标准化组织，是指研究、制定和推动标准实施的主体，包括国家标准化管理委员会、人民政府的标准化主管部门；国际标准化组织，是指从事国际标准研究、制定和实施的重要主体。自创区内的各类创新创业主体应当积极开展与国际标准化组织的战略合作，进而了解国际技术发展动态，掌握国际产业竞争先机，寻求国际市场拓展方向。五是标准产业化。标准产业化是科技成果转化形成经济效益，提升科技成果影响力的重要途径。自创区内的各类创新创业主体应当将"新技术、新工艺、新材料、新产品"等领域作为参与各类标准制定、标准合作、推进标准产业化应用的重要方向和领域，争取掌握其标准话语权，占领产业制高点。

第十六条 自创区探索职务科技成果转化激励新方式，对完成职务科技成果作出重大贡献的科研人员，职务科技成果完成单位可以赋予其一定比例的职务科技成果所有权或者长期使用权。

【释义】本条是关于自创区探索职务科技成果转化激励新方式的规定。

一、职务科技成果。职务科技成果指执行研究开发机构、高等院校和企业等单位的工作任务，或者主要是利用上述单位的物质技术条件所完成的科技成果。

二、职务科技成果转化。根据《中华人民共和国促进科技成果转化法》(2015 年修正)关于职务科技成果、科技成果转化的相关规定，职务科技成果转化是指利用职务科技成果所进行的后续试验、开发、应用、推广直至形成新技术、新工艺、新材料、新产品和发展新产业等活动。

三、职务科技成果转化方式。职务科技成果转化方式是多元化的。科技成果持有者可以采用自行投资、向他人转让或许可他人使用该科技成果、以该科技成果作为合作条件与他人共同实施转化、以该科技成果作价投资、折算股份或者出资比例和其他协商确定的方式进行科技成果转化。

四、职务科技成果转化的收益分配。科技成果完成单位可以规定或者与科技人员约定奖励和报酬的方式、数额和时限。相关法律法规和政策依据如下：

《湖南省实施〈中华人民共和国促进科技成果转化法〉办法》(2019 年修订)第二十五条第一款规定："科技成果完成单位可以规定或者与科技人员约定奖励和报酬的方式、数额和时限。如果科技成果完成单位未规定，也未与科技人员约定奖励和报酬方式和数额的，可以按照《中华人民共和国促进科技成果转化法》（2015 年修正）的规定执行。研究开发机构、高等院校可以按照以下标准，规定或者与科技人员约定奖励和报酬：（一）将职务科技成果转让、许可给他人实施的，可以从该项科技成果转让净收入或者许可净收入中提取不低于百分之七十的比例。本项所称的职务科技成果转让、许可净收入，是指转让、许可收入扣除相关税费、单位维护该项科技成果的费用以及交易过程中的评估、鉴定等直接费用后的余额。（二）利用职务科技成果作价投资的，可以从该项科技成果形成的股份或者出资比例中提取不低于百分之七十的比例。（三）将职务科技成果自行实施或者与他人合作实施的，在实施转化成功投产后连续三至五年，每年从实施该项科技成果的营业利润中提取不低于百分之十的比例。"

《湖南省实施〈中华人民共和国促进科技成果转化法〉办法》（2019 修订）第二十七条规定："政府设立的研究开发机构、高等院校及其所属具有独立法人资格单位的正职领导，是科技成果的主要完成人或者对科技成果转化作出重要贡献的，可以依法给予现金奖励，但一般不给予股权激励。其他担任领导职务的科技人员，是科技成果的主要完成人或者对科技成果转化作出重要贡献的，可以依法给予现金、股份或者出资比例等奖励和报酬"。

科技部、发展改革委、教育部、工业和信息化部、财政部、人力资源社会保障部、商务部、知识产权局、中科院联合印发《赋予科研人员职务科技成果所有权或长期使用权试点实施方案》（国科发区〔2020〕128 号），明确了推动开展赋予科研人员职务科技成果所有权或长期使用权试点工作的具体措施。

本条规定职务科技成果完成单位可以赋予完成职务科技成果作出重大贡献的科研人员一定比例的职务科技成果所有权或者长期使用权，目的是鼓励自创区积极探索职务科技成果所有制改革，探索事前产权激励模式，改变科研人员只能在科技成果转化后获得奖励的现状，提高科研人员参与科技成果转化的积极性，促进科技成果转化。另外，需要注意的是，在职务科技成果转化过程中，利用财政资金设立的研究开发机构与其他性质的研究开发机构在转化方面存在一定的差异，《中华人民共和国促进科技成果转化法》（2015 年修正）、《湖南省实施〈中华人民共和国促进科技成果转化法〉办法》（2019 年修订）、《国务院关于实施〈中华人民共和国促进科技成果转化法〉若干规定》（国发〔2016〕16 号）等作出了相应规定。

第十七条 鼓励自创区内园区与其他园区采取一区多园、合作共建、委托管理等模式，构建联动协同发展机制。

自创区内园区应当加强与国内外高科技园区、高等院校和研究开发机构等的交流合作，推动建设合作科技园区。

国内外高等院校、研究开发机构、跨国公司可以在自创区设立符合产业发展方向的国际性或者区域性研究开发机构、技术转移机构。

【释义】本条是关于自创区辐射带动与交流合作的规定。

一、构建联动协同发展机制。为了充分发挥自创区示范引领和辐射带动全省高质量发展的作用，可以采取自创区内各园区协同发展的"一区多园"模式，两个或多个园区跨区域

"合作共建"模式,也可以探索相互"委托管理"的模式,建立健全联动协同发展机制。"一区多园","一区"是指长株潭国家自主创新示范区,"多园"是指长株潭国家自主创新示范区包含多个园区(区块)。"合作共建",是指园区之间根据自身实际情况和发展需要选择合适的合作模式,包括园中园、共管园、项目合作、贸易合作、交流合作等多种模式。"委托管理",是园区所有者将园区的整体或部分经营权、管理权,以契约形式在一定条件和期限内委托给其他园区主体进行管理。比如,星沙产业基地园区在成立之初由长沙国家经开区管委会托管。

二、坚持"引进来"与"走出去"的交流合作。自创区内的园区积极开展国内外交流合作是自身发展过程中极为重要的方式。在自创区内园区开展国内外交流合作过程中,应当坚持"引进来"与"走出去"相结合的原则,更重要的是,一方面要通过"引进来""留得住"补齐自创区内发展短板,缩短发展周期;另一方面要通过"走出去"继续不断提高自创区影响力。

三、设立研究开发机构和技术转移机构。在自创区内设立符合产业发展方向的国际性或者区域性研究开发机构、技术转移机构,是促进自创区开展国内外交流合作的有效途径。自创区作为省内落实创新驱动发展战略的重要阵地,应当鼓励国内外高等院校、研究开发机构、跨国公司在自创区设立符合产业发展方向的国际性或者区域性研究开发机构、技术转移机构;对接湖南省产业发展,建设一批产学研合作的重大产业技术创新联盟,促进本地技术和成果就地转移转化,引进外地技术和成果在自创区落地转化。

第十八条 省人民政府、长株潭三市人民政府和自创区内园区管理机构应当促进军民创新融合,构建军民融合协同创新机制、军民信息和设施共享机制,推进军民两用技术研发与科技成果转化。

【释义】 本条是关于军民科技协同发展相关机制的规定。

《中华人民共和国促进科技成果转化法》(2015年修正)、《湖南省实施〈中华人民共和国促进科技成果转化法〉办法》(2019年修订)、《中共湖南省委湖南省人民政府关于建设长株潭国家自主创新示范区的若干意见》(湘发〔2015〕19号)等法律法规和政策文件对于各级人民政府推动军民融合协同发展的工作职责、政策支持、重点融合领域、协同发展平台等方面作了详细规定。

第十九条 长株潭三市人民政府制定实施自创区高层次人才引进使用专项制度和创新型人才引进、培养计划,组织引进重点领域高端领军人才和高水平科学研究团队,培育引进各类经营管理人才、专业技术人才、金融人才和技能型人才,优化人才队伍结构。

自创区高层次人才可以在长株潭三市的一个市内申请落户,相关人民政府及有关部门应当在户籍、居住证、住房保障、医疗服务、子女教育、配偶就业等方面提供便利条件。

【释义】 本条是关于自创区人才引进培养使用及落实高层次人才相关待遇的规定。

一、高层次人才引进使用专项制度。高层次人才引进使用专项制度,是指长株潭三市人民政府专门为引进、培养和使用自创区高层次人才量身制定的各项规定的统称。目前,长株潭三市人民政府在引进高层次人才方面分别出台了相关政策,如长沙市出台了《长沙市建设创新创业人才高地的若干措施》（长发〔2017〕10 号）（简称"长沙人才新政 22 条"），株洲市出台了《关于进一步推进人才优先发展的 30 条措施》（株发〔2017〕8 号）（简称"株洲人才新政 30 条"），湘潭市出台了《莲城人才行动计划》（潭市发〔2018〕13 号）（简称"湘潭人才新政 20 条"），分别就打造创新创业人才高地提出了具体措施。

二、高层次人才相关待遇的落实。为解决自创区高层次人才"引得进、留得住、用得好"的问题，长株潭三市人民政府及有关部门应当按照国家和省里的相关规定要求，在户籍迁移、永久居留、住房安置、社会保障、医疗服务、子女就学、配偶就业等方面提供便利条件。另外，立足自创区发展需要，结合国家发展改革委《关于培育发展现代化都市圈的指导意见》（发改规划〔2019〕328 号）、《2019 年新型城镇化建设重点任务》（发改规划〔2019〕617 号）等有关放开、放宽除个别超大城市外的城市落户限制的文件精神，在长株潭三市引进人才过程中，允许高层次人才自己决定在长株潭三市任何一个市内申请落户，赋予其自主选择权，以增强长株潭地区对人才的整体吸引力，促进人才均衡分布。

第二十条　对自创区内取得重大基础研究和前沿技术突破、解决重大工程技术难题、在经济社会各项事业发展中作出重大贡献的专业技术人才，以及引进的高层次人才申报评审专业技术职称的，可以不受资历、工作年限等条件限制。

省人民政府有关部门和长株潭三市人民政府有关部门应当为自创区内非公有制经济组织和社会组织的有关人才申报参加职称评审等提供便利。

【释义】本条是关于自创区内人才职称评审的规定。

一、专业技术人才和高层次人才职称评审。本条明确规定有关专业技术人才和高层次人才的职称评审可以不受资历、工作年限等条件限制，这将有效推动建立健全符合科学技术人员职业特点的职称评审制度，更好发挥人才评价的"指挥棒"和风向标作用。

二、非公有制经济组织和社会组织有关人员职称评审。长期以来，非公有制经济组织和社会组织有关人员因为受到"户籍、身份、档案、所有制"等条件的限制，职称评审时存在障碍。为充分激发和释放自创区内非公有制经济组织和社会组织专业技术人才创新创造活力，畅通其职称评审渠道，本条规定省人民政府有关部门和长株潭三市人民政府有关部门应当为自创区内非公有制经济组织和社会组织的有关人才申报参加职称评审等提供便利。国家人力资源社会保障部办公厅印发《关于进一步做好民营企业职称工作的通知》（人社厅发〔2020〕13 号），明确了"在专业技术人才密集的创业孵化基地、高新技术开发区、科技园区等地设立职称申报受理服务点，或通过人才中介服务机构、工商联、行业协会商会、学会等社会组织受理民营企业专业技术人才职称申报"等规定。省委办公厅、省人民政府办公厅印发的《关于深化职称制度改革的实施意见》（湘办发〔2017〕33 号），明确了"进一步打破户籍、地域、身份、档案、人事关系等制约，畅通非公有制经济组织、社会组织、自由职业专业技术人才职称申报渠道""大力简化职称申报手续和审核环节""依托省电子政务平台建立职称评审（考试）信息化管理系统，逐步实行无纸化网络申报评审和电子证书制度"等规定。省人力资源和社会保障厅《关于印发〈湖南省畅通职称评审绿色通道 10 条实施意见〉和〈湖南省创新民营企业专业技术人才职称评审 10 条措施〉的通知》（湘人社发〔2019〕67 号），明确了"改进职称申报手续和审核环节，精简办理程序，申报简明易行好操作""凡在我省民营企业工作满1年的专业技术人才，申报参评职称可由人事代理的人力资源服务机构推荐，也可由所在地工商联，或所在行业协会学会，或由园区、教育就业办及民营企业按属地化原则推荐"等规定。

依据相关规定，主要有以下具体措施：

一是经批准离岗创业或到民营企业兼职的高校、科研院所、医疗机构等企事业单位专业技术人才，3年内可在原单位按规定申报职称，其创业和兼职期间的工作业绩作为职称评审的依据。民营企业专业技术人才被派驻外地连续工作一年以上的，可按有关规定在派驻地申报职称评审。

二是支持专业技术人才密集、技术实力较强、内部管理规范的规模以上民营企业组建职称评审委员会，或由民营企业联合组建职称评审委员会，按程序报相应人力资源社会保障部门核准备案后开展自主评审。

三是对论文、职称外语等不做限制性要求，专利成果、技术突破、工艺流程、标准开发、成果转化等均可作为职称评审的重要内容。

四是建立职称评审"绿色通道"或"直通车"，民营企业高层次专业技术人才、急需紧缺人才、优秀青年人才可直接申报相应级别职称。专业技术人才因驻外或其他原因确实不能参加现场评审的，有条件的地方和单位要积极通过技术手段远程评审。

五是推广在线评审，逐步实现网上受理、集中评审。简化申报评审程序，精简职称申报材料，减少证明事项。探索实行职称评审电子证书，提供职称信息查询验证服务。

六是对专业化人才服务机构、行业协会商会、学会和民营企业的自主职称评审结果实行事后备案管理，做好统计和查询验证工作。

第二十一条 自创区内的高等院校、研究开发机构可以自主公开招聘高层次人才和具有创新实践成果的科研人员。对高等院校、研究开发机构等单位急需紧缺的高层次人才，可以采取特设岗位方式引进，实行协议工资、项目工资或者年薪制，所需特殊薪酬单列，不受单位原核定绩效工资总量限制。

自创区内创新能力强和人才密集度高的企业、研究开发机构可以开展高级职称自主评审。用人单位按照规定自主评聘的高层次人才和具有创新实践成果的科研人员，可以按照省有关规定，在政府科技计划项目申报、科技奖励申报、人才培养和选拔中享受同级别专业技术人员待遇。

【释义】本条是关于自创区内高等院校、研发机构、企业自主确定人才优惠待遇措施的规定。

一、自创区内用人单位的人才招聘自主权。本条规定自创区高等院校、研究开发机构可以自主公开招聘高层次人才和具有创新实践成果的科研人员，并在岗位设置、薪酬安排、职称评审等方面享有一定的自主权。岗位设置自主权，是指自创区内高等院校、研究开发机构在内设机构总数不变的情况下，可自主确定内设机构的设置和人员配备。

二、薪酬安排自主权。薪酬安排自主权是指自创区内高等院校、研究开发机构在核定的工资绩效总量内自主确定基础性与奖励性绩效工资比例，按规定采取年薪制、协议工资、项目工资等灵活多样的分配形式和分配办法。协议工资，是指自创区内的用人单位与高层次人才(受聘人员)经过平等协商后,以协议的方式确定高层次人才(受聘人员)工资收入的一种薪酬支付方式。项目工资制,是指自创区内的用人单位以高层次人才(受聘人员)在一定时期内完成科研项目为支付工资和兑现待条件的一种薪酬支付方式,该方式适宜于因项目研究工作需要临时聘用高层次人才。年薪制,是指以年度为单位,根据高层次人才(受聘人员)工作业绩,在用人单位考核合格后,由用人单位根据双方的约定支付薪酬的方式。相关法律政策依据如下:

《国务院关于优化科研管理提升科研绩效若干措施的通知》(国发〔2018〕25号)规定:"加大对承担国家关键领域核心技术攻关任务科研人员的薪酬激励。对全时全职承担任务的团队负责人(领衔科学家/首席科学家、技术总师、型号总师、总指挥、总负责人等)以及引进的高端人才,实行一项一策、清单式管理和年薪制。年薪所需经费在项目经费中单独核定,在本单位绩效工资总量中单列,相应增加单位当年绩效工资总量"。

《中共湖南省委湖南省人民政府关于贯彻落实创新驱动发展战略建设科技强省的实施意见》(湘发〔2016〕25号)规定:"对急需紧缺的高层次人才采取特设岗位方式引进,可实行协议工资、项目工资和年薪制,所需薪酬计入当年单位工资总额,不纳入工资总额基数"。

《中共湖南省委办公厅关于印发〈湖南省芙蓉人才行动计划〉的通知》(湘办发〔2017〕42号)规定:"事业单位按规定给引进的个别高层次人才的特殊报酬和各级党委政府同意对作出突出贡献人员的奖金,不纳入单位绩效工资总量管理"。

湖南省科学技术厅、中共湖南省委组织部、中共湖南省委机构编制委员会办公室、湖南省发展和改革委员会、湖南省财政厅、湖南省人力资源和社会保障厅六部门印发的《关于进一步深化科研院所改革推动创新驱动发展的实施意见》(湘科发〔2020〕71号)规定:"对高等院校、研究开发机构等单位急需紧缺的高层次人才,可以采取特设岗位方式引进,实行协议工资、项目工资或者年薪制,所需特殊薪酬单列,不受单位原核定绩效工资总量限制"。

本条规定高等院校、研究开发机构等单位,对急需紧缺的高层次人才可以采取特设岗位方式引进,可实行协议工资、项目工资和年薪制,所需特殊薪酬单列,不受单位原核定绩效工资总量限制,与国发〔2018〕25号、湘发〔2016〕25号、湘办发〔2017〕42号、湘科发〔2020〕71号等文件精神是一脉相承的,目的是使高层次人才收入与实际贡献相匹配,有利于落实以增加知识价值为导向的收入分配政策,激发高层次人才的积极性、主动性和创造性,加强人才队伍建设。

三、职称评审自主权。自创区内用人单位享有高级职称评审自主权。自创区内符合条件的用人单位,可以根据中共中央办公厅、国务院办公厅《关于深化职称制度改革的意见》(中办发〔2016〕77号),省委办公厅、省人民政府办公厅《关于深化职称制度改革的实施意见》(湘办发〔2017〕33号),省人力资源和社会保障厅《关于印发〈湖南省畅通职称评审绿色通道10条实施意见〉和〈湖南省创新民营企业专业技术人才职称评审10条措施〉的通知》(湘人社发〔2019〕67号)等规定,按照管理权限自主开展高级职称评审。用人单位按照规定自主评聘的高层次人才和具有创新实践成果的科研人员,在政府科技计划项目申报、科技奖励申报、人才培养和选拔中,享受同级别的专业技术人员待遇。

第二十二条 鼓励商业银行在自创区设立科技支行等科技金融专营机构，支持符合条件的民营企业依法设立服务自创区的民营银行。

鼓励社会资本参与设立地方金融机构、创业投资和风险投资机构，积极引进国内外金融机构。

完善融资担保体系和再担保体系。鼓励在自创区内设立信用担保机构、再担保机构；鼓励担保机构加入再担保体系，为创新型企业提供融资信用担保。

【释义】本条是关于完善科技金融机构体系的规定。

一、商业银行在自创区设立科技支行、民营企业设立服务自创区民营银行，是完善自创区科技金融机构体系的重要措施。其中，科技支行是商业银行面向科技企业提供综合金融服务的专营机构，是金融服务与科技创新相融合的新尝试。民营银行是为企业提供资金支持和服务、实行市场化运作、由民间资本控股的银行，是实现金融机构多元化的重要举措。

二、社会资本参与地方金融机构、创业投资和风险投资机构，引进国内外金融机构。鼓励社会资本参与设立地方金融机构、创业投资和风险投资机构，引进国内外金融机构，可以引导社会资金进入创新创业投资领域，增加资金来源，放大财政杠杆效应，缓解创新创业主体资金供需矛盾。

三、完善融资担保体系和再担保体系。融资担保体系和再担保体系，是自创区科技金融机构体系的重要组成部分。通过完善融资担保体系和再担保体系，能有效提高各级信用担保机构担保能力，提升整体信用水平；防控和化解系统风险，加大对中小企业信贷支持力度；规范信用担保体系，为中小企业及担保机构发展提供服务。

第二十三条 支持自创区加快科技金融发展，鼓励商业银行创新金融产品，开展知识产权质押融资、股权质押融资等业务，为自创区内科技型企业提供特色化信贷服务，加大对高科技企业信贷支持力度。

支持小额贷款公司、融资担保公司、融资租赁公司、商业保理公司、地方资产管理公司、创业投资和风险投资机构在自创区内依法依规开展金融服务创新。

建立完善科技型中小微企业信贷风险补偿机制。

探索设立科技创新基金，推动科技型企业加大科研投入和成果转化。

【释义】本条是关于支持和鼓励科技金融服务创新的规定。

一、鼓励商业银行创新金融产品。知识产权质押融资、股权质押融资等金融服务是商业银行服务科技创新的重要举措。知识产权质押融资是企业以合法拥有的专利权、商标权、著作权中的财产权经评估作为质押标的物从银行获得贷款的一种融资方式，旨在帮助科技型中小企业解决因缺少不动产担保而带来的资金紧张难题。股权质押融资是企业以其所持有的股权中的财产权作为质押标的物而从银行获得贷款的一种融资方式。

二、支持开展金融服务创新。小额贷款公司、融资担保公司、融资租赁公司、商业保理公司、地方资产管理公司、创业投资和风险投资机构是自创区开展金融服务创新的重要主体。小额贷款公司，是由自然人、企业法人或其他社会组织投资设立，不吸收公众存款，经营小额贷款业务的有限责任公司或者股份有限公司。融资担保公司，是担保人为被担保人借款、发行债券等债务融资提供担保的有限责任公司或者股份有限公司。融资租赁公司，是根据承租人对出卖人、租赁物的选择，购买租赁物提供给承租人使用，并向承租人收取租金的有限责任公司或者股份有限公司。商业保理公司，是为供应商基于真实交易的应收账款，提供保理融资、销售分户(分类)账管理、应收账款催收和非商业性坏账担保等服务的企业。地方资产管理公司，是经省级人民政府设立或授权，从事金融企业不良资产批量收购、处置业务的专门机构。创业投资和风险投资机构，是通过向处于各个创业阶段的未上市企业进行股权投资，并为其提供管理和经营服务，以期在企业发展成熟或相对成熟后，通过股权转让获取资本增值收益的投资机构。

三、建立完善科技型中小微企业信贷风险补偿机制。建立完善科技型中小微企业信贷风险补偿机制，通过对科技型中小微企业贷款、保险、知识产权质押、股权质押和创业投资等业务信贷风险进行补偿，能有效解决企业缺抵押担保"贷不了"、银行"不敢贷"等问题，搭建起政银企互信互助的桥梁。

四、探索设立科技创新基金。探索设立科技创新基金是指政府、园区管理机构探索在自创区设立相关风险投资基金引导金融服务创新创业，着力缓解科技型企业融资难问题，推动科技型企业加大科研投入和成果转化。

第二十四条 支持自创区内符合条件的科技型企业加快上市培育，以科创板为重点，在境内外证券市场公开发行股票。培育发展科技创新专板，指导中小科技型企业进行股份制改造，建立现代企业制度。鼓励自创区内科技型企业利用股权、债权开展多渠道直接融资，逐步提高直接融资比重。

【释义】本条是关于支持科技型企业融资的规定。

一、支持以科创板为重点加强上市培育。科创板是独立于现有主板市场的新设板块，设立科创板并试点注册制是提升服务科技创新企业能力、增强市场包容性、强化市场功能的一项资本市场重大改革举措。科创板的推出，为科技型企业参与资本市场提供了新机遇，创造了新平台，也为自创区创新发展提供了难得的机遇。支持自创区内符合条件的科技型企业加快上市培育，以科创板为重点在境内外证券市场公开发行股票，能有效提升科技型企业融资能力，提高科技型企业治理和规范运作水平，充分发挥企业管理层及核心技术人员所持股份激励作用，有效促进产业融合。

二、培育发展科技创新专板。区域性股权市场设置的科技创新专板，坚持面向世界科技前沿、面向经济主战场、面向国家重大需求、面向人民生命健康，服务于符合战略目标导向、突破关键核心技术、市场认可度高的科技创新企业和集聚新技术、新模式、新业态的企业。培育发展科技创新专板，对具备股改基础以及有股改需求的科技型中小企业进行股份制改造的指导工作，建立现代企业制度，将有效推动中小科技型企业直接融资和上市，提升自创区创新资本形成能力，推动金融和资本创新体系建设发展。

三、鼓励科技型企业直接融资。根据《中华人民共和国促进科技成果转化法》(2015年修正)有关规定，国家完善多层次资本市场，支持企业通过股权交易、依法发行股票和债券等直接融资方式为科技成果转化项目进行融资。直接融资是以股票、债券为主要金融工具的一种融资机制，能最大限度地吸收社会资本，弥补间接融资不足，有效缓解科技型企业融资供需矛盾。直接融资渠道具有公平性、公开性和风险性的特点。

第二十五条 省级财政相关专项资金中应当根据需要安排资金专门用于自创区建设。长株潭三市人民政府应当设立自创区建设专项资金，列入财政预算。

省人民政府、长株潭三市人民政府应当统筹政府资金投入，加大投入力度，以前资助、后补助、股权投资、风险补偿、贷款贴息等方式支持自创区创新能力建设、基础研究、重大科技创新载体建设、科技成果转化、知识产权保护、人才培养和引进、科技金融发展、军民融合创新等工作。

【释义】本条是关于自创区建设专项资金的规定。

一、自创区建设专项资金。为确保自创区建设财政投入，本条明确省级财政相关专项资金中应当根据需要安排资金专门用于自创区建设，长株潭三市人民政府应当设立自创区建设专项资金。

二、统筹政府资金投入。省人民政府、长株潭三市人民政府统筹政府资金投入，主要采用前资助、后补助、股权投资、风险补偿、贷款贴息等方式支持自创区建设，支持的重点是创新能力建设、基础研究、重大科技创新载体建设、科技成果转化、知识产权保护、人才培养和引进、科技金融发展、军民融合创新等。

前资助是指科技管理部门设立一定的定性定量目标，按照相关程序确定科研项目承担主体后，给予立项支持的资助方式。一般要求执行完成项目后进行验收。

后补助是指企业、科研机构组织开展科技研发、成果转化和产业化活动，完成后并达到规定条件的，或取得规定科研成果，由科技管理部门按照相关程序直接给予一定额度补助资金的资助方式。

股权投资是指通过投资取得被投资单位的股份，是企业（或者个人）购买的其他企业（准备上市、未上市公司）的股票或以货币资金、无形资产和其他实物资产直接投资于其他单位。

风险补偿主要是指发生风险后给予一定的补偿。

贷款贴息是指国家为扶持某行业，对该行业的贷款实行利息补贴，此类贷款为贴息贷款。

第二十六条 长株潭三市人民政府国土空间总体规划应当为自创区建设和发展预留空间，根据自创区发展需要和节约集约利用土地原则，优先保障并单列下达新增规划建设用地指标和新增建设用地年度计划指标。省级以上重大建设项目应当安排省级用地计划指标保障。自创区的建设用地应当重点用于高新技术产业、战略性新兴产业、科技创新载体项目和配套设施项目。

长株潭三市人民政府自然资源和规划主管部门对自创区范围内按产业规划布局有相应特定用途的工业用地，以招标拍卖挂牌方式出让的，可以将产业类型、生产技术、产业标准、产品品质等要求作为土地供应前置条件。

自创区科技成果研发和产业化项目可以通过出让、出租、入股等方式依法使用集体经营性建设用地。

【释义】本条是关于自创区用地保障的规定。

一、国土空间总体规划。国土空间总体规划是国土空间规划的一个类型，是国家空间发展的指南、可持续发展的空间蓝图，是各类开发保护建设活动的基本依据，是详细规划的依据、相关专项规划的基础。长株潭三市人民政府国土空间总体规划应当为自创区建设和发展预留空间，这是实现自创区用地保障的关键举措。

二、新增规划建设用地指标和新增建设用地年度计划指标。长株潭三市人民政府应当根据自创区发展需要和节约集约利用土地的原则，优先保障并单列下达新增规划建设用地指标和新增建设用地年度计划指标，是保障自创区建设用地的具体措施。同时，对于省级以上重大建设项目，明确应当在省级用地计划指标中予以保障。

三、自创区建设用地应当重点用于高新技术产业、战略性新兴产业、科技创新载体项目和配套设施项目。该条对自创区用地重点予以明确，有利于加大对高新技术产业、战略性新兴产业、科技创新载体项目和配套设施项目用地的保障力度。

四、国有土地使用权出让的特别规定。国有土地使用权出让是国家以土地所有人身份将土地使用权在一定年限内让渡给土地使用者，并由土地使用者向国家支付土地使用权出让金的行为。我国土地使用权的出让方式有四种：招标、拍卖、挂牌和协议方式。2002年出台的《招标拍卖挂牌出让国有土地使用权规定》（国土资源部令第11号）规定："市、县人民政府土地行政主管部门应当按照出让计划，会同城市规划等有关部门共同拟订拟订招标拍卖挂牌出让地块的用途、年限、出让方式、时间和其他条件等方案"，国土资源部、发展改革委、科技部、工业和信息化部、住房城乡建设部、商务部《关于支持新产业新业态发展促进大众创业万众创新用地政策的意见》（国土资规〔2015〕5号）规定："出让土地依法需以招标拍卖挂牌方式供应的，在公平、公正、不排除多个市场主体竞争的前提下，可将投资和产业主管部门提出的产业类型、生产技术、产业标准、产品品质要求作为土地供应前置条件"。本条规定自创区范围内按产业规划布局有相应特定用途的工业用地，以招标拍卖挂牌方式出让的，可以将产业类型、生产技术、产业标准、产品品质等要求作为土地供应前置条件。

五、依法使用集体经营性建设用地。2015年1月，中共中央办公厅、国务院办公厅印发《关于农村土地征收、集体经营性建设用地入市、宅基地制度改革试点工作的意见》，规定在符合规划和用途管制的前提下，允许农村集体经营性建设用地出让、租赁、入股，实行与国有土地同等入市、同权同价。《中华人民共和国土地管理法》（2019年修正）第六十三条规定："土地利用总体规划、城乡规划确定为工业、商业等经营性用途，并经依法登记的集体经营性建设用地，土地所有权人可以通过出让、出租等方式交由单位或者个人使用，并应当签订书面合同，载明土地界址、面积、动工期限、使用期限、土地用途、规划条件和双方其他权利义务"，对集体经营性建设用地入市作了规定。该条规定明确自创区科技成果研发和产业化项目可以通过出让、出租、入股等方式，依法使用集体经营性建设用地，能促进合理利用集体经营性建设用地，有利于解决自创区相关园区发展"用地难"问题。

第二十七条 在自创区内依法开展规划环境影响评价，应当明确空间管控、总量管控等要求；对符合规划环境影响评价要求的建设项目，按照国家和省有关规定简化环境影响评价内容。

【释义】本条是关于优化自创区规划环境影响评价管理的规定。

一、在自创区内依法开展规划环境影响评价，应当明确空间管控、总量管控等要求。规划环境影响评价是对规划实施后可能造成的环境影响进行分析、预测和评估，提出预防或者减轻不良环境影响的对策和措施，进行跟踪监测的方法与制度。空间管控，是指在明确并保护生态空间的前提下，提出优化生产空间和生活空间的意见和要求，推进构建有利于环境保护的国土空间开发格局。总量管控，是指应以推进环境质量改善为目标，明确区域（流域）及重点行业污染物排放总量上限，作为调控区域内产业规模和开发强度的依据。为了预防、减轻规划实施可能造成的不良环境影响，切实从源头预防环境污染和生态破坏，本条对规划环境影响评价作了具体规定。

二、对符合规划环境影响评价要求的建设项目，按照国家和省有关法律法规和政策规定简化环境影响评价内容。《中华人民共和国环境影响评价法》（2018 年修正）第十六条规定："国家根据建设项目对环境的影响程度，对建设项目的环境影响评价实行分类管理。建设单位应当按照下列规定组织编制环境影响报告书、环境影响报告表或者填报环境影响登记表（以下统称环境影响评价文件）：（一）可能造成重大环境影响的，应当编制环境影响报告书，对产生的环境影响进行全面评价；（二）可能造成轻度环境影响的，应当编制环境影响报告表，对产生的环境影响进行分析或者专项评价；（三）对环境影响很小、不需要进行环境影响评价的，应当填报环境影响登记表"。第十八条规定："建设项目的环境影响评价，应当避免与规划的环境影响评价相重复。作为一项整体建设项目的规划，按照建设项目进行环境影响评价，不进行规划的环境影响评价。已经进行了环境影响评价的规划包含具体建设项目的，规划的环境影响评价结论应当作为建设项目环境影响评价的重要依据，建设项目环境影响评价的内容应当根据规划的环境影响评价审查意见予以简化"。

本条对自创区内依法开展规划环境影响评价作出相关规定，体现了国务院和省相关法规政策精神，在为企业减负担、增便利的同时，加强环境保护和污染防治，提高环保管理的效率和实效。

第二十八条 省人民政府、长株潭三市人民政府及其有关部门和自创区内园区管理机构对自创区新技术、新产业、新业态、新模式，应当采取有利于保护创新的监管标准和措施；对创新过程中出现的问题，在坚守质量和安全底线的前提下，可以设置一定的观察期，及时予以引导或者处置。

【释义】本条是关于对自创区新技术、新产业、新业态、新模式实行审慎监管的规定。

本条规定的法律法规和政策依据主要如下：

2020 年 1 月 1 日起施行的《优化营商环境条例》（国务院令第 722 号）规定："政府及其有关部门应当按照鼓励创新的原则，对新技术、新产业、新业态、新模式等实行包容审慎监管，针对其性质、特点分类制定和实行相应的监管规则和标准，留足发展空间，同时确保质量和安全，不得简单化予以禁止或者不予监管"。

《国务院关于加强和规范事中事后监管的指导意见》（国发〔2019〕18 号）规定："对新技术、新产业、新业态、新模式，要按照鼓励创新原则，留足发展空间，同时坚守质量和安全底线,严禁简单封杀或放任不管。加强对新生事物发展规律研究,分类量身定制监管规则和标准。对看得准、有发展前景的,要引导其健康规范发展;对一时看不准的,设置一定的'观察期',对出现的问题及时引导或处置;对潜在风险大、可能造成严重不良后果的,严格监管;对非法经营的,坚决依法予以查处。推进线上线下一体化监管,统一执法标准和尺度"。

审慎监管的基本原则:对看得准、有发展前景的,要引导其健康规范发展;对一时看不准的,设置一定的"观察期",对出现的问题及时引导或处置;对潜在风险大、可能造成严重不良后果的,严格监管;对非法经营的,坚决依法予以查处。本条旨在贯彻落实国家有关落实和完善包容审慎监管精神,鼓励创新,推动转变政府职能,深化简政放权、放管结合、优化服务改革,进一步加强和规范事中事后监管,以公正监管促进公平竞争,加快打造市场化法治化国际化营商环境,促进自创区高质量发展。

第二十九条 自创区进行的创新活动,未能实现预期目标,但同时符合以下情形的,对当事人不作负面评价,免予追究相关责任:

(一)创新方案的制定和实施不违反法律、法规规定;

(二)相关人员履行了勤勉尽责义务;

(三)未非法谋取私利,未恶意串通损害公共利益和他人合法权益。

【释义】本条是关于容错免责机制的规定。

改革创新,需要探索试验,创新过程中难免会出现一些失误和错误,如果不加区分,不包容失误,某种程度上就会束缚有关人员干事创业的主动性和创造性。充分发挥容错机制的导向作用,让担当有为者放下包袱,让违法乱纪者受到惩戒,才能让改革永不停顿、创新永无止境。

本条规定对免责适用情形作了具体界定,意在为改革创新未能实现预期目标者提供法治保护。相关法律法规和政策依据如下:

《国务院关于印发实施〈中华人民共和国促进科技成果转化法〉若干规定的通知》(国发〔2016〕16号)规定:"科技成果转化过程中,通过技术交易市场挂牌交易、拍卖等方式确定价格的,或者通过协议定价并在本单位及技术交易市场公示拟交易价格的,单位领导在履行勤勉尽责义务、没有牟取非法利益的前提下,免除其在科技成果定价中因科技成果转化后续价值变化产生的决策责任"。

《湖南省实施〈中华人民共和国促进科技成果转化法〉办法》(2019年修订)第二十二条规定:"在科技成果转化活动中,研究开发机构、高等院校、国有企业的相关负责人根据法律法规和本单位规章制度,履行了民主决策程序、合理注意义务和监督管理职责的,视为已履行勤勉尽责义务。政府设立的研究开发机构、高等院校及国有企业的相关负责人已履行勤勉尽责义务,未牟取非法利益的,免除其因科技成果转化后续价值变化产生的决策责任。政府设立的研究开发机构、高等院校以科技成果入股实施转化活动,单位负责人已履行勤勉尽责义务且没有牟取非法利益的,其成果股权权益下降,经主管部门会同国有资产监督管理部门审核后,不纳入国有资产对外投资保值增值考核范围,免责办理亏损资产核销手续"。

《国务院办公厅关于推广第二批支持创新相关改革举措的通知》(国办发〔2018〕126

号）规定："通过制定实施地方性法规，对政府部门、国有企业负责人在推动战略性新兴产业发展和实施创新项目中出现工作过失或影响任期目标实现的，只要没有谋取私利、符合程序规定，可免除行政追责和效能问责"。

中共湖南省委办公厅印发的《关于建立容错纠错机制激励干部担当作为的办法（试行）》（湘办发〔2019〕15号）规定："坚持把干部在推进改革中因缺乏经验、先行先试出现的失误错误，同明知故犯的违纪违法行为区分开来；把尚无明确限制的探索性试验中的失误错误，同明令禁止后依然我行我素的违纪违法行为区分开来；把为推动发展的无意过失，同为谋取私利的违纪违法行为区分开来"。

第三十条 长株潭三市以外的国家高新技术产业开发区，经省人民政府确定参照本条例执行。

【释义】本条是关于长株潭三市以外的国家高新技术产业开发区参照《条例》执行的规定。

法规中设定参照执行条款的主要原因有三种：一是适用法律法规中对某一问题未作专门规定，而其他法律法规中有明确规定，为防止出现法律漏洞而规定予以参照。二是法律法规中的相关主体或事项超出了调整对象或适用范围的规定，为了将该法律法规中调整对象或适用范围之外的一些类似法律关系也进行调整，规定参照执行条款。三是新法条款尚未生效，不宜直接依照执行，对其中新条款采取了参照执行的变通做法。本条的规定属于第二种情况。

《条例》第二条对适用范围作了规定。但在实践中，省内长株潭范围外的国家高新技术产业开发区也涉及自主创新发展。为了充分发挥自创区的示范引领和辐射带动作用，引领带动自创区以外的省内地区，特别是省内其他国家高新技术产业开发区自主创新发展，全面提升湖南区域创新能力，促进全省经济社会高质量发展，服务创新型国家建设，为中西部地区发展积累可复制、可推广的经验，本条规定经湖南省人民政府确定后的长株潭三市以外的国家高新技术产业开发区参照本条例执行。

第三十一条 本条例自2020年7月1日起施行。

【释义】本条是关于本条例生效日期的规定。

本条例于2020年3月31日经湖南省第十三届人民代表大会常务委员会第十六次会议通过。根据本条规定，本条例自2020年7月1日起施行。法律法规的公布与施行是两个不同的概念。法律法规的公布，是指由特定机关将通过的法律法规向社会公告；法律法规的施行，是指法律法规开始发生法律效力。法律法规的生效时间通常有三种情况：一是自公布之日起生效；二是公布之日或者之后某个日期试行或者暂行；三是自公布一段时间后某个日期起开始生效。本条例的生效时间属于第三种情况，即2020年7月1日起生效。条例从通过到施行留有3个月的时间，一方面是为了给有关单位和个人充足的时间学习和适应《条例》的有关规定；另一方面是考虑到《条例》的有些规定比较原则，需要留出一段时间给有关主管部门制定、修改配套文件，以保证《条例》的顺利实施。

相关文件

湖南省第十三届人民代表大会常务委员会公告

第 36 号

　　《湖南省长株潭国家自主创新示范区条例》于 2020 年 3 月 31 日经湖南省第十三届人民代表大会常务委员会第十六次会议通过，现予公布，自 2020 年 7 月 1 日起施行。

湖南省人民代表大会常务委员会

2020 年 3 月 31 日

关于《湖南省长株潭国家自主创新
示范区条例（草案）》的说明

——2019年11月在湖南省第十三届人民代表大会常务委员会第十四次会议上

湖南省科学技术厅厅长　童旭东

主任、各位副主任、秘书长、各位委员：

受省人民政府委托，我现就《湖南省长株潭国家自主创新示范区条例（草案）》（以下简称《条例（草案）》）作如下说明：

一、制定本《条例》的必要性

2014年12月，长株潭国家自主创新示范区（以下简称自创区）获批以来，在省委、省政府的坚强领导下，自创区建设工作基础得到夯实，协同创新体系初步构建，创新生态日益优化，长沙"科创谷"、株洲"动力谷"、湘潭"智造谷"建设成效明显，为创新引领开放崛起战略实施提供了重要支撑，已成为推动创新型省份建设和高质量发展的重要载体。但是，自创区建设还在管理体制机制、协同创新发展、激励政策、科技金融结合等方面存在不少问题。目前，北京中关村、武汉东湖、江苏苏南、广东深圳、四川成都等5个自创区已专门出台条例，郑洛新等自创区正在积极推动立法。实践证明，条例对促进和保障自创区建设发展发挥了较好作用，是非常必要的。

二、《条例（草案）》的起草过程

条例列入今年立法出台计划后，省科技厅成立自创区立法工作领导小组，加强与相关部门的对接，组织开展自创区立法工作。一是开展前期调研。省科技厅组建起草组，整理法规政策，会同有关部门赴外省学习考察，深入长株潭三市、园区实地调研，广泛听取意见建议。二是组织重点研究。以问题和需求为导向，突出创新性、针对性和实用性，梳理形成问题清单及解决思路，在适用范围、管理体制机制、创新服务体系、人才引进培养、示范辐射带动等方面提出具体措施。三是起草论证条例文本。反复斟酌起草文本，书面征集长株潭三市政府、省直相关部门、相关高等院校的意见，邀请高水平专家进行论证，于6月27日按程序将条例送审稿上报省政府。四是审查完善条例文本。省司法厅开展立法审查，经多轮修改后形成《条例（草案）》。9月9日，省政府第45次常务会讨论通过《条例（草案）》。

三、需要说明的几个问题

考虑到我省已有科学技术进步条例,高新技术发展条例和科技成果转化办法已修订实施,为了突出条例的创新性、针对性和实用性,条例文本不设章节,围绕自创区"三区一极"战略定位布局,坚持问题导向、需求导向,共设 36 项条文。有关问题在这里作重点说明:

(一)关于自创区的范围。根据国务院《关于同意支持长株潭国家高新区建设国家自主创新示范区的批复》(国函〔2014〕164 号)精神,自创区的范围为国务院有关部门公告确定的长沙、株洲、湘潭三个国家高新区的四至范围。随着自创区的快速发展,长沙、株洲、湘潭三个国家高新区核准的 37.62 平方公里面积,已难以满足自创区的发展需要。2017 年、2019 年国务院先后通报表扬我省实施创新驱动发展战略、推进自主创新和发展高新技术产业真抓实干成效明显,明确给予我省自创区扩区增容的激励政策。2019 年 1 月,省政府向国务院上报《长株潭国家自主创新示范区空间布局调整方案(送审稿)》,强化"三谷多园"格局,将长沙、株洲、湘潭三个国家高新区总体纳入,并遴选纳入其他创新资源聚集、创新产出高效的园区(区块),扩大自创区政策覆盖范围。目前,正在等待国务院批准。因此,《条例(草案)》在第二条第二款、第三款规定:"自创区的范围包括长沙、株洲、湘潭国家高新技术产业开发区和省人民政府报经国务院同意纳入自创区建设范围的其他园区。自创区各个产业园区的具体范围由省人民政府另行公布"。同时,为了发挥自创区的示范辐射带动作用,推进创新型省份建设、"3+5"城市群战略实施,《条例(草案)》还在第三十五条规定:"衡阳、岳阳、常德、益阳、娄底等国家高新区参照本条例执行"。

(二)关于自创区的管理体制。为了进一步理顺和优化自创区的管理体制,在认真研究总结自创区建设管理成功经验,并参考外省自创区做法的基础上,《条例(草案)》确立了"省统筹、市建设和区域协同、部门协作"的基本原则,并对省政府、长株潭三市政府和自创区内园区管理机构的职责进行细化和明确。一是加强省政府对自创区建设工作的统一领导。二是压实长株潭三市政府建设主体责任。三是规定自创区内园区管理机构负责推进自创区建设工作。

(三)关于自主创新激励。为了激发各类创新主体活力,《条例(草案)》作出相应规定。一是充分发挥规划的引领作用。对自创区建设纳入全省国民经济和社会发展规划和计划、编制自创区发展规划及实施方案、做好规划衔接等作出具体规定。二是加强标志性工程建设。明确建设重点,加强自主创新能力建设,提升产业基础能力和产业链水平。三是发挥创新创业主体作用。分别对创新创业主体设立与发展高新技术企业、新型研发机构、创新创业孵化载体、创新合作组织、知识产权运营机构等作出规定。四是加强科技管理机制创新。在研发机构管理、科研项目立项、军民科技协同、赋予科技成果所有权等方面进行机制创新。五是激发人才活力。在人才的引进、培养、评价、管理、服务等方面作出规定。六是加强科技与金融结合。对构建多层次金融服务体系、加快科技金融发展、支持科技型企业上市培育、完善融资信贷风险补偿机制等方面作出规定。

(四)关于其他保障措施
一是改善营商环境。对简化行政审批程序、下放或委托管理事项、创新环评方式、支持产业创新等作出规定。二是统筹政府资金投入。明确省级财政专项资金应当安排相应资金专门用于自创区建设，长株潭三市政府应当设立自创区建设专项资金。三是对自创区建设用地予以优先保障。加大对高新技术产业、战略性新兴产业、科技创新载体和配套设施的用地保障力度。四是加强责任追究。对有关人民政府及部门、自创区和园区管理机构及其工作人员不作为、慢作为、乱作为行为进行责任追究。五是建立容错机制。明确在自创区建设中因改革创新、先行先试出现失误和错误，符合有关规定的，可以给予从轻、减轻或者免于处分。

《条例(草案)》和以上说明，请予审议。

关于《湖南省长株潭国家自主创新示范区条例（草案）》审议意见的报告

——2019 年 11 月 26 日在湖南省十三届人大常委会第十四次会议上

湖南省人大常委会委员
湖南省人大教科文卫委员会副主任委员　詹　鸣

主任、各位副主任、秘书长、各位委员：

为了做好《湖南省长株潭国家自主创新示范区条例（草案）》（以下简称条例草案）的立法工作，我委提前介入，先后到长沙、株洲、湘潭三市开展立法调研，赴北京、上海、河南、湖北等省市考察学习立法经验，分别多次组织省市有关部门、高新区管委会、经开区管委会、企业、高校、科研院所、专家、学者、人大代表等召开立法座谈会征求意见，并反复研究了外省市已出台的 5 部自创区条例。我委第 9 次全体会议对条例草案进行了审议。现将审议意见报告如下：

一、关于本条例的适用范围

省政府议案根据国务院给予我省自创区扩区增容的激励政策，在条例草案第二条和第三十五条就本条例的适用范围作了相应规定。目前国家批准我省设立的国家高新区有 8 个，条例草案第三十五条规定衡阳、岳阳、常德、益阳、娄底国家高新区参照执行本条例，但岳阳、娄底国家高新区尚未获批，而获批的郴州、怀化国家高新区却未列入（其中郴州是我省开放崛起战略"一核两极"中的"一极"）。根据国务院《关于同意支持长株潭国家高新区建设国家自主创新示范区的批复》的要求，并结合湖南实际，建议条例草案进一步明确本条例的适用范围：

1. 第二条第二款修改为：长株潭国家自主创新示范区（以下简称自创区）是指省人民政府报经国务院批准设立，在科技体制改革和机制创新、激励自主创新、激发各类创新主体活力等方面先行先试、探索经验、作出示范的长沙、株洲、湘潭国家高新技术产业开发区等区域。

2. 第二条第三款并入第三十五条并修改为：经省人民政府批准，长株潭三市自创区外的其他产业园区和本省其他国家高新技术产业开发区参照本条例执行。

二、关于自创区的任务与目标

目前，经国务院批准设立的国家自主创新示范区有 21 个，承担的任务和目标各有侧重。根据国务院的批复意见和我省建设创新型省份的实际，建议条例草案第三条修改为：自创区建设应当坚持省统筹、市建设和区域协同、部门协作原则。自创区应当整合各类创新资源，探索激励创新政策，在科研院所转制、科技成果转化、军民融合发展、人才引进、绿色发展等方面先行先试，推动科技创新一体化发展，建设成为创新驱动发展引领区、军民融合创新示范区、体制机制改革先行区和中西部地区发展新的增长极，辐射带动长株潭创新型城市群和创新型省份建设。

三、关于管理体制机制创新

调研中发现，自创区在管理体制机制上存在一些突出的问题，长株潭三市在产业布局、项目建设、人才竞争、政策优惠等方面存在各自为政、无序竞争的现象，没有形成合力。我委认为，在自创区的管理体制机制方面，亟须在省级层面加强统筹协调，在市级层面推进优化整合，特别是要加大体制改革力度，理顺长株潭三市各类产业园区的管理体制，建议：

1. 在条例草案第四条第一款中明确"省人民政府应当建立健全统筹推进工作机制"的规定。

2. 条例草案第五条修改为：长沙市、株洲市、湘潭市（以下简称长株潭三市）人民政府对本市自创区建设承担主体责任，应当推进管理体制改革，逐步整合、规范各园区管理机构的设置，明确统一的自创区建设和服务管理机构，负责组织自创区具体建设和服务管理工作。

四、关于财政支持及金融创新

1. 为了加大自创区建设支持力度，省级财政应当加大财政投入，设立自创区建设专项资金，将其单列，明确用途。建议条例草案第二十八条第一款修改为：省人民政府设立示范区建设专项资金，主要用于支持示范区内重大科技创新载体建设、科技金融发展和对国家高新区的奖励补助。长株潭三市人民政府应当设立自创区建设专项资金，列入财政预算，并逐年增加，确保工作需要。

2. 建议条例草案第二十五条增加"鼓励商业银行在自创区设立科技支行，创新金融产品""设立风险投资基金，加大对初创企业的融资支持和培育"等内容，并将此条分为三款，修改为：

支持自创区加快科技金融发展，鼓励商业银行在自创区设立科技支行，创新金融产品，开展知识产权质押融资、股权质押融资、信用贷款等业务，加大对高科技企业信贷支持力度。

鼓励保险资金通过投资股权、债权、资产支持计划等形式，为科技型企业提供资金支持。支持设立科技创新基金，推动科技型企业加大科研投入和成果转化。支持设立风险投资基金，加大对初创企业的融资支持和培育。

支持小额贷款公司、融资担保公司、融资租赁公司、商业保理公司、地方资产管理公司、创业投资和风险投资机构在自创区内依法合规开展金融服务创新。

五、其他

　　建议条例草案第十六条第三款中的"应当"修改为"鼓励"并调整顺序，修改为："鼓励自创区内企业、研究开发机构和科技人员依法开展国际国内科技合作与交流"。

　　以上报告，请予审议。

湖南省人民代表大会法制委员会关于《湖南省长株潭国家自主创新示范区条例（草案）》修改情况的汇报

——2020年1月7日在湖南省十三届人大常委会第十五次会议上

湖南省人大常委会委员
湖南省人大法制委员会委员　　田福德

主任、各位副主任、秘书长、各位委员：

2019年11月，省十三届人大常委会第十四次会议审议了《湖南省长株潭国家自主创新示范区条例（草案）》，省人大教科文卫委作了审议意见的报告。省人大常委会组成人员审议认为，制定条例很有必要，总体可行，体现了国务院批复精神和省委省政府出台的相关文件精神，符合我省实际，借鉴了外省立法经验，有利于推进我省创新引领开放崛起战略。同时提出，要发挥自创区先行先试、大胆探索、示范带动优势，在条例中规定更多具体可行的措施。为了提高立法质量和效率，2019年10月下旬，省人大常委会副主任周农率队赴长株潭进行立法调研；12月26日，召集省直有关部门负责人就自创区的体制机制等问题进行协调。省人大法制委、常委会法工委提前介入，赴长株潭调研，并到上海考察张江国家自创区管理体制情况，提出了关于自创区管理体制的调研报告。2019年12月中旬，法工委有关负责同志赴河南、江苏进行立法考察；分别召开省直相关部门和长株潭三市人民政府、长株潭国家高新区、湘江新区、长沙经开区及相关省人大代表、专家参加的征求意见座谈会。根据常委会组成人员和教科文卫委的审议意见，结合调研情况，法工委会同省人大教科文卫委、省科技厅对条例草案进行了多次修改。12月24日，法制委员会召开第24次全体会议进行了统一审议，省人大教科文卫委有关负责同志列席了会议。法制委员会审议认为，条例草案修改稿体现党的十九届四中全会精神，根据中央和省委相关政策，以问题为导向，针对自创区存在的问题进行制度设计，有利于发挥立法的引领、推动、规范和保障作用，还有些问题需要进一步研究修改。会后，法工委对条例草案再次进行了修改，形成条例草案二次审议稿（以下简称二次审议稿）。12月30日，主任会议听取了法制委员会关于条例草案修改情况的汇报，决定将二次审议稿提请本次常委会会议审议。现就主要修改情况汇报如下：

一、关于适用范围

部分常委会组成人员和教科文卫委的审议意见提出，要进一步明确自创区的范围，充分发挥自创区的示范带动作用。法制委员会研究认为，关于自创区的范围规定，既要符合国家政策，又要符合我省自创区发展的实际需要。按照国务院文件要求，国家自创区的设立和扩展，必须报国务院审批；长株潭三市除三个国家高新区外，还有 31 个其他国家级和省级园区，省人民政府已将这 31 个园区列为自创区的拓展区，并于今年 1 月报请国务院批准纳入自创区。但国务院尚未批准。为了更好地发挥自创区的示范带动作用，把自创区做大做强，根据自创区实际需要，将条例草案第二条第二款修改为："长株潭国家自主创新示范区（以下简称自创区）是指国务院批准的长沙、株洲、湘潭国家高新技术产业开发区等园区。省人民政府根据自创区发展需要，可以确定长株潭范围内的其他园区与自创区统筹规划、一体推进。"

条例草案第三十五条规定："衡阳、岳阳、常德、益阳、娄底等国家高新技术产业开发区参照本条例执行。"目前，岳阳、娄底国家高新区尚未获批，而获批的郴州、怀化国家高新区却未列入。为了给自创区的发展预留空间，充分发挥自创区的辐射作用，由省人民政府根据情况适时确定参照范围比较合适，据此将条例草案第三十五条修改为："长株潭以外的国家高新技术产业开发区，经省人民政府确定参照本条例执行。"（二次审议稿第三十条）

二、关于管理体制机制

部分常委会组成人员审议提出，自创区实际上仍然是长株潭三个高新区各自为政，没有整合形成合力，建议进一步理顺管理体制机制，明确议事协调机构和工作机构，负责统筹推进自创区建设。教科文卫委审议意见提出，要加大体制改革力度，明确省人民政府应当建立健全统筹推进工作机制。

法制委员会研究认为，我省已于 2015 年设立长株潭自主创新示范区建设工作领导小组，开展了一些工作。为了使条例规定的省人民政府在自创区建设中的职责得以落实，将原由省人民政府决定的事项，明确为先由议事协调机构进行研究协调并报省人民政府审定。至于议事协调机构日常工作机构，目前安排在省科技厅，以后省人民政府根据需要，也可以将其他机构整合加挂牌子或者新设。因此，将条例草案第四条第一款修改为："省人民政府对自创区建设实行统一领导。省人民政府自创区协调机构对自创区建设进行统筹协调，定期研究自创区建设重大问题，对自创区政策、发展规划、专项资金使用方案及年度重点工作计划等重大事项进行研究协调，并报省人民政府审定。自创区协调机构日常工作由省人民政府确定的机构负责。"（二次审议稿第四条）

三、关于自创区自主权和行政审批制度改革

有的常委会组成人员审议提出，自创区要先行先试，享有更多的自主权，赋予相对独立的经济社会管理权限。据此，二次审议稿作了两个方面的修改：一是进一步明确园区管理机构的管理权限。在二次审议稿第七条增加规定：自创区内园区管理机构"行使三市人民政府赋予的经济和社会管理权限。""选人用人应当注重能力和业绩，不受身份、资历、任职年限的限制，形成能上能下的机制。"二是规定实行一件事一次办。在二次审议稿第八条第三款增加规定：自创区内各园区应当"实行一窗受理、集成服务、一次办结，""实现行政审批办事不出自创区。"

四、关于用地保障

在长株潭调研时，相关园区反映用地难问题比较突出。为确保园区合理用地需求，经征求省自然资源厅的意见，借鉴中关村、成都条例的作法，二次审议稿第二十六条增加规定："长株潭三市人民政府国土空间总体规划应当为自创区建设和发展预留空间，根据自创区发展需要和节约集约利用土地原则优先保障并单列下达新增规划建设用地指标和新增建设用地年度计划指标。""省级以上重大建设项目应当安排省级用地计划指标保障。""自创区重大科技成果研发和产业化项目可以通过出让、出租、入股等方式依法使用集体建设用地。"

五、其他

1. 为破除高层次人才落户和就业只能在同一个城市的障碍，充分发挥高层次人才的作用，二次审议稿第十九条第二款增加规定，自创区内工作的高层次人才，可以到长株潭三市中的一个市申请落户。

2. 二次审议稿第二十九条对条例草案第三十四条关于容错机制的规定进行了细化，完善了免予追究责任的情形。

3. 根据常委会组成人员的建议，删除部分不属于自主创新示范区规范的条款，包括条例草案第三十二条及第十五条第二款和第三款、第十六条第三款和第四款、第二十九条第三款、第三十一条第二款等，并将部分条款合并。

此外，还对个别文字作了修改，对个别条文顺序作了调整。

以上报告和二次审议稿是否妥当，请予审议。

湖南省人民代表大会法制委员会关于《湖南省长株潭国家自主创新示范区条例（草案）》审议结果的报告

——2020 年 3 月 30 日在湖南省十三届人大常委会第十六次会议上

湖南省人大常委会委员
湖南省人大法制委员会委员　田福德

主任、各位副主任、秘书长、各位委员：

2020 年 1 月，省十三届人大常委会第十五次会议审议了《湖南省长株潭国家自主创新示范区条例（草案·二次审议稿）》（以下简称二次审议稿）。常委会组成人员审议认为，二次审议稿较好地采纳了上一次常委会会议的审议意见，进一步增强了立法的针对性；同时对部分条款提出了修改意见和建议。会后，法工委会同省人大教科文卫委、省科技厅，根据常委会组成人员的审议意见，对二次审议稿进行了修改；书面征求了省政府办公厅及省直有关部门、各市州人大常委会、长株潭三市政府有关部门、长沙经开区、立法基层联系点、部分省人大代表和立法咨询专家的意见，在湖南人大网上公开征求意见，并赴湘潭高新区就行政审批相关问题进行专题调研，又经过两次修改后形成二审修改稿。

3 月 17 日，法制委员会召开第二十五次全体会议，对二审修改稿进行了统一审议，省人大教科文卫委有关负责同志列席了会议。会后，法工委按照法制委员会统一审议意见再次进行了修改。3 月 23 日，主任会议听取了法制委员会的汇报，决定将草案·三次审议稿提请本次常委会会议审议。

法制委员会认为，草案经过常委会两次会议审议和多次修改，已比较成熟，与法律、行政法规不相抵触，符合我省实际，建议提请本次常委会会议审议后予以表决。现将主要修改情况说明如下：

1. 为进一步鼓励创新，根据《国务院关于优化科研管理提升科研绩效若干措施的通知》（国发〔2018〕25 号）文件精神，在第十二条增加一项作为第三项规定："赋予科研人员更大技术路线决策权，科研人员可以在不改变研究方向、不降低技术指标的前提下，自行决定研究方案或者技术路线。"根据 2020 年 2 月 14 日中央全面深化改革委员会第十二次会议通过的《赋予科研人员职务科技成果所有权或长期使用权试点实施方案》有关精神，在第十六条对完成职务科技成果作出重大贡献的科研人员，增加可以赋予其职务科技成果长期使用权的规定。同时，将第二十条第三款并入第一款，对作出重大贡献的专业技术人才以及引进的高层次人才申报评审专业技术职称的优惠政策进行了细化，修改为："对自创区内取得重大基础研究和前沿技术突破、解决重大工程技术难题、在经济社会各项事业发展中作出重大贡献的专业技术人才，以及引进的高层次人才申报评审专业技术职称的，可以不受资历、工作年限等条件限制。"

2. 有的常委会组成人员提出，应明确"包容审慎监管"的具体内容，增强可操作性。为此，根据 2019 年 10 月国务院《优化营商环境条例》及《关于加强和规范事中事后监管的指导意见》（国发〔2019〕18 号）文件精神，将二次审议稿第八条第四款单列一条作为第二十八条并修改为："省人民政府、长株潭三市人民政府及其有关部门和自创区内园区管理机构对自创区新技术、新产业、新业态、新模式，应当采取有利于保护创新的监管标准和措施；对创新过程中出现的问题，在坚守质量和安全底线的前提下，可以设置一定的观察期，及时予以引导或者处置。"

3. 为有利于根据自创区的实际开展生态环境保护，引领绿色发展，同时采纳省直有关部门的意见，将第二十七条修改为："在自创区内依法开展规划环境影响评价，应当明确空间管控、总量管控等要求；对符合规划环境影响评价要求的建设项目，按照国家和省有关规定简化环境影响评价内容。"

4. 有的常委会组成人员提出，企业所得税法对研发费用加计扣除政策已实施多年，条例可以不规定；关于法律责任的规定过于原则，按照有关法律法规执行即可，条例没有必要规定。据此，删除了二次审议稿第十条关于企业研发费用在税前列支等普惠性政策规定和第二十八条关于法律责任的规定。同时，根据常委会组成人员的审议意见，在第十三条明确了新型研发机构的含义；采纳省政府办公厅的意见，在第六条将省和长株潭三市科技部门的职责分别规定，并在省科技部门的职责中增加"对口协调"。

此外，对部分条款文字作了修改。

以上报告和三次审议稿是否妥当，请予审议。

湖南省人民代表大会法制委员会关于《湖南省长株潭国家自主创新示范区条例(草案)》修改情况的再说明

(2020年3月31日)

省人大常委会：

省十三届人大常委会第十六次会议对《湖南省长株潭国家自主创新示范区条例(草案·三次审议稿)》进行了审议。常委会组成人员审议认为，三次审议稿较好地采纳了常委会会议的审议意见，建议进一步修改后提请本次常委会会议表决。同时对部分条款提出了修改意见和建议。法工委根据常委会组成人员的审议意见进行了修改。3月30日下午，省人大法制委员会召开第二十六次全体会议进行了统一审议，省人大教科文卫委员会有关负责同志列席了会议。法制委员会建议对条例草案作适当修改后提请本次常委会会议表决。法工委根据法制委员会统一审议的意见，再次作了修改，形成了条例草案表决稿。31日上午，主任会议听取了法制委员会的修改情况汇报，决定将条例草案表决稿提请本次常委会会议表决。现将主要修改情况汇报如下：

1. 有的常委会组成人员提出，关于简化行政审批程序、优化行政审批流程的一般性要求在条例中可不规定，应当鼓励自创区就行政审批改革先行先试。据此，将第八条第一款修改为："省人民政府有关部门和长株潭三市人民政府有关部门应当将有关行政审批事项下放或者委托自创区内园区管理机构负责实施，并在自创区先行先试行政审批改革。"同时，删除该条第二款关于简化行政审批的一般性规定。

2. 有的常委会组成人员提出，关于赋予科研人员更大技术路线决策权，国务院文件已有规定，是普惠性政策，可以不在条例中规定。据此，删除了第十二条第三项。

3. 有的常委会组成人员提出，第十九条第三款关于退役军人参与自创区科技活动的鼓励性政策不利于军队有关工作。考虑到地方立法可就军民融合协同创新作原则要求，该内容在第十八条已作规定。退役军人涉及军队管理，地方立法不宜作具体规定。为此，删除了第十九条第三款。

4. 有的常委会组成人员提出，第二十三条关于金融创新中的"信用贷款"不是创新性金融产品，条例可不作规定；同时"保证保险"不属于信贷业务。为此，删除了该条第一款中的"信用贷款、保证保险"。

5. 明确条例施行日期为2020年7月1日。

　　此外，还对个别文字作了修改。

　　新要素保障、加强科技与金融结合等方面进行规范，为贯彻落实省委"三高四新"战略、建设发展长株潭国家自主创新示范区提供了法治保障。

相关法律、行政法规、规章制度

中华人民共和国科学技术进步法

1993 年 7 月 2 日第八届全国人民代表大会常务委员会第二次会议通过 2007 年 12 月 29 日第十届全国人民代表大会常务委员会第三十一次会议修订。

目 录

第一章　总　则
第二章　科学研究、技术开发与科学技术应用
第三章　企业技术进步
第四章　科学技术研究开发机构
第五章　科学技术人员
第六章　保障措施
第七章　法律责任
第八章　附　则

第一章　总　则

第一条　为了促进科学技术进步，发挥科学技术第一生产力的作用，促进科学技术成果向现实生产力转化，推动科学技术为经济建设和社会发展服务，根据宪法，制定本法。

第二条　国家坚持科学发展观，实施科教兴国战略，实行自主创新、重点跨越、支撑发展、引领未来的科学技术工作指导方针，构建国家创新体系，建设创新型国家。

第三条　国家保障科学技术研究开发的自由，鼓励科学探索和技术创新，保护科学技术人员的合法权益。

全社会都应当尊重劳动、尊重知识、尊重人才、尊重创造。

学校及其他教育机构应当坚持理论联系实际，注重培养受教育者的独立思考能力、实践能力、创新能力，以及追求真理、崇尚创新、实事求是的科学精神。

第四条　经济建设和社会发展应当依靠科学技术，科学技术进步工作应当为经济建设和社会发展服务。

国家鼓励科学技术研究开发，推动应用科学技术改造传统产业、发展高新技术产业和

社会事业。

第五条 国家发展科学技术普及事业，普及科学技术知识，提高全体公民的科学文化素质。

国家鼓励机关、企业事业组织、社会团体和公民参与和支持科学技术进步活动。

第六条 国家鼓励科学技术研究开发与高等教育、产业发展相结合，鼓励自然科学与人文社会科学交叉融合和相互促进。

国家加强跨地区、跨行业和跨领域的科学技术合作，扶持民族地区、边远地区、贫困地区的科学技术进步。

国家加强军用与民用科学技术计划的衔接与协调，促进军用与民用科学技术资源、技术开发需求的互通交流和技术双向转移，发展军民两用技术。

第七条 国家制定和实施知识产权战略，建立和完善知识产权制度，营造尊重知识产权的社会环境，依法保护知识产权，激励自主创新。

企业事业组织和科学技术人员应当增强知识产权意识，增强自主创新能力，提高运用、保护和管理知识产权的能力。

第八条 国家建立和完善有利于自主创新的科学技术评价制度。

科学技术评价制度应当根据不同科学技术活动的特点，按照公平、公正、公开的原则，实行分类评价。

第九条 国家加大财政性资金投入，并制定产业、税收、金融、政府采购等政策，鼓励、引导社会资金投入，推动全社会科学技术研究开发经费持续稳定增长。

第十条 国务院领导全国科学技术进步工作，制定科学技术发展规划，确定国家科学技术重大项目、与科学技术密切相关的重大项目，保障科学技术进步与经济建设和社会发展相协调。

地方各级人民政府应当采取有效措施，推进科学技术进步。

第十一条 国务院科学技术行政部门负责全国科学技术进步工作的宏观管理和统筹协调；国务院其他有关部门在各自的职责范围内，负责有关的科学技术进步工作。

县级以上地方人民政府科学技术行政部门负责本行政区域的科学技术进步工作；县级以上地方人民政府其他有关部门在各自的职责范围内，负责有关的科学技术进步工作。

第十二条 国家建立科学技术进步工作协调机制，研究科学技术进步工作中的重大问题，协调国家科学技术基金和国家科学技术计划项目的设立及相互衔接，协调军用与民用科学技术资源配置、科学技术研究开发机构的整合以及科学技术研究开发与高等教育、产业发展相结合等重大事项。

第十三条 国家完善科学技术决策的规则和程序，建立规范的咨询和决策机制，推进决策的科学化、民主化。

制定科学技术发展规划和重大政策，确定科学技术的重大项目、与科学技术密切相关的重大项目，应当充分听取科学技术人员的意见，实行科学决策。

第十四条 中华人民共和国政府发展同外国政府、国际组织之间的科学技术合作与交流，鼓励科学技术研究开发机构、高等学校、科学技术人员、科学技术社会团体和企业事业组织依法开展国际科学技术合作与交流。

第十五条　国家建立科学技术奖励制度，对在科学技术进步活动中做出重要贡献的组织和个人给予奖励。具体办法由国务院规定。

国家鼓励国内外的组织或者个人设立科学技术奖项，对科学技术进步给予奖励。

第二章　科学研究、技术开发与科学技术应用

第十六条　国家设立自然科学基金，资助基础研究和科学前沿探索，培养科学技术人才。

国家设立科技型中小企业创新基金，资助中小企业开展技术创新。

国家在必要时可以设立其他基金，资助科学技术进步活动。

第十七条　从事下列活动的，按照国家有关规定享受税收优惠：

（一）从事技术开发、技术转让、技术咨询、技术服务；

（二）进口国内不能生产或者性能不能满足需要的科学研究或者技术开发用品；

（三）为实施国家重大科学技术专项、国家科学技术计划重大项目，进口国内不能生产的关键设备、原材料或者零部件；

（四）法律、国家有关规定规定的其他科学研究、技术开发与科学技术应用活动。

第十八条　国家鼓励金融机构开展知识产权质押业务，鼓励和引导金融机构在信贷等方面支持科学技术应用和高新技术产业发展，鼓励保险机构根据高新技术产业发展的需要开发保险品种。

政策性金融机构应当在其业务范围内，为科学技术应用和高新技术产业发展优先提供金融服务。

第十九条　国家遵循科学技术活动服务国家目标与鼓励自由探索相结合的原则，超前部署和发展基础研究、前沿技术研究和社会公益性技术研究，支持基础研究、前沿技术研究和社会公益性技术研究持续、稳定发展。

科学技术研究开发机构、高等学校、企业事业组织和公民有权依法自主选择课题，从事基础研究、前沿技术研究和社会公益性技术研究。

第二十条　利用财政性资金设立的科学技术基金项目或者科学技术计划项目所形成的发明专利权、计算机软件著作权、集成电路布图设计专有权和植物新品种权，除涉及国家安全、国家利益和重大社会公共利益的外，授权项目承担者依法取得。

项目承担者应当依法实施前款规定的知识产权，同时采取保护措施，并就实施和保护情况向项目管理机构提交年度报告；在合理期限内没有实施的，国家可以无偿实施，也可以许可他人有偿实施或者无偿实施。

项目承担者依法取得的本条第一款规定的知识产权，国家为了国家安全、国家利益和重大社会公共利益的需要，可以无偿实施，也可以许可他人有偿实施或者无偿实施。

项目承担者因实施本条第一款规定的知识产权所产生的利益分配，依照有关法律、行政法规的规定执行；法律、行政法规没有规定的，按照约定执行。

第二十一条　国家鼓励利用财政性资金设立的科学技术基金项目或者科学技术计划项目所形成的知识产权首先在境内使用。

前款规定的知识产权向境外的组织或者个人转让或者许可境外的组织或者个人独占实施的，应当经项目管理机构批准；法律、行政法规对批准机构另有规定的，依照其规定。

第二十二条 国家鼓励根据国家的产业政策和技术政策引进国外先进技术、装备。

利用财政性资金和国有资本引进重大技术、装备的，应当进行技术消化、吸收和再创新。

第二十三条 国家鼓励和支持农业科学技术的基础研究和应用研究，传播和普及农业科学技术知识，加快农业科学技术成果转化和产业化，促进农业科学技术进步。

县级以上人民政府应当采取措施，支持公益性农业科学技术研究开发机构和农业技术推广机构进行农业新品种、新技术的研究开发和应用。

地方各级人民政府应当鼓励和引导农村群众性科学技术组织为种植业、林业、畜牧业、渔业等的发展提供科学技术服务，对农民进行科学技术培训。

第二十四条 国务院可以根据需要批准建立国家高新技术产业开发区，并对国家高新技术产业开发区的建设、发展给予引导和扶持，使其形成特色和优势，发挥集聚效应。

第二十五条 对境内公民、法人或者其他组织自主创新的产品、服务或者国家需要重点扶持的产品、服务，在性能、技术等指标能够满足政府采购需求的条件下，政府采购应当购买；首次投放市场的，政府采购应当率先购买。

政府采购的产品尚待研究开发的，采购人应当运用招标方式确定科学技术研究开发机构、高等学校或者企业进行研究开发，并予以订购。

第二十六条 国家推动科学技术研究开发与产品、服务标准制定相结合，科学技术研究开发与产品设计、制造相结合；引导科学技术研究开发机构、高等学校、企业共同推进国家重大技术创新产品、服务标准的研究、制定和依法采用。

第二十七条 国家培育和发展技术市场，鼓励创办从事技术评估、技术经纪等活动的中介服务机构，引导建立社会化、专业化和网络化的技术交易服务体系，推动科学技术成果的推广和应用。

技术交易活动应当遵循自愿、平等、互利有偿和诚实信用的原则。

第二十八条 国家实行科学技术保密制度，保护涉及国家安全和利益的科学技术秘密。

国家实行珍贵、稀有、濒危的生物种质资源、遗传资源等科学技术资源出境管理制度。

第二十九条 国家禁止危害国家安全、损害社会公共利益、危害人体健康、违反伦理道德的科学技术研究开发活动。

第三章 企业技术进步

第三十条 国家建立以企业为主体，以市场为导向，企业同科学技术研究开发机构、高等学校相结合的技术创新体系，引导和扶持企业技术创新活动，发挥企业在技术创新中的主体作用。

第三十一条 县级以上人民政府及其有关部门制定的与产业发展相关的科学技术计划，应当体现产业发展的需求。

县级以上人民政府及其有关部门确定科学技术计划项目，应当鼓励企业参与实施和平等竞争；对具有明确市场应用前景的项目，应当鼓励企业联合科学技术研究开发机构、高等学校共同实施。

第三十二条 国家鼓励企业开展下列活动：

（一）设立内部科学技术研究开发机构；

（二）同其他企业或者科学技术研究开发机构、高等学校联合建立科学技术研究开发机构，或者以委托等方式开展科学技术研究开发；

（三）培养、吸引和使用科学技术人员；

（四）同科学技术研究开发机构、高等学校、职业院校或者培训机构联合培养专业技术人才和高技能人才，吸引高等学校毕业生到企业工作；

（五）依法设立博士后工作站；

（六）结合技术创新和职工技能培训，开展科学技术普及活动，设立向公众开放的普及科学技术的场馆或者设施。

第三十三条 国家鼓励企业增加研究开发和技术创新的投入，自主确立研究开发课题，开展技术创新活动。

国家鼓励企业对引进技术进行消化、吸收和再创新。

企业开发新技术、新产品、新工艺发生的研究开发费用可以按照国家有关规定，税前列支并加计扣除，企业科学技术研究开发仪器、设备可以加速折旧。

第三十四条 国家利用财政性资金设立基金，为企业自主创新与成果产业化贷款提供贴息、担保。

政策性金融机构应当在其业务范围内对国家鼓励的企业自主创新项目给予重点支持。

第三十五条 国家完善资本市场，建立健全促进自主创新的机制，支持符合条件的高新技术企业利用资本市场推动自身发展。

国家鼓励设立创业投资引导基金，引导社会资金流向创业投资企业，对企业的创业发展给予支持。

第三十六条 下列企业按照国家有关规定享受税收优惠：

（一）从事高新技术产品研究开发、生产的企业；

（二）投资于中小型高新技术企业的创业投资企业；

（三）法律、行政法规规定的与科学技术进步有关的其他企业。

第三十七条 国家对公共研究开发平台和科学技术中介服务机构的建设给予支持。

公共研究开发平台和科学技术中介服务机构应当为中小企业的技术创新提供服务。

第三十八条 国家依法保护企业研究开发所取得的知识产权。

企业应当不断提高运用、保护和管理知识产权的能力，增强自主创新能力和市场竞争能力。

第三十九条 国有企业应当建立健全有利于技术创新的分配制度，完善激励约束机制。

国有企业负责人对企业的技术进步负责。对国有企业负责人的业绩考核，应当将企业的创新投入、创新能力建设、创新成效等情况纳入考核的范围。

第四十条 县级以上地方人民政府及其有关部门应当创造公平竞争的市场环境，推动企业技术进步。

国务院有关部门和省、自治区、直辖市人民政府应当通过制定产业、财政、能源、环境保护等政策，引导、促使企业研究开发新技术、新产品、新工艺，进行技术改造和设备更新，淘汰技术落后的设备、工艺，停止生产技术落后的产品。

第四章　科学技术研究开发机构

第四十一条 国家统筹规划科学技术研究开发机构的布局，建立和完善科学技术研究开发体系。

第四十二条 公民、法人或者其他组织有权依法设立科学技术研究开发机构。国外的组织或者个人可以在中国境内依法独立设立科学技术研究开发机构，也可以与中国境内的组织或者个人依法联合设立科学技术研究开发机构。

从事基础研究、前沿技术研究、社会公益性技术研究的科学技术研究开发机构，可以利用财政性资金设立。利用财政性资金设立科学技术研究开发机构，应当优化配置，防止重复设置；对重复设置的科学技术研究开发机构，应当予以整合。

科学技术研究开发机构、高等学校可以依法设立博士后工作站。科学技术研究开发机构可以依法在国外设立分支机构。

第四十三条 科学技术研究开发机构享有下列权利：

（一）依法组织或者参加学术活动；

（二）按照国家有关规定，自主确定科学技术研究开发方向和项目，自主决定经费使用、机构设置和人员聘用及合理流动等内部管理事务；

（三）与其他科学技术研究开发机构、高等学校和企业联合开展科学技术研究开发；

（四）获得社会捐赠和资助；

（五）法律、行政法规规定的其他权利。

第四十四条 科学技术研究开发机构应当按照章程的规定开展科学技术研究开发活动；不得在科学技术活动中弄虚作假，不得参加、支持迷信活动。

利用财政性资金设立的科学技术研究开发机构开展科学技术研究开发活动，应当为国家目标和社会公共利益服务；有条件的，应当向公众开放普及科学技术的场馆或者设施，开展科学技术普及活动。

第四十五条 利用财政性资金设立的科学技术研究开发机构应当建立职责明确、评价科学、开放有序、管理规范的现代院所制度，实行院长或者所长负责制，建立科学技术委员会咨询制和职工代表大会监督制等制度，并吸收外部专家参与管理、接受社会监督；院长或者所长的聘用引入竞争机制。

第四十六条 利用财政性资金设立的科学技术研究开发机构，应当建立有利于科学技术资源共享的机制，促进科学技术资源的有效利用。

第四十七条 国家鼓励社会力量自行创办科学技术研究开发机构，保障其合法权益不受侵犯。

社会力量设立的科学技术研究开发机构有权按照国家有关规定，参与实施和平等竞争利用财政性资金设立的科学技术基金项目、科学技术计划项目。

社会力量设立的非营利性科学技术研究开发机构按照国家有关规定享受税收优惠。

第五章　科学技术人员

第四十八条　科学技术人员是社会主义现代化建设事业的重要力量。国家采取各种措施，提高科学技术人员的社会地位，通过各种途径，培养和造就各种专门的科学技术人才，创造有利的环境和条件，充分发挥科学技术人员的作用。

第四十九条　各级人民政府和企业事业组织应当采取措施，提高科学技术人员的工资和福利待遇；对有突出贡献的科学技术人员给予优厚待遇。

第五十条　各级人民政府和企业事业组织应当保障科学技术人员接受继续教育的权利，并为科学技术人员的合理流动创造环境和条件，发挥其专长。

第五十一条　科学技术人员可以根据其学术水平和业务能力依法选择工作单位、竞聘相应的岗位，取得相应的职务或者职称。

第五十二条　科学技术人员在艰苦、边远地区或者恶劣、危险环境中工作，所在单位应当按照国家规定给予补贴，提供其岗位或者工作场所应有的职业健康卫生保护。

第五十三条　青年科学技术人员、少数民族科学技术人员、女性科学技术人员等在竞聘专业技术职务、参与科学技术评价、承担科学技术研究开发项目、接受继续教育等方面享有平等权利。

发现、培养和使用青年科学技术人员的情况，应当作为评价科学技术进步工作的重要内容。

第五十四条　国家鼓励在国外工作的科学技术人员回国从事科学技术研究开发工作。利用财政性资金设立的科学技术研究开发机构、高等学校聘用在国外工作的杰出科学技术人员回国从事科学技术研究开发工作的，应当为其工作和生活提供方便。

外国的杰出科学技术人员到中国从事科学技术研究开发工作的，按照国家有关规定，可以依法优先获得在华永久居留权。

第五十五条　科学技术人员应当弘扬科学精神，遵守学术规范，恪守职业道德，诚实守信；不得在科学技术活动中弄虚作假，不得参加、支持迷信活动。

第五十六条　国家鼓励科学技术人员自由探索、勇于承担风险。原始记录能够证明承担探索性强、风险高的科学技术研究开发项目的科学技术人员已经履行了勤勉尽责义务仍不能完成该项目的，给予宽容。

第五十七条　利用财政性资金设立的科学技术基金项目、科学技术计划项目的管理机构，应当为参与项目的科学技术人员建立学术诚信档案，作为对科学技术人员聘任专业技术职务或者职称、审批科学技术人员申请科学技术研究开发项目等的依据。

第五十八条　科学技术人员有依法创办或者参加科学技术社会团体的权利。

科学技术协会和其他科学技术社会团体按照章程在促进学术交流、推进学科建设、发展科学技术普及事业、培养专门人才、开展咨询服务、加强科学技术人员自律和维护科学技术人员合法权益等方面发挥作用。

科学技术协会和其他科学技术社会团体的合法权益受法律保护。

第六章 保障措施

第五十九条 国家逐步提高科学技术经费投入的总体水平；国家财政用于科学技术经费的增长幅度，应当高于国家财政经常性收入的增长幅度。全社会科学技术研究开发经费应当占国内生产总值适当的比例，并逐步提高。

第六十条 财政性科学技术资金应当主要用于下列事项的投入：

（一）科学技术基础条件与设施建设；

（二）基础研究；

（三）对经济建设和社会发展具有战略性、基础性、前瞻性作用的前沿技术研究、社会公益性技术研究和重大共性关键技术研究；

（四）重大共性关键技术应用和高新技术产业化示范；

（五）农业新品种、新技术的研究开发和农业科学技术成果的应用、推广；

（六）科学技术普及。

对利用财政性资金设立的科学技术研究开发机构，国家在经费、实验手段等方面给予支持。

第六十一条 审计机关、财政部门应当依法对财政性科学技术资金的管理和使用情况进行监督检查。

任何组织或者个人不得虚报、冒领、贪污、挪用、截留财政性科学技术资金。

第六十二条 确定利用财政性资金设立的科学技术基金项目，应当坚持宏观引导、自主申请、平等竞争、同行评审、择优支持的原则；确定利用财政性资金设立的科学技术计划项目的项目承担者，应当按照国家有关规定择优确定。

利用财政性资金设立的科学技术基金项目、科学技术计划项目的管理机构，应当建立评审专家库，建立健全科学技术基金项目、科学技术计划项目的专家评审制度和评审专家的遴选、回避、问责制度。

第六十三条 国家遵循统筹规划、优化配置的原则，整合和设置国家科学技术研究实验基地。

国家鼓励设置综合性科学技术实验服务单位，为科学技术研究开发机构、高等学校、企业和科学技术人员提供或者委托他人提供科学技术实验服务。

第六十四条 国家根据科学技术进步的需要，按照统筹规划、突出共享、优化配置、综合集成、政府主导、多方共建的原则，制定购置大型科学仪器、设备的规划，并开展对以财政性资金为主购置的大型科学仪器、设备的联合评议工作。

第六十五条 国务院科学技术行政部门应当会同国务院有关主管部门，建立科学技术研究基地、科学仪器设备和科学技术文献、科学技术数据、科学技术自然资源、科学技术普及资源等科学技术资源的信息系统，及时向社会公布科学技术资源的分布、使用情况。

科学技术资源的管理单位应当向社会公布所管理的科学技术资源的共享使用制度和使

用情况，并根据使用制度安排使用；但是，法律、行政法规规定应当保密的，依照其规定。

科学技术资源的管理单位不得侵犯科学技术资源使用者的知识产权，并应当按照国家有关规定确定收费标准。管理单位和使用者之间的其他权利义务关系由双方约定。

第六十六条　国家鼓励国内外的组织或者个人捐赠财产、设立科学技术基金，资助科学技术研究开发和科学技术普及。

第七章　　法律责任

第六十七条　违反本法规定，虚报、冒领、贪污、挪用、截留用于科学技术进步的财政性资金，依照有关财政违法行为处罚处分的规定责令改正，追回有关财政性资金和违法所得，依法给予行政处罚；对直接负责的主管人员和其他直接责任人员依法给予处分。

第六十八条　违反本法规定，利用财政性资金和国有资本购置大型科学仪器、设备后，不履行大型科学仪器、设备等科学技术资源共享使用义务的，由有关主管部门责令改正，对直接负责的主管人员和其他直接责任人员依法给予处分。

第六十九条　违反本法规定，滥用职权，限制、压制科学技术研究开发活动的，对直接负责的主管人员和其他直接责任人员依法给予处分。

第七十条　违反本法规定，抄袭、剽窃他人科学技术成果，或者在科学技术活动中弄虚作假的，由科学技术人员所在单位或者单位主管机关责令改正，对直接负责的主管人员和其他直接责任人员依法给予处分；获得用于科学技术进步的财政性资金或者有违法所得的，由有关主管部门追回财政性资金和违法所得；情节严重的，由所在单位或者单位主管机关向社会公布其违法行为，禁止其在一定期限内申请国家科学技术基金项目和国家科学技术计划项目。

第七十一条　违反本法规定，骗取国家科学技术奖励的，由主管部门依法撤销奖励，追回奖金，并依法给予处分。

违反本法规定，推荐的单位或者个人提供虚假数据、材料，协助他人骗取国家科学技术奖励的，由主管部门给予通报批评；情节严重的，暂停或者取消其推荐资格，并依法给予处分。

第七十二条　违反本法规定，科学技术行政等有关部门及其工作人员滥用职权、玩忽职守、徇私舞弊的，对直接负责的主管人员和其他直接责任人员依法给予处分。

第七十三条　违反本法规定，其他法律、法规规定行政处罚的，依照其规定；造成财产损失或者其他损害的，依法承担民事责任；构成犯罪的，依法追究刑事责任。

第八章　　附　　则

第七十四条　涉及国防科学技术的其他有关事项，由国务院、中央军事委员会规定。

第七十五条　本法自 2008 年 7 月 1 日起施行。

中华人民共和国促进科技成果转化法

1996年5月15日第八届全国人民代表大会常务委员会第十九次会议通过 根据2015年8月29日第十二届全国人民代表大会常务委员会第十六次会议《关于修改〈中华人民共和国促进科技成果转化法〉的决定》修正。

目 录

第一章　总　则
第二章　组织实施
第三章　保障措施
第四章　技术权益
第五章　法律责任
第六章　附　则

第一章　总　则

第一条 为了促进科技成果转化为现实生产力，规范科技成果转化活动，加速科学技术进步，推动经济建设和社会发展，制定本法。

第二条 本法所称科技成果，是指通过科学研究与技术开发所产生的具有实用价值的成果。职务科技成果，是指执行研究开发机构、高等院校和企业等单位的工作任务，或者主要是利用上述单位的物质技术条件所完成的科技成果。

本法所称科技成果转化，是指为提高生产力水平而对科技成果所进行的后续试验、开发、应用、推广直至形成新技术、新工艺、新材料、新产品，发展新产业等活动。

第三条 科技成果转化活动应当有利于加快实施创新驱动发展战略，促进科技与经济的结合，有利于提高经济效益、社会效益和保护环境、合理利用资源，有利于促进经济建设、社会发展和维护国家安全。

科技成果转化活动应当尊重市场规律，发挥企业的主体作用，遵循自愿、互利、公平、诚实信用的原则，依照法律法规规定和合同约定，享有权益，承担风险。科技成果转化活动中的知识产权受法律保护。

科技成果转化活动应当遵守法律法规，维护国家利益，不得损害社会公共利益和他人合法权益。

第四条 国家对科技成果转化合理安排财政资金投入，引导社会资金投入，推动科技成果转化资金投入的多元化。

第五条 国务院和地方各级人民政府应当加强科技、财政、投资、税收、人才、产业、金融、政府采购、军民融合等政策协同，为科技成果转化创造良好环境。

地方各级人民政府根据本法规定的原则，结合本地实际，可以采取更加有利于促进科技成果转化的措施。

第六条 国家鼓励科技成果首先在中国境内实施。中国单位或者个人向境外的组织、个人转让或者许可其实施科技成果的，应当遵守相关法律、行政法规以及国家有关规定。

第七条 国家为了国家安全、国家利益和重大社会公共利益的需要，可以依法组织实施或者许可他人实施相关科技成果。

第八条 国务院科学技术行政部门、经济综合管理部门和其他有关行政部门依照国务院规定的职责，管理、指导和协调科技成果转化工作。

地方各级人民政府负责管理、指导和协调本行政区域内的科技成果转化工作。

第二章 组织实施

第九条 国务院和地方各级人民政府应当将科技成果的转化纳入国民经济和社会发展计划，并组织协调实施有关科技成果的转化。

第十条 利用财政资金设立应用类科技项目和其他相关科技项目，有关行政部门、管理机构应当改进和完善科研组织管理方式，在制定相关科技规划、计划和编制项目指南时应当听取相关行业、企业的意见；在组织实施应用类科技项目时，应当明确项目承担者的科技成果转化义务，加强知识产权管理，并将科技成果转化和知识产权创造、运用作为立项和验收的重要内容和依据。

第十一条 国家建立、完善科技报告制度和科技成果信息系统，向社会公布科技项目实施情况以及科技成果和相关知识产权信息，提供科技成果信息查询、筛选等公益服务。公布有关信息不得泄露国家秘密和商业秘密。对不予公布的信息，有关部门应当及时告知相关科技项目承担者。

利用财政资金设立的科技项目的承担者应当按照规定及时提交相关科技报告，并将科技成果和相关知识产权信息汇交到科技成果信息系统。

国家鼓励利用非财政资金设立的科技项目的承担者提交相关科技报告，将科技成果和相关知识产权信息汇交到科技成果信息系统，县级以上人民政府负责相关工作的部门应当为其提供方便。

第十二条 对下列科技成果转化项目，国家通过政府采购、研究开发资助、发布产业技术指导目录、示范推广等方式予以支持：

（一）能够显著提高产业技术水平、经济效益或者能够形成促进社会经济健康发展的新产业的；

（二）能够显著提高国家安全能力和公共安全水平的；

（三）能够合理开发和利用资源、节约能源、降低消耗以及防治环境污染、保护生态、提高应对气候变化和防灾减灾能力的；

（四）能够改善民生和提高公共健康水平的；

（五）能够促进现代农业或者农村经济发展的；

（六）能够加快民族地区、边远地区、贫困地区社会经济发展的。

第十三条 国家通过制定政策措施，提倡和鼓励采用先进技术、工艺和装备，不断改进、限制使用或者淘汰落后技术、工艺和装备。

第十四条 国家加强标准制定工作，对新技术、新工艺、新材料、新产品依法及时制定国家标准、行业标准，积极参与国际标准的制定，推动先进适用技术推广和应用。

国家建立有效的军民科技成果相互转化体系，完善国防科技协同创新体制机制。军品科研生产应当依法优先采用先进适用的民用标准，推动军用、民用技术相互转移、转化。

第十五条 各级人民政府组织实施的重点科技成果转化项目，可以由有关部门组织采用公开招标的方式实施转化。有关部门应当对中标单位提供招标时确定的资助或者其他条件。

第十六条 科技成果持有者可以采用下列方式进行科技成果转化：

（一）自行投资实施转化；

（二）向他人转让该科技成果；

（三）许可他人使用该科技成果；

（四）以该科技成果作为合作条件，与他人共同实施转化；

（五）以该科技成果作价投资，折算股份或者出资比例；

（六）其他协商确定的方式。

第十七条 国家鼓励研究开发机构、高等院校采取转让、许可或者作价投资等方式，向企业或者其他组织转移科技成果。

国家设立的研究开发机构、高等院校应当加强对科技成果转化的管理、组织和协调，促进科技成果转化队伍建设，优化科技成果转化流程，通过本单位负责技术转移工作的机构或者委托独立的科技成果转化服务机构开展技术转移。

第十八条 国家设立的研究开发机构、高等院校对其持有的科技成果，可以自主决定转让、许可或者作价投资，但应当通过协议定价、在技术交易市场挂牌交易、拍卖等方式确定价格。通过协议定价的，应当在本单位公示科技成果名称和拟交易价格。

第十九条 国家设立的研究开发机构、高等院校所取得的职务科技成果，完成人和参加人在不变更职务科技成果权属的前提下，可以根据与本单位的协议进行该项科技成果的转化，并享有协议规定的权益。该单位对上述科技成果转化活动应当予以支持。

科技成果完成人或者课题负责人，不得阻碍职务科技成果的转化，不得将职务科技成果及其技术资料和数据占为己有，侵犯单位的合法权益。

第二十条 研究开发机构、高等院校的主管部门以及财政、科学技术等相关行政部门应当建立有利于促进科技成果转化的绩效考核评价体系，将科技成果转化情况作为对相关单位及人员评价、科研资金支持的重要内容和依据之一，并对科技成果转化绩效突出的相关单位及人员加大科研资金支持。

国家设立的研究开发机构、高等院校应当建立符合科技成果转化工作特点的职称评定、岗位管理和考核评价制度，完善收入分配激励约束机制。

第二十一条 国家设立的研究开发机构、高等院校应当向其主管部门提交科技成果转化情况年度报告，说明本单位依法取得的科技成果数量、实施转化情况以及相关收入分配情况，该主管部门应当按照规定将科技成果转化情况年度报告报送财政、科学技术等相关行政部门。

第二十二条 企业为采用新技术、新工艺、新材料和生产新产品，可以自行发布信息或者委托科技中介服务机构征集其所需的科技成果，或者征寻科技成果转化的合作者。

县级以上地方各级人民政府科学技术行政部门和其他有关部门应当根据职责分工，为企业获取所需的科技成果提供帮助和支持。

第二十三条 企业依法有权独立或者与境内外企业、事业单位和其他合作者联合实施科技成果转化。

企业可以通过公平竞争，独立或者与其他单位联合承担政府组织实施的科技研究开发和科技成果转化项目。

第二十四条 对利用财政资金设立的具有市场应用前景、产业目标明确的科技项目，政府有关部门、管理机构应当发挥企业在研究开发方向选择、项目实施和成果应用中的主导作用，鼓励企业、研究开发机构、高等院校及其他组织共同实施。

第二十五条 国家鼓励研究开发机构、高等院校与企业相结合，联合实施科技成果转化。

研究开发机构、高等院校可以参与政府有关部门或者企业实施科技成果转化的招标投标活动。

第二十六条 国家鼓励企业与研究开发机构、高等院校及其他组织采取联合建立研究开发平台、技术转移机构或者技术创新联盟等产学研合作方式，共同开展研究开发、成果应用与推广、标准研究与制定等活动。

合作各方应当签订协议，依法约定合作的组织形式、任务分工、资金投入、知识产权归属、权益分配、风险分担和违约责任等事项。

第二十七条 国家鼓励研究开发机构、高等院校与企业及其他组织开展科技人员交流，根据专业特点、行业领域技术发展需要，聘请企业及其他组织的科技人员兼职从事教学和科研工作，支持本单位的科技人员到企业及其他组织从事科技成果转化活动。

第二十八条 国家支持企业与研究开发机构、高等院校、职业院校及培训机构联合建立学生实习实践培训基地和研究生科研实践工作机构，共同培养专业技术人才和高技能人才。

第二十九条 国家鼓励农业科研机构、农业试验示范单位独立或者与其他单位合作实施农业科技成果转化。

第三十条 国家培育和发展技术市场，鼓励创办科技中介服务机构，为技术交易提供交易场所、信息平台以及信息检索、加工与分析、评估、经纪等服务。

科技中介服务机构提供服务，应当遵循公正、客观的原则，不得提供虚假的信息和证明，对其在服务过程中知悉的国家秘密和当事人的商业秘密负有保密义务。

第三十一条 国家支持根据产业和区域发展需要建设公共研究开发平台，为科技成果转化提供技术集成、共性技术研究开发、中间试验和工业性试验、科技成果系统化和工程化开发、技术推广与示范等服务。

第三十二条 国家支持科技企业孵化器、大学科技园等科技企业孵化机构发展，为初创期科技型中小企业提供孵化场地、创业辅导、研究开发与管理咨询等服务。

第三章 保障措施

第三十三条 科技成果转化财政经费，主要用于科技成果转化的引导资金、贷款贴息、补助资金和风险投资以及其他促进科技成果转化的资金用途。

第三十四条 国家依照有关税收法律、行政法规规定对科技成果转化活动实行税收优惠。

第三十五条 国家鼓励银行业金融机构在组织形式、管理机制、金融产品和服务等方面进行创新，鼓励开展知识产权质押贷款、股权质押贷款等贷款业务，为科技成果转化提供金融支持。

国家鼓励政策性金融机构采取措施，加大对科技成果转化的金融支持。

第三十六条 国家鼓励保险机构开发符合科技成果转化特点的保险品种，为科技成果转化提供保险服务。

第三十七条 国家完善多层次资本市场，支持企业通过股权交易、依法发行股票和债券等直接融资方式为科技成果转化项目进行融资。

第三十八条 国家鼓励创业投资机构投资科技成果转化项目。

国家设立的创业投资引导基金，应当引导和支持创业投资机构投资初创期科技型中小企业。

第三十九条 国家鼓励设立科技成果转化基金或者风险基金，其资金来源由国家、地方、企业、事业单位以及其他组织或者个人提供，用于支持高投入、高风险、高产出的科技成果的转化，加速重大科技成果的产业化。

科技成果转化基金和风险基金的设立及其资金使用，依照国家有关规定执行。

第四章 技术权益

第四十条 科技成果完成单位与其他单位合作进行科技成果转化的，应当依法由合同约定该科技成果有关权益的归属。合同未作约定的，按照下列原则办理：

（一）在合作转化中无新的发明创造的，该科技成果的权益，归该科技成果完成单位；

（二）在合作转化中产生新的发明创造的，该新发明创造的权益归合作各方共有；

（三）对合作转化中产生的科技成果，各方都有实施该项科技成果的权利，转让该科技成果应经合作各方同意。

第四十一条 科技成果完成单位与其他单位合作进行科技成果转化的，合作各方应当就保守技术秘密达成协议；当事人不得违反协议或者违反权利人有关保守技术秘密的要求，披露、允许他人使用该技术。

第四十二条　企业、事业单位应当建立健全技术秘密保护制度，保护本单位的技术秘密。职工应当遵守本单位的技术秘密保护制度。

企业、事业单位可以与参加科技成果转化的有关人员签订在职期间或者离职、离休、退休后一定期限内保守本单位技术秘密的协议；有关人员不得违反协议约定，泄露本单位的技术秘密和从事与原单位相同的科技成果转化活动。

职工不得将职务科技成果擅自转让或者变相转让。

第四十三条　国家设立的研究开发机构、高等院校转化科技成果所获得的收入全部留归本单位，在对完成、转化职务科技成果做出重要贡献的人员给予奖励和报酬后，主要用于科学技术研究开发与成果转化等相关工作。

第四十四条　职务科技成果转化后，由科技成果完成单位对完成、转化该项科技成果做出重要贡献的人员给予奖励和报酬。

科技成果完成单位可以规定或者与科技人员约定奖励和报酬的方式、数额和时限。单位制定相关规定，应当充分听取本单位科技人员的意见，并在本单位公开相关规定。

第四十五条　科技成果完成单位未规定、也未与科技人员约定奖励和报酬的方式和数额的，按照下列标准对完成、转化职务科技成果做出重要贡献的人员给予奖励和报酬：

（一）将该项职务科技成果转让、许可给他人实施的，从该项科技成果转让净收入或者许可净收入中提取不低于百分之五十的比例；

（二）利用该项职务科技成果作价投资的，从该项科技成果形成的股份或者出资比例中提取不低于百分之五十的比例；

（三）将该项职务科技成果自行实施或者与他人合作实施的，应当在实施转化成功投产后连续三至五年，每年从实施该项科技成果的营业利润中提取不低于百分之五的比例。

国家设立的研究开发机构、高等院校规定或者与科技人员约定奖励和报酬的方式和数额应当符合前款第一项至第三项规定的标准。

国有企业、事业单位依照本法规定对完成、转化职务科技成果做出重要贡献的人员给予奖励和报酬的支出计入当年本单位工资总额，但不受当年本单位工资总额限制、不纳入本单位工资总额基数。

第五章　法律责任

第四十六条　利用财政资金设立的科技项目的承担者未依照本法规定提交科技报告、汇交科技成果和相关知识产权信息的，由组织实施项目的政府有关部门、管理机构责令改正；情节严重的，予以通报批评，禁止其在一定期限内承担利用财政资金设立的科技项目。

国家设立的研究开发机构、高等院校未依照本法规定提交科技成果转化情况年度报告的，由其主管部门责令改正；情节严重的，予以通报批评。

第四十七条　违反本法规定，在科技成果转化活动中弄虚作假，采取欺骗手段，骗取奖励和荣誉称号、诈骗钱财、非法牟利的，由政府有关部门依照管理职责责令改正，取消该奖励和荣誉称号，没收违法所得，并处以罚款。给他人造成经济损失的，依法承担民事赔偿责任。构成犯罪的，依法追究刑事责任。

第四十八条 科技服务机构及其从业人员违反本法规定，故意提供虚假的信息、实验结果或者评估意见等欺骗当事人，或者与当事人一方串通欺骗另一方当事人的，由政府有关部门依照管理职责责令改正，没收违法所得，并处以罚款；情节严重的，由工商行政管理部门依法吊销营业执照。给他人造成经济损失的，依法承担民事赔偿责任；构成犯罪的，依法追究刑事责任。

科技中介服务机构及其从业人员违反本法规定泄露国家秘密或者当事人的商业秘密的，依照有关法律、行政法规的规定承担相应的法律责任。

第四十九条 科学技术行政部门和其他有关部门及其工作人员在科技成果转化中滥用职权、玩忽职守、徇私舞弊的，由任免机关或者监察机关对直接负责的主管人员和其他直接责任人员依法给予处分；构成犯罪的，依法追究刑事责任。

第五十条 违反本法规定，以唆使窃取、利诱胁迫等手段侵占他人的科技成果，侵犯他人合法权益的，依法承担民事赔偿责任，可以处以罚款；构成犯罪的，依法追究刑事责任。

第五十一条 违反本法规定，职工未经单位允许，泄露本单位的技术秘密，或者擅自转让、变相转让职务科技成果的，参加科技成果转化的有关人员违反与本单位的协议，在离职、离休、退休后约定的期限内从事与原单位相同的科技成果转化活动，给本单位造成经济损失的，依法承担民事赔偿责任；构成犯罪的，依法追究刑事责任。

第六章　附　则

第五十二条 本法自 1996 年 10 月 1 日起施行。

国务院关于印发实施《中华人民共和国促进科技成果转化法》若干规定的通知

国发〔2016〕16号

各省、自治区、直辖市人民政府，国务院各部委、各直属机构：

现将《实施〈中华人民共和国促进科技成果转化法〉若干规定》印发给你们，请认真贯彻执行。

国务院

2016年2月26日

实施《中华人民共和国
促进科技成果转化法》若干规定

为加快实施创新驱动发展战略，落实《中华人民共和国促进科技成果转化法》，打通科技与经济结合的通道，促进大众创业、万众创新，鼓励研究开发机构、高等院校、企业等创新主体及科技人员转移转化科技成果，推进经济提质增效升级，作出如下规定。

一、促进研究开发机构、高等院校技术转移

（一）国家鼓励研究开发机构、高等院校通过转让、许可或者作价投资等方式，向企业或者其他组织转移科技成果。国家设立的研究开发机构和高等院校应当采取措施，优先向中小微企业转移科技成果，为大众创业、万众创新提供技术供给。

国家设立的研究开发机构、高等院校对其持有的科技成果，可以自主决定转让、许可或者作价投资，除涉及国家秘密、国家安全外，不需审批或者备案。

国家设立的研究开发机构、高等院校有权依法以持有的科技成果作价入股确认股权和出资比例，并通过发起人协议、投资协议或者公司章程等形式对科技成果的权属、作价、折股数量或者出资比例等事项明确约定，明晰产权。

（二）国家设立的研究开发机构、高等院校应当建立健全技术转移工作体系和机制，完善科技成果转移转化的管理制度，明确科技成果转化各项工作的责任主体，建立健全科技成果转化重大事项领导班子集体决策制度，加强专业化科技成果转化队伍建设，优化科技成果转化流程，通过本单位负责技术转移工作的机构或者委托独立的科技成果转化服务机构开展技术转移。鼓励研究开发机构、高等院校在不增加编制的前提下建设专业化技术转移机构。

国家设立的研究开发机构、高等院校转化科技成果所获得的收入全部留归单位，纳入单位预算，不上缴国库，扣除对完成和转化职务科技成果作出重要贡献人员的奖励和报酬后，应当主要用于科学技术研发与成果转化等相关工作，并对技术转移机构的运行和发展给予保障。

（三）国家设立的研究开发机构、高等院校对其持有的科技成果，应当通过协议定价、在技术交易市场挂牌交易、拍卖等市场化方式确定价格。协议定价的，科技成果持有单位应当在本单位公示科技成果名称和拟交易价格，公示时间不少于 15 日。单位应当明确并公开异议处理程序和办法。

（四）国家鼓励以科技成果作价入股方式投资的中小企业充分利用资本市场做大做强，国务院财政、科技行政主管部门要研究制定国家设立的研究开发机构、高等院校以技术入股形成的国有股在企业上市时豁免向全国社会保障基金转持的有关政策。

（五）国家设立的研究开发机构、高等院校应当按照规定格式，于每年 3 月 30 日前向其主管部门报送本单位上一年度科技成果转化情况的年度报告，主管部门审核后于每年 4 月 30 日前将各单位科技成果转化年度报告报送至科技、财政行政主管部门指定的信息管理系统。年度报告内容主要包括：

1. 科技成果转化取得的总体成效和面临的问题；

2. 依法取得科技成果的数量及有关情况；

3. 科技成果转让、许可和作价投资情况；

4. 推进产学研合作情况，包括自建、共建研究开发机构、技术转移机构、科技成果转化服务平台情况，签订技术开发合同、技术咨询合同、技术服务合同情况，人才培养和人员流动情况等；

5. 科技成果转化绩效和奖惩情况，包括科技成果转化取得收入及分配情况，对科技成果转化人员的奖励和报酬等。

二、激励科技人员创新创业

（六）国家设立的研究开发机构、高等院校制定转化科技成果收益分配制度时，要按照规定充分听取本单位科技人员的意见，并在本单位公开相关制度。依法对职务科技成果完成人和为成果转化作出重要贡献的其他人员给予奖励时，按照以下规定执行：

1. 以技术转让或者许可方式转化职务科技成果的，应当从技术转让或者许可所取得的净收入中提取不低于 50% 的比例用于奖励。

2. 以科技成果作价投资实施转化的，应当从作价投资取得的股份或者出资比例中提取不低于 50% 的比例用于奖励。

3. 在研究开发和科技成果转化中作出主要贡献的人员，获得奖励的份额不低于奖励总额的 50%。

4. 对科技人员在科技成果转化工作中开展技术开发、技术咨询、技术服务等活动给予的奖励，可按照促进科技成果转化法和本规定执行。

（七）国家设立的研究开发机构、高等院校科技人员在履行岗位职责、完成本职工作的前提下，经征得单位同意，可以兼职到企业等从事科技成果转化活动，或者离岗创业，在原则上不超过 3 年时间内保留人事关系，从事科技成果转化活动。研究开发机构、高等院校应当建立制度规定或者与科技人员约定兼职、离岗从事科技成果转化活动期间和期满后的权利和义务。离岗创业期间，科技人员所承担的国家科技计划和基金项目原则上不得中止，确需中止的应当按照有关管理办法办理手续。

积极推动逐步取消国家设立的研究开发机构、高等院校及其内设院系所等业务管理岗位的行政级别，建立符合科技创新规律的人事管理制度，促进科技成果转移转化。

（八）对于担任领导职务的科技人员获得科技成果转化奖励，按照分类管理的原则执行：

1.国务院部门、单位和各地方所属研究开发机构、高等院校等事业单位(不含内设机构)正职领导，以及上述事业单位所属具有独立法人资格单位的正职领导，是科技成果的主要完成人或者对科技成果转化作出重要贡献的，可以按照促进科技成果转化法的规定获得现金奖励，原则上不得获取股权激励。其他担任领导职务的科技人员，是科技成果的主要完成人或者对科技成果转化作出重要贡献的，可以按照促进科技成果转化法的规定获得现金、股份或者出资比例等奖励和报酬。

2.对担任领导职务的科技人员的科技成果转化收益分配实行公开公示制度，不得利用职权侵占他人科技成果转化收益。

(九)国家鼓励企业建立健全科技成果转化的激励分配机制，充分利用股权出售、股权奖励、股票期权、项目收益分红、岗位分红等方式激励科技人员开展科技成果转化。国务院财政、科技等行政主管部门要研究制定国有科技型企业股权和分红激励政策，结合深化国有企业改革，对科技人员实施激励。

(十)科技成果转化过程中，通过技术交易市场挂牌交易、拍卖等方式确定价格的，或者通过协议定价并在本单位及技术交易市场公示拟交易价格的，单位领导在履行勤勉尽责义务、没有牟取非法利益的前提下，免除其在科技成果定价中因科技成果转化后续价值变化产生的决策责任。

三、营造科技成果转移转化良好环境

(十一)研究开发机构、高等院校的主管部门以及财政、科技等相关部门，在对单位进行绩效考评时应当将科技成果转化的情况作为评价指标之一。

(十二)加大对科技成果转化绩效突出的研究开发机构、高等院校及人员的支持力度。研究开发机构、高等院校的主管部门以及财政、科技等相关部门根据单位科技成果转化年度报告情况等，对单位科技成果转化绩效予以评价，并将评价结果作为对单位予以支持的参考依据之一。

国家设立的研究开发机构、高等院校应当制定激励制度，对业绩突出的专业化技术转移机构给予奖励。

(十三)做好国家自主创新示范区税收试点政策向全国推广工作，落实好现有促进科技成果转化的税收政策。积极研究探索支持单位和个人科技成果转化的税收政策。

(十四)国务院相关部门要按照法律规定和事业单位分类改革的相关规定，研究制定符合所管理行业、领域特点的科技成果转化政策。涉及国家安全、国家秘密的科技成果转化，行业主管部门要完善管理制度，激励与规范相关科技成果转化活动。对涉密科技成果，相关单位应当根据情况及时做好解密、降密工作。

(十五)各地方、各部门要切实加强对科技成果转化工作的组织领导，及时研究新情况、新问题，加强政策协同配合，优化政策环境，开展监测评估，及时总结推广经验做法，加大宣传力度，提升科技成果转化的质量和效率，推动我国经济转型升级、提质增效。

(十六)《国务院办公厅转发科技部等部门关于促进科技成果转化若干规定的通知》(国办发〔1999〕29号)同时废止。此前有关规定与本规定不一致的，按本规定执行。

中华人民共和国国务院

国函〔2014〕164 号

国务院关于同意支持长株潭国家高新区建设国家自主创新示范区的批复

科技部、湖南省人民政府：

《科技部 湖南省人民政府关于支持长株潭国家高新区建设国家自主创新示范区的请示》（国科发高〔2014〕266 号）收悉。现批复如下：

一、同意支持长沙、株洲、湘潭 3 个国家高新技术产业开发区建设国家自主创新示范区，区域范围为国务院有关部门公布的开发区审核公告确定的四至范围。要坚持以邓小平理论、"三个代表"重要思想、科学发展观为指导，深入贯彻党的十八大和十八届二中、三中、四中全会精神，按照党中央、国务院决策部署，全面实施创新驱动发展战略，充分发挥长株潭地区科教资源集聚和体制机制灵活的优势，积极开展激励创新政策先行先试，激发各类创新主体活力，推进科技成果转移转化，加快创新型城市群建设，努力把长株潭国家自主创新示范区建设成为创新驱动发展引领区、科技体制改革先行区、军民融合创新示范区、中西部地区发展新的增长极。

二、同意长株潭国家高新区享有国家自主创新示范区相关政策，同时结合自身特点，积极开展科技体制改革和机制创新，在科研院所转制、科技成果转化、军民融合发展、科技金融、文化科技融合、人才引进、绿色发展等方面先行先试。

三、同意成立由科技部牵头的部际协调小组，协调各部门在职责范围内支持长株潭国家自主创新示范区建设，落实相关政策措施，研究解决发展中的重大问题。国务院有关部门、湖南省人民政府要结合各自职能，在重大项目安排、政策先行先试、体制机制创新等方面给予积极支持，建立协同推进机制，搭建创新合作的联动平台，集成推进长株潭国家自主创新示范区建设。

2014 年 12 月 11 日

抄送：党中央各部门，各省、自治区、直辖市及计划单列市人民政府，
　　　国务院各部委、各直属机构，中央军委办公厅、各总部、各军兵
　　　种、各大军区，武警部队。
　　　全国人大常委会办公厅，全国政协办公厅，高法院，高检院。
　　　各民主党派中央，全国工商联。

长株潭国家自主创新示范区
发展规划纲要（2015—2025 年）

（国科发高〔2016〕50 号）

前　言

长沙、株洲、湘潭国家高新技术产业开发区分别于 1991 年、1992 年、2009 年获国务院批准建立。2014 年 12 月，国务院批复同意支持长沙、株洲、湘潭 3 个国家高新区建设国家自主创新示范区（以下简称"示范区"）。为加快建设好示范区，根据《国务院关于同意支持长株潭国家高新区建设国家自主创新示范区的批复》（国函〔2014〕164 号）精神，制定本规划。

第一章　基础和形势

（一）现实基础

长沙、株洲、湘潭高新区历经多年发展，高新技术产业发展迅速，科技创新能力显著增强，科技体制改革取得重大突破，科技创新引领"两型社会"建设成效明显，城市群协同创新格局形成，有力带动了地方产业结构调整，促进了经济社会发展，成为我国重要的创新创业中心之一，为示范区建设奠定了坚实的基础。

长株潭已经成为长江经济带创新驱动发展的重要动力源。近 5 年，示范区高新技术产业增加值年均增长 36% 以上，带动全省年均增速达到 33.6%，位居全国第一，成为引领中西部发展的重要高新技术产业基地。2014 年，示范区实现高新技术产业增加值占长沙、株洲、湘潭三市总量的 47.3%，占全省总量的 29.3%。高端装备制造产业具备全球竞争力，长沙高新区是全球重要的工程机械制造基地，株洲高新区是全国最大的电力机车研发生产基地，湘潭高新区是我国重要的能源装备产业基地。文化创意产业领跑全国，建成全国首批国家文化和科技融合示范基地。新材料产业特色突出，形成了先进电池材料、高性能结构材料、先进复合材料等产业集群。新一代信息技术产业发展迅猛，以手机游戏、移动电商、移动阅读为主导的移动互联网产业异军突起。生物健康产业后来居上，以生物制药、现代中药及数字化医院等为代表的生物健康产业呈高速增长态势。国际标准制定具有世界话语权，起重机国际标准化技术委员会（ISO/TC96）和烟花国际标准化技术委员会（ISO/TC264）秘书处相继落户长沙。

长株潭已经成为我国科技创新资源的重要聚集区。人才智力资源富集，2014年底，已汇聚两院院士54名，国家千人计划专家73名，引进留学归国人员和海外专家1000多名。创新创业平台密集，拥有国防科技大学、中南大学等高等院校69所，省级及以上科研机构1000余家，国家级孵化器、加速器载体面积300多万平方米。科技金融体系完善，成立了科技支行、创投基金、天使基金、人才基金等服务平台。科技合作交流活跃，建成欧洲工业园、西班牙工业园、德国工业园等对外合作基地，举办了八届中国（长沙）科技成果转化交易会。世界级创新成果不断涌现，取得了世界运算速度最快的"天河二号"亿亿次超级计算机、世界大面积亩产最高的超级杂交稻、碳/碳复合刹车材料等多项世界和国内领先的科研成果。

长株潭已经成为科研院所转制改革和体制创新的先行区。科研院所转制成为全国亮点，内生培育出中联重科、南车时代等具有国际竞争力的高新技术企业。目前，长株潭72家科研院所已有39家转制为企业，近五年取得应用类科技成果3850项、转化成果2690项、制定国家标准150个，成为全省成果产出与转化的重要力量。产学研结合模式全国领先，以产业技术链为中心组建产业技术创新联盟，以高校、科研院所为依托共建企业研发中心。军民融合创新发展模式具有示范效应，建立湖南省产业技术协同创新研究院，建成南方宇航非航产业园、中航湖南通用航空发动机产业园等一批军民融合产业园，探索出军民融合、成果转化的新路径。

长株潭已经成为我国两型社会建设的引领区。两型产业发展机制不断完善，三市实施原创性改革106项，启动产业转型升级、排污权交易等重点改革，出台长株潭区域产业发展环境准入标准，探索建立两型社会综合评价指标体系。清洁低碳技术广泛推广，实施重大科技专项300多个，取得重大关键技术成果100多项，重点推广重金属污染治理、餐厨垃圾资源化利用和无害化处理等十大清洁低碳技术。

长株潭已经成为城市群协同创新的先导区。一体化加速协同创新步伐，长株潭已形成半小时交通圈，实现"交通同网、能源同体、电话同号、信息同享、金融同城、生态同建、污染同治"，构筑城市群协同创新的初步基础。知识产权协同共建保护创新活力，长株潭三市相继进入全国首批"国家知识产权示范城市"，截止2014年底，三市专利申请量和授权量分别为174472件和102477件，占全省的58.92%和60.99%。

示范区取得的成就主要得益于坚定不移地贯彻实施国家创新驱动发展战略，坚定不移地深化科技体制改革，坚定不移地推动创新链、产业链、资金链"三链融合"，坚定不移地构建以企业为主体的大协同创新格局，坚定不移地弘扬湖湘文化的创新精神，为中西部地区创新驱动发展提供了重要示范。

（二）形势与机遇

新时期，国际国内经济环境正经历着深刻变化，国际金融危机加快催生了新一轮科技革命和产业变革，国内经济转型和调整步伐不断加快。示范区创新和发展面临新形势、新机遇、新要求和新挑战。

全球新一轮科技革命和产业变革正在兴起。金融危机后，以绿色、智能和可持续为主要特征的新一轮科技革命和产业变革的方向日益明晰，全球创新竞争日趋激烈。传统意义上的基础研究、应用研究、技术开发和产业化的边界日趋模糊，科技创新与金融资本、商业模式融合更加紧密，技术更新和成果转化更加快捷，产业更新换代不断加快。与历次科技产业革命不同的是，在此次科技产业革命的许多新兴领域中，中国与发达国家基本处于同一起跑线上，机遇难得。示范区在电子信息、地理信息、新材料、工程机械、能源装备、生物健康、轨道交通等战略性新兴产业领域优势突出，应积极抢占全球科技创新和高新技术产业发展战略制高点，为国家赢得创新发展主动权做出贡献。

中国经济发展进入创新驱动转型升级关键时期。我国经济发展正面临增长速度换挡期、结构调整阵痛期、前期刺激政策消化期"三期"叠加的新常态，必须科学认识新常态、主动适应新常态、积极引领新常态，把转方式、调结构放在更加突出的位置，加快从要素驱动、投资驱动发展为主向以创新驱动发展为主转变，让科技创新成为引领新常态的新引擎。要深化科技体制改革，破除制约科技创新的思想障碍和制度藩篱，处理好政府和市场的关系，以改革释放创新活力，推动科技和经济社会发展深度融合，真正实现大众创业万众创新。示范区作为中国创新驱动发展的重要高地，需要进一步深化科技体制改革，优化创新创业生态，提升自主创新能力，培育发展战略性新兴产业，引领中西部地区创新驱动发展。

"一带一部"区位优势为湖南融入"一带一路"和长江经济带发展战略带来新机遇。习近平总书记在湖南视察时作出了湖南要发挥"一带一部"区位优势的重要讲话，深刻阐述了实施中部崛起战略和依托长江建设中国经济支撑带所赋予湖南的新的区位价值和优势，这将有利于湖南承接东部产业梯度转移和对接西部大市场，推动东中西部地区的产业、要素、市场有效对接和高效配置。示范区作为湖南创新驱动发展的核心引擎，要加快引领示范全省创新、开放发展，放大湖南"一带一部"融合效应，积极融入国家"一带一路"及长江经济带发展战略，促进我国东中西部地区协调发展，探索依靠科技创新支撑生态文明建设的新路径。

综合来看，示范区作为引领中西部地区创新驱动发展的先锋，必须进一步解放思想，深入把握宏观战略环境和趋势，立足现有基础和优势，以更具创新的气魄优化创新创业生态，以更大的决心与勇气推进体制机制改革，以更加开放的姿态汇聚全球高端创新资源，培育一批具有国际竞争力的创新型产业集群，探索城市群协同创新的新模式，在实施国家创新驱动发展战略中承担更多责任、发挥更大作用，为中西部地区创新驱动发展提供更加有效的示范。

第二章　总体发展战略

（一）指导思想

深入贯彻党的十八大和十八届三中、四中、五中全会精神，牢固树立创新、协调、绿色、开放、共享的发展理念，全面实施创新驱动发展战略，充分发挥长株潭地区科教资源集聚和体制机制灵活的优势，以优化创新创业生态为主线，以体制机制创新为动力，以创新人才为第一资源，按照"创新驱动、体制突破、以人为本、区域协同"的原则，积极开展激励创新政策先行先试，激发各类创新主体活力，强化知识产权保护，推进科技成果转移转化，最大程度释放创新潜力和创造活力，形成大众创业万众创新的良好局面。

创新驱动——强化科技创新的引领和支撑作用，充分整合社会资源和科技资源，优化创新创业生态，同时坚持高端引领与大众创新创业相结合，推动形成大众创业、万众创新的新浪潮。

体制突破——充分发挥市场在资源配置中的决定性作用，积极开展科技体制改革和机制创新，在科研院所转制、科技成果转化、科技金融、文化科技融合、人才引进、绿色发展等方面先行先试，全面激发各类创新主体活力。

以人为本——把更多资源投入到"人"身上而不是"物"上面，围绕激活"人"、解放"人"、服务"人"、保护"人"的创新成果，全方位、一体化设计创新创业服务链条，充分释放创业者的活力和创造力，激发科技人员的创业热情，在体制和机制上解决阻碍科技人员创业的壁垒，在制度上为高层次人才创新创业提供保障。

区域协同——优化示范区整体规划布局，探索长沙、株洲、湘潭三市差异化发展路径，形成有机发展整体；对外加强与周边园区、省市、东中西部地区乃至有关国家的联动与协作，增强企业、产业和创新要素的国际化水平。

（二）战略定位

坚持"创新驱动引领区、科技体制改革先行区、军民融合创新示范区、中西部地区发展新的增长极"的战略定位，力争用 10 年左右时间，建成具有全球影响力的创新创业之都。

创新驱动引领区。深入实施创新驱动发展战略，通过技术创新、体制机制创新、管理创新和商业模式创新，促进传统产业转型升级、新兴产业培育壮大、社会和谐发展，辐射带动全省乃至中西部地区经济发展由以要素驱动为主向以创新驱动为主转变。

科技体制改革先行区。大力推进科技体制改革和机制创新，探索建立综合性示范区政策法规体系，促进科技与经济紧密结合，在科研院所转制、科技成果转化等方面先行先试，形成可复制、可推广的科技体制改革模式，为中西部地区科技体制改革作出示范。

军民融合创新示范区。发挥军用创新资源丰富、军工企业较多的优势，依托国防科技大学和省产业技术协同创新研究院等，探索军民融合技术协同创新的新机制，建立军民融合技术协同创新平台和产业基地，完善具有长株潭特色的军民融合技术协同创新体系，为全国军民融合深度发展提供示范。

中西部地区发展新的增长极。充分发挥"一带一部"优势，集聚高端创新要素，优化创新创业生态系统，大力发展战略性新兴产业和现代服务业，构建特色鲜明的现代高新技术产业体系，培育创新型产业集群，成为引领中西部地区发展新的增长极。

（三）发展目标

按照"核心先行、拓展辐射、全面提升"的"三步走"路径，逐步实现示范区建设的近、中、远期目标。

近期目标（2015—2017 年）：第一步，核心先行。利用三年时间，实现技工贸总收入"翻一番"，由 2014 年的 6500 亿元增长到 1.3 万亿元，年均增长 25% 以上，打造 1 个万亿核心区、形成 5 个千亿级创新型产业集群、新引进 100 个高端创新团队（其中 10 个以上国际顶尖创新团队），高新技术产业增加值占 GDP 比重达到 33%，全社会研发投入占 GDP 比重达到 3%。获得国家认定的高新技术企业数量达到 2000 家，其中，年销售收入过 50 亿元、100 亿元的高新技术企业数量分别达到 20 家、15 家以上。重点建好示范区核心区、开展政策先行先试，将示范区初步建设成为湖南省创新驱动发展的重要引擎、中西部自主创新的战略高地、我国培育战略性新兴产业的重要载体、国内具有重要影响力的创新中心。

中期目标（至 2020 年）：第二步，拓展辐射。再用三年时间，到"十三五"末，实现示范区技工贸总收入"翻两番"，达到 2.6 万亿元，高新技术产业增加值占 GDP 比重达到 40%，全社会研发投入占 GDP 比重达到 4%。初步建立有利于创新创业的政策支撑体系、技术服务体系和城市群协同创新体系，推进军民融合、科研院所改制、科技与金融结合、文化与科技融合等特色试点示范，实现创新创业生态优化、创新资源高度集聚。促进示范区与其他园区联动发展，辐射带动全省率先实现全面小康。

远期目标（至 2025 年）：第三步，全面提升。通过 10 年时间，全面提升创新驱动发展能力。到 2025 年，力争示范区技工贸总收入实现"翻三番"，达到 5 万亿元，年均增长 20% 以上，高新技术产业增加值占 GDP 比重达到 50%，全社会研发投入占 GDP 比重达到 5%，每万人发明专利拥有量达到 50 件，技术交易额达到 500 亿元规模，众创空间面积达到 2000 万㎡。探索形成一个有利于技术转移转化和创新创业的具有全国示范意义和推广价值的宏观政策架构，建立一套有利于调动创业者积极性的全社会系统响应激励机制，构建一个包括技术研发、技术转移、创业孵化、金融服务等在内的高水平创新创业服务体系，建设一批具有较强支撑能力的高端创新创业平台，集聚一批具有较强创新创业能力的高端创新人才和团队，培育出一批国际知名品牌和具有较强国际竞争力的骨干企业，打造一批拥有技术主导权的产业集群和新业态，培养一种"鼓励创新、支持创业"的文化及企业家精神，把示范区建设成为创新生态优化、创新资源丰富、创新产业集聚、创新实力雄厚的创新创业特区，成为具有全球影响力的创新创业之都。

第三章　重点任务

（一）增强自主创新能力

发挥长株潭科教资源集聚优势，强化企业技术创新主体地位，促进高等院校和科研院所成果转移转化，激发各类创新主体活力，推动产学研合作体制机制创新，构建优势突出、特色鲜明的区域创新体系，增强持续创新能力。

1. 提升创新基础能力

（1）积极承担国家科技重大专项。制定示范区主导产业、先导产业技术创新路线图，集成资源积极承接核高基、传染病防治、新药创制、水体污染治理、油气田、航空发动机等国家科技重大专项，加快 IGBT 及 SiC 等新一代电力电子器件、艾滋病和病毒性肝炎等重大传染病防治和重大新药创制、生物新品种培育、重金属污染防治等技术研发与产业化。承接实施好一批重大科技创新、重大产业化示范项目。

（2）布局一批科研基础设施和平台。以新材料、电子信息、生物健康等领域为重点，从预研、新建、推进和提升四个方面逐步完善重大科研基础设施和平台体系。强化国家超级计算长沙中心、亚欧水资源中心、国家计量检测研究院长沙分院等重大创新平台功能，整合长株潭检验检测资源，推进第三方检验检测机构规模化、专业化、市场化、国际化发展，加快建设一批重点（工程）实验室、工程（技术）研究中心、企业技术中心、检验检测中心、技术创新示范企业、院士工作站，组建长株潭公共科技服务平台和技术创新中心，创建国家标准创新中南基地，建设长株潭检验检测认证高技术服务业聚集区，提高科研检测装备水平，增强国家计量基准研制能力，夯实重大科技问题解决的物质技术基础。

（3）健全产业创新平台体系。依托企业、高校院所、产业技术研究院等创新资源，围绕工程机械、先进轨道交通、航空航天、风力发电、海工装备、先进电池材料、北斗卫星导航、生物健康、节能环保、新材料、汽车及零部件等产业建立技术创新战略联盟等若干专业创新平台，提供科技研发、技术服务、设备共享、检验检测等服务。积极打造云制造服务平台，进一步整合先进制造资源，做大做强龙头企业，加速中小制造业企业发展。建立中小企业标准信息服务平台。依托湖南标准网，充实标准信息资料，提升标准服务水平，为中小企业提供针对性强的增值服务。完善技术性贸易措施服务平台，支撑企业提高国际竞争力。

2. 强化企业技术创新主体地位

（1）完善以企业为主体的技术创新体系。完善企业为主体的产业技术创新机制，鼓励中小微企业开展技术创新、商业模式创新、管理模式创新等各类创新活动。扩大企业在创新决策中的话语权，支持龙头企业加大对产业关键核心技术和前沿技术的研发力度，参与国家重大科技专项，牵头组织实施国家、省、市重大科技产业化项目，承担重点（工程）实验室、工程（技术）研究中心、检验检测认证中心、企业技术中心等高水平研发中心建设任务。引导龙头企业生产、技术、服务外包，带动外围配套企业创新发展。引导龙头企业参与国际认证认可，增加国际间互认。

（2）深化企业主导的产学研合作。支持企业与高等院校、科研机构、上下游企业、行业协会等共建研发平台和产业技术创新战略联盟，建设产业关键共性技术创新平台，合作开展核心技术、共性技术、关键技术研发和攻关，联合申报国家、省、市重大科技产业化项目。鼓励和促进高等学校、科研机构、检验机构与企业之间人员交流。

（3）强化企业产品技术标准主体责任。放开搞活企业标准，建立企业产品和服务标准自我声明公开和监督制度。培育发展团体标准，鼓励具备相应能力的学会、协会、商会、联合会等社会组织和产业技术创新联盟，协调相关市场主体共同制定满足市场和创新需要的标准。支持和鼓励企业参与国际、国家标准制定，对新承担并完成战略性新兴产业领域国际、国家标准制定的牵头单位给予一定补助资金。

（4）推动企业新产品新技术开发应用。建立新产品新技术目录导向机制，针对产业研发重点，结合企业和市场需求，发布新产品、专利转化年度目录，引导社会力量对新产品、专利转化的研发。创新对企业新产品新技术新工艺开发和科技成果转化的支持方式，由立项补助向完成新产品开发和专利转化验收后支持转变。

3. 发挥高校和科研院所创新效能

(1)积极发展研究型大学与新型研发机构①。促进在湘高等院校和科研院所融入长株潭区域创新体系，建设一批面向应用、体制机制灵活的高水平研发机构、产业技术协同创新研究院和工业技术研究院，加快湖南省产业技术协同创新研究院、长株潭清华创新中心、国家计量检测研究院长沙分院、国家标准创新中南基地等新型研发机构的建设发展，提高示范区面向产业发展的创新能力。

(2)探索建设创业型大学。鼓励支持高校院所开设创业课程，设立创业学院、创业俱乐部，传播创业理念，营造青年科技人员和大学生敢于创业、乐于创业的氛围。鼓励成功创业者和企业家在大学内担任客座教授，开办演讲会、设立学分课程，支持高校院所向企业派遣科技特派专家，增进学术界和产业界的紧密交流。

(3)推进科研检测设施的开放共享。加强科技资源的开放服务，鼓励高校和科研院所以市场化方式向社会开放实验室、科研设备，提高科技资源使用效率。探索建立长株潭开放实验室和检验检测共享平台，为企业和高校、科研院所提供研发、设计、中试、检测等服务。

(二)优化创新创业生态

以构建市场化、专业化、集成化、网络化的众创空间为载体，有效整合资源，培育创新创业主体，完善创新创业服务体系，弘扬创新创业文化，形成有利于创新创业的生态系统，释放蕴藏在"大众创业、万众创新"之中的无穷创意和无限财富。

1. 积极发展众创空间

(1)加快创业苗圃②建设。在长沙高新区创业苗圃计划的基础上，着力打造覆盖示范区全域的预孵化体系，依托企业、高校院所、投资机构等全社会各界力量，加快建设一批创业创新园、创业咖啡、创业社区等创业苗圃。强化商业计划咨询、注册指导等服务能力，完善精细化的"创业种苗"培育和专业化的"成长管理"运作模式，与示范区内的孵化器、加速器共同形成梯级创业孵化体系。

(2)建设创新型科技企业孵化器。借鉴车库咖啡、创新工场等新型孵化器模式，积极吸引社会资本参与，以"新服务、新生态、新潮流、新概念、新模式、新文化"为导向，打造一批投资促进型、培训辅导型、媒体延伸型、专业服务型、创客孵化型等创新型孵化器。建立健全孵化服务团队的激励机制和入驻企业流动机制，加快社会资本和创业孵化的深度

---

① 新型研发机构是指主要从事研发及其相关活动，投资主体多元化，建设模式国际化，运行机制市场化，管理制度现代化，创新创业与孵化育成相结合，产学研紧密结合的独立法人组织。

② 创业苗圃是在新经济条件下聚焦创业孵化前期，专门为创业者提供想法验证、创业计划打磨等服务的新型产业组织。

融合，聚合各类创业要素，形成涵盖项目发现、团队构建、投资对接、商业加速、后续支撑的全过程孵化链条。

（3）培育生态化的创业示范社区、创业创新园。积极引进和建设一批 YOU+①等以"孵化器+宿舍"为特征的新型创业公寓，为创业者提供价廉宜居的创业空间。支持各园区、大型企业以产业转型升级为契机，通过盘活办公楼宇和厂房，集聚创业者、投资人、创业导师、服务机构、媒体等创业要素，营造有利于大众创新创业者交流思想、沟通信息、碰撞想法的工作空间、网络空间、社交空间和资源共享空间，打造形成一批创业创新文化浓郁的创业生态示范社区和示范园。

（4）扶持建设众创空间。推广新型孵化模式，鼓励发展众创、众包、众扶、众筹空间。加大政策扶持，适应众创空间等新型孵化机构集中办公等特点，简化企业登记手续，为创业企业工商注册提供便利。支持有条件的地方对众创空间的房租、宽带网络、公共软件等给予补贴。完善创业投融资机制，发挥政府创投引导基金和财税政策作用，积极探索创新券等扶持手段，对众创空间内的种子期、初创期科技型、创意型中小企业给予支持，促使更多"创客"②脱颖而出。

2. 大力培育创新创业主体

（1）推进大众创业。把握我国创业者发展的新特点和新趋势，大力支持大学生等年轻创业者、大企业高管及连续创业者、科技人员创业者、留学归国创业者等群体，不断增强示范区创业源动力。集聚一批由高端创业投资家和科技中介人领衔的创业服务团队。建立健全创业人才绿色通道，做好高层次人才引进、企业孵化服务和政策落实工作。

（2）引导龙头企业营造创业生态圈。借鉴百度、联想、腾讯等领军企业的经验，鼓励支持示范区龙头企业凭借技术优势和产业整合能力，开展新一代移动通信、大数据、节能环保、生物健康等新兴技术领域的产业孵化，面向企业内部员工和外部创业者提供资金、技术和平台，培育和孵化具有前沿技术和全新商业模式的创业企业，形成多个从领军企业走出来的具有长株潭特色的创业系。

（3）强化瞪羚企业③培育。实施瞪羚企业培育计划，建立示范区瞪羚企业筛选体系，利用省市各级相关专项资金，为瞪羚企业发展提供多方位支持。鼓励和支持社会民间资本参与建设科技企业加速器，为瞪羚企业提供标准化、通用型、可自我调整适应市场变化的物理空间，以及专业化和个性化的研发支撑、融资支持、市场拓展等加速服务，推动瞪羚企业快速成长。

3. 完善创新创业服务体系

（1）建立公开统一的公共服务平台。聚集统筹各类创新资源，建设公开统一的研究开发公共服务平台，利用大数据、云计算、移动互联网等现代信息技术开展政策咨询、研究

---

① YOU+是目前国内首创的专为创业团队打造的青年社区，社区内给入住的创业者们提供全方位的办公、创业、生活、娱乐配套设施。
② "创客"是热衷于创意、设计、制造的个人设计制造群体，他们均以用户创新为核心理念。
③ 瞪羚企业是对成长性好、具有跳跃式发展态势的高新技术企业的一种通称。

开发、技术转移、知识产权、检验检测、认证认可、标准信息、创业孵化、科技咨询、科技金融等方面服务，提高效率和质量。鼓励高校、科研院所、大企业向创业企业开放研发试验设施。

（2）推进市场化的产业组织创新。整合市场资源，积极与科技地产商等平台型企业开展战略合作，吸引社会民间资本广泛参与建设众创空间载体。在新一代信息技术、生物健康、节能环保、工业机器人、绿色住宅等领域建设产业技术创新联盟和产业服务联盟，推进产业关键共性技术合作研发和成果转化。支持创业企业与硅谷、中关村、上海、深圳等地的众筹、科技博客、众包、创客等新型社交化组织建立有效链接，打造开放式创新创业生态体系。

（3）培育高端化的创业导师队伍。支持各类创业服务平台聘请成功创业者、天使投资人、知名专家等担任创业导师，为创业企业提供有针对性的创业辅导。鼓励成功的创业者、企业家辅导投资新的创业者，形成创业者—企业家—天使投资人—创业导师的互助机制。

（三）深化科技体制改革

充分发挥市场在资源配置中的决定性作用，在科技成果转化、科研院所转制、检验检测认证机构整合、科技金融结合等领域强化体制机制创新，积极吸引社会民间资本参与创新创业，将自主创新优势转化为产业竞争优势，为全国科技体制改革提供示范。

1.创新科技成果转化机制

（1）建立科技成果转移转化的市场定价机制。整合区域科技成果转移转化服务资源，规范开展科技成果与知识产权交易，组织科技成果展览展示、重点科技成果推介、招商对接洽谈等活动，探索协议定价和在技术交易市场挂牌交易、拍卖等市场化的科技成果市场定价机制和交易模式，提高科技成果转移转化效率。

（2）建设科技成果转移转化服务体系。积极创建国家中部技术转移中心，完善技术转移服务体系，促进创新能力提升和科技成果转化。发挥政府采购促进创新的作用，探索运用首购订购、非招标采购以及政府购买服务等方式，支持创新产品的研发和规模化应用。鼓励企业与研究开发机构、高等院校及其他组织采取联合建立研究开发平台、技术转移机构或者技术创新联盟等产学研合作方式，共同开展研究开发、成果应用与推广、标准研究与制定等活动。加强对研究开发机构、高等院校科技成果转化的管理、组织和协调，促进科技成果转化队伍建设，优化科技成果转化流程。大力培育和发展技术市场，鼓励创办科技中介服务机构，以政府购买服务的形式支持科技中介服务机构的科技成果转移转化活动。

2.深化科研院所转制改革

（1）深化科研院所转企改制。赋予转制企业法人财产权和独立的民事权利责任。鼓励院所转制企业完善内部管理，以产权为纽带建立权责明确、管理科学的现代企业制度。支持科研院所吸引社会资本，探索混合所有制。

（2）创新科研机构市场化建设机制。鼓励市场主体创办科研机构，建立适应不同类型科研活动特点的管理体制和运行机制。借鉴中科院深圳先进技术研究院建设的创新模式，加快发展湖南省产业技术协同创新研究院。支持科学家吸引社会民间资本组建新型科研机构，提升原始创新能力，支持其承担国家、省科技计划。探索基础研究和前沿技术研发的组织模式，推动示范区科研机构创新能力进入世界前列。

（3）鼓励科技人员创业。制定鼓励高校、科研院所等事业单位科技人员在职离岗创办科技型企业、转化科技成果的政策。对于离岗创业科技人员，在一定期限内保留人事关系，享有相关权利。高校、院所在职称评聘和相关考核工作中，充分考虑科技人员创办科技型企业所取得的成效。

3. 探索军民融合深度发展路径

（略）

4. 推进科技与金融结合

（1）完善创业金融服务体系。积极吸引社会资本投资于创业企业。支持早期创业企业，提高创业企业融资效率。鼓励各类金融机构通过天使投资、创业投资、融资租赁、小额贷款、担保、科技保险、多层次资本市场等多种形式为创业企业提供金融服务。扩大省科技成果转化引导基金规模，支持引导地方政府、民间资本发起设立各类针对科技型企业的创业投资基金。通过湖南省科技成果转化引导基金对示范区科技成果转化贷款给予风险补偿。

（2）强化天使投资服务。结合下一步税制改革，对包括天使投资在内的投向种子期、初创期等创新活动的投资，统筹研究支持政策，引导社会创业投资机构及投资人对长株潭创业企业进行投资。制定年度科技创业重点产业导向目录，发布创业企业融资需求信息，建立天使投资对接通道。鼓励天使投资人（机构）成立天使俱乐部、天使投资联盟等交流网络，开展天使投资人培训、天使投资案例研究、天使投资与创业者对接会等天使投资公共服务活动。

（3）拓宽科技型企业融资渠道。推动互联网和科技金融产业融合，鼓励互联网金融企业开展业务创新，与金融机构、创业投资机构、产业投资基金深度合作，发起设立产业基金、并购基金、风险补偿基金等。积极推动园区企业开展融资租赁业务，鼓励企业通过"售后回租"、电子商务的委托租赁等融资租赁产品获得贷款，并给予风险补偿基金、贴息等支持。发挥股权质押融资机制作用，支持符合条件的创新创业企业发行公司债券或发行项目收益债，募集资金用于加大创新投入。

（4）建立区域科技信用服务体系。引导建立科技企业信用评价标准，鼓励商业银行、担保机构、小额贷款机构积极参考科技企业信用评价报告，对符合条件的创业企业加大信贷支持力度。在政府采购、项目招标、财政资助等事项办理中，将科技企业信用评级纳入审核评价指标体系。加强企业投融资信息服务，广泛引进专业化水平高、公信力强的信用评级机构，整合科技资源、企业资源、中介资源和金融资源，加强企业信用信息共享，促进投融资双方信息互通，推进征信评级平台建设，以信用促融资、以融资促发展。

（5）扩大高新技术企业科技保险试点范围。在长沙高新区科技保险试点基础上，在示范区开展试点工作。鼓励保险机构不断创新和丰富科技保险产品，探索创新科技型企业在申请信用贷款或轻资产抵押贷款时，开展贷款保证保险、专利质押贷款保险、信用保险保理业务、小额贷款保证类等创新科技保险业务。建立知识产权质押融资市场化风险补偿机制，简化知识产权质押融资流程。加快发展科技保险，推进专利保险试点。

（四）建设长株潭人才发展改革试验区

以推动大众创业万众创新为重点，择天下英才而用之。坚持敢为人先、先行先试，注重高端引领、衔接带动，加快推进人才发展体制机制改革和政策创新，探索形成具有国际竞争力的人才制度优势，切实抓好重大人才工程实施，建设人才智力高度密集、创新创业繁荣活跃的人才发展改革试验区。

1.加强高端人才引进培养

（1）实施"长株潭高层次人才聚集工程"。以领军人才等高层次人才为重点，充分发挥企业主体作用，在重点产业领域引进和培养掌握核心技术、引领产业跨越发展的海内外高层次人才。引进、支持一批海内外创客来湘创新创业。

（2）积极引进海内外高层次人才和团队。依托千人计划、长江学者奖励计划、百人计划等国家和省内重大人才工程，立足海外高层次人才创新创业基地、留学生创业园等平台，加快引进掌握国际先进技术、具有巨大发展潜力的科技领军人才和团队。在高端装备、新材料、新一代信息技术、生物健康、节能环保等领域引进10个以上国际顶尖创新团队。

（3）大力培养省内领军人才。依托万人计划、创新人才推进计划、湖湘人才发展支持计划等国家和省内重大人才工程，立足创新人才培养示范基地、重大科研项目、国际科技合作项目及重点实验室、重点学科、工程（技术）中心等平台建设，培养一批创新能力突出、熟悉国际前沿动态的学科带头人、科技领军人才和团队，培养一批懂技术、善经营的现代企业家和跨界复合型人才。

（4）培育引进产业高技能人才。实施产业高技能人才振兴计划，依托大型骨干企业、职业院校和职业培训机构，培育引进具有创新意识的高技能人才。开展校企联合招生、联合培养试点，大力发展职业技能培训，拓展校企合作育人途径和方式。

（5）大力推进柔性引才用才。完善柔性引才用才机制，坚持不求所有、但求所用，打破国籍、地域等人才流动刚性制约，推动刚性引才和柔性引才并举，依托国际技术转移中心，发现、吸引海内外高层次人才来示范区开展协同创新、科技研发、项目合作。

2.完善人才发展体制机制

（1）健全人才评价机制。改进人才评价方式方法，探索建立重业绩、重贡献的科学化社会化专业化人才评价机制。探索建立政府荣誉制度，对作出杰出贡献的优秀人才聘请其担任相关领域的咨询专家、顾问，推荐参选各级人大代表、政协委员，组织参与示范区经济社会发展重大政策、重要科研计划、重要项目的咨询论证等。

（2）完善人才激励机制。鼓励各类企业通过股权、期权、分红等激励方式，调动科研人员创新积极性。对高等学校和科研院所等事业单位以科技成果作价入股的国有科技型企业，放宽股权出售对企业设立年限和盈利水平的限制。建立促进国有企业创新的激励制度，对在创新中作出重要贡献的技术人员和经营管理人员实施股权和分红激励。

（3）创新外籍高端人才使用机制。在示范区开展外籍高端人才技术移民和投资移民试点，为符合条件的外籍专业技术人才申请办理"永久居留证"。逐步放开对外籍留学人才创业就业的限制，提供申请就业许可、工作居留许可的便利。

3.提高人才联系服务水平

（1）建设高层次人才创新创业平台。鼓励有条件的地区和单位建立高层次人才工作站、高层次人才创新创业基地、创业服务中心、留学人员创业园、企业院士工作站、中小微企业博士后科研人员产学研创新平台，对新认定的国家工程（技术）中心、国家工程技术研究中心、国家检验检测认证中心、企业技术中心、新认定设在企业的重点实验室给予配套资金支持。

（2）完善生活配套服务。完善人才综合服务平台，建设高端人才社区，实现各类人才服务"一站式"办理，对引进的紧缺急需人才特别是国际顶尖人才，在签证居留、配偶安置、子女入学等工作条件和生活待遇方面给予优惠政策，提供全方位服务。

（五）培育创新型产业集群

立足现有产业基础和创新资源禀赋，根据科技、产业发展趋势，按照"做强主导产业、做大先导产业、培育新兴业态"的发展思路，培育一批企业集聚、要素完善、协作紧密、具有国际竞争力的创新型产业集群，形成"5+5+X"的产业格局和分工明确、优势互补、良性互动的空间布局，在以智能制造为主导的"工业4.0"战略和"中国制造2025"行动以及全球新一轮产业革命中抢占先机，确立竞争优势。

1.做强主导产业

（1）高端装备产业。

工程机械。以长沙高新区麓谷园区及星沙园区为核心，全面推动制造与服务融合和以互联网为纽带的产业跨界融合，重点发展一批高端特种工程机械、大型工程机械及盾构装备，利用信息化技术，研发具有感知、决策、执行等智能化功能新产品，推进液压元器件及系统、行走传动控制等关键零部件自主研制，提高工程机械产业整体研发、系统设计和技术服务总承包能力，支持发展租赁服务、设备再制造、二手机流通、技术信息咨询等生产性服务业，健全产业链条，走自主化、国际化发展道路，打造具有国际一流的工程机械装备制造研发和产业化基地。

动力装备。以株洲高新区为核心，重点发展先进轨道交通、通用航空、新能源汽车等三大动力装备制造及安全防护产业。先进轨道交通产业，重点发展电力机车、动车组列车、城市轨道交通车辆等整车，加大车轴、转向架等关键零部件研发力度，提升在电气控制装置、牵引电机与电器等领域的高端制造优势。通用航空产业，重点发展中小型航空发动机、飞机着陆系统、航空传动系统等零部件研制。新能源汽车产业，主攻纯电动汽车整车的研发、生产与推广示范，加快在锂电池、电动机、电控系统等领域的关键产品和技术开发，打造具有国际影响力的"中国动力谷"。

能源及矿山装备。以湘潭高新区及九华园区为核心，重点发展新能源装备、先进矿山装备等能源装备制造产业。新能源装备产业，以风电装备、太阳能利用装备为核心，坚持以应用带市场，推动制造与服务跨界融合，重点研发大型风电机组，打造材料——叶片、轴承和主齿轮箱——整机——发电并网的风电装备产业链；聚焦光伏光热发电装备，加大光伏发电应用推广，打造晶硅材料——光伏电池及组件——系统集成的光伏产业链。先进矿山装备产业，以突破大型化、绿色化、智能化、液压化等先进矿山装备发展的关键技术瓶颈为核心，创新发展矿山提升运输装备、矿山通风与环境控制装备、矿山安全生产等领域，打造全国领先的能源装备产业基地。

（2）新材料产业。坚持"市场导向、延伸链条、产业协同、高端发展"的原则，重点发展先进储能材料、复合材料、先进硬质材料为主导，以新型功能材料、高端金属结构材料为支撑的新材料产业体系。以基础研究和应用研究为核心，以深度加工及终端产品开发为抓手，进一步提升先进电池材料、碳材料、钢材料、硬质合金材料、超硬材料等领域的研发和高端制造优势，重点突破纳米技术、高性能合金技术、金属特种加工技术等一批关键技术，大力发展适应电子信息、新能源、生物、航空航天、装备等产业发展的新材料产业集群，建设全国领先的新材料产业创新示范基地。

（3）新一代信息技术产业。坚持电子信息制造业与软件及信息技术服务业融合发展，重点培育发展移动智能终端及配套、物联网、基础软件、信息技术服务、高性能集成电路、地理信息、新一代电力电子器件、激光陀螺等领域。加强政府引导，大力增强物联网产业的系统集成能力，深入推进信息技术创新、新兴应用拓展和网络建设的互动结合。加快突破核心基础软件、高端通用芯片、新一代电力电子器件、传感器等领域关键技术。大力推进智能终端、工业控制、先进轨道交通、汽车电子等领域的芯片研发及产业化，加快构建"芯片——软件——整机——系统——信息服务"产业生态链。以功率器件为突破口，发展壮大集成电路特色制造业，推动国产装备和材料在生产线上规模应用，着力提升集成电路领域的生产、设计、封装、测试工艺和水平，打造特色明显、创新体系完善的新一代信息技术产业集群，进一步提升我省电子信息产业的核心竞争力。

（4）生物（健康与种业）产业。大力发展生物健康产业，以打造"健康中国"为引领，充分发挥基因检测等技术和平台优势，推动生物医药、医疗器械、健康服务等生物健康产业向高科技化、高集聚化、高统筹化方向发展。以"资源汇聚+资金支持+全球链接"为手段，着力突破新型疫苗、基因工程药物、诊断试剂等生物制药领域关键技术，推进抗肿瘤、心血管疾病、糖尿病类等重大疾病治疗用的新药研发及仿制药开发。加快中药保健品、药用辅料、高端医疗器械等领域关键产品和技术研发，建设湖南省健康产业园。构筑人才集聚高地，打造生物健康"湘军"，全面促进自主创新成果的产业化，打造"科技领先、产业领先"的健康制造国际品牌。积极发展现代种业，充分发挥我省杂交育种平台与技术优势，大力推广杂交育种技术在粮食、果蔬、药材等领域的应用，打造一批生产加工技术先进、市场营销网络健全、技术服务到位的"育繁推一体化"现代种业集团。

（5）文化创意产业。充分发挥长沙国家文化科技融合示范基地的辐射带动作用，积极促进文化和科技融合，推进数字技术、信息技术在文化创意产业中的应用，引进培育文化科技复合型人才，构建具有竞争力的产业服务平台和产业载体，提高文化创意产业的创新能力，打造长株潭文化产业发展集聚区。重点支持数字媒体、数字出版、动漫游戏、数字旅游和工业设计等向高端化、网络化方向发展，形成具有湖湘特色的文化创意产品生产、经营、服务、运作新模式，推动特色文化产业园区和基地建设，打造中西部文化创意产业发展新高地，带动和促进全国文化创意产业跨越发展、特色发展。

2.做大先导产业

（1）移动互联网产业。以市场需求为导向，强化政府规划引导，坚持以应用服务创新牵引带动技术创新、产品创新、模式创新，大力发展移动视频、移动音乐、移动游戏、移动广告、电子商务等领域，积极推动移动社交网络、移动安全、人机交互、位置服务、健康服务、智能家居等基础性、趋势性应用加速发展。结合智慧城市建设，鼓励发展移动政务、移动教育、移动金融、数字旅游等行业信息化应用，支持"智慧旅游"建设。鼓励传统产业应用移动互联网，促进转型升级。着力打造一批国际先进、国内领先的移动互联网示范龙头企业，成为面向世界、辐射全国的移动互联网应用服务中心、全国领先的移动互联网应用创新产业基地。

（2）绿色建筑产业。以实现建筑绿色化、提高建筑质量、提升建筑业生产效率为主要目标，以生产方式工业化为主要手段，推进建筑产业的现代化，大力推进住宅产业化工程，做大做强绿色住宅产业。重点发展预制装配式混凝土结构、钢结构，积极推广木结构建筑，重点推广部品部件工业化、土建装修一体化、可再生能源建筑一体化，全面推进绿色住宅、公共建筑、工业厂房、市政设施的建设，带动绿色建筑设计咨询、绿色建筑制造、绿色建材、新能源、节能设备、建筑运行管理服务、智能建筑等相关产业的发展。不断发展和完善"联盟+园区+项目"的创新模式，加强产业链的资源整合，建立和完善涵盖科研、设计、开发、生产、装备、施工、建材、装修、物流、物业等方面的省建筑产业现代化联盟；推进产业集群的发展，科学布局，打造住宅产业化千亿级园区；大力推动项目建设，完善建筑产业现代化技术标准体系，提升全寿命周期内建设项目的整体价值。

（3）北斗卫星导航应用产业。以维护国家战略安全、促进信息消费为导向，发挥长沙在北斗卫星导航系统核心技术研发和建设运营等方面的领先优势，重点推进北斗卫星导航核心芯片及模块的研发与产业化、地面增强系统、遥感应用平台、区域级检定中心、平台运营服务、终端产业化等项目建设。引导北斗卫星导航应用骨干企业、重大成果、重大项目等进一步向示范区聚集，形成集高端技术、高端终端与装备、特色应用示范、产品检测为一体的北斗卫星导航应用产业集群。大力推动北斗卫星导航兼容终端的配备与替代，鼓励社会车辆使用北斗卫星导航产品。将示范区建成国内领先的北斗卫星导航系统技术研究和产业化应用基地。

（4）节能环保产业。以"集群化、高端化、服务化"为导向，以满足区域内环境治理和节能升级为切入点，重点在节能技术与装备、环保技术与装备、节能服务和环境服务等领域取得突破。以政策扶持助推产业发展、以标准提升释放区域需求，重点发展重金属污染防治、烟气除尘和脱硫脱硝、垃圾综合处理处置等技术和装备。加快突破资源循环利用关键共性技术，研制大宗固体废弃物综合利用技术与装备。强化非晶高效节能电机、三相异步电机、稀土永磁电机等高效节能装备的高端制造优势，探索培育合同能源管理和合同环境服务等服务模式，坚持"做强龙头企业、引驻大型企业、孵化特色企业"的思路，打造国内领先的节能环保产业集群。

（5）高技术服务业。坚持"政府引导与市场配置相结合、科技创新与服务创新相融合"的发展原则，依托本地丰富的科技文化资源、优越的区位交通条件，重点发展研发服务、创业孵化、检测认证、科技咨询和技术转移等高技术服务业以及地质灾害预防、防暴恐检测等公共服务业，大力发展现代物流、科技金融、高端商务等生产性服务业，积极培育发展电子商务、在线教育、大数据、O2O等利用信息化技术的新型服务业态。推进商业模式创新、服务流程创新与科技创新的相互结合，建立带动湖南、辐射中部地区乃至全国的充满活力、各具特色的高技术服务业集群。

3. 培育新兴业态

把握当前全球第三次工业革命发展趋势，聚焦互联网信息技术、新材料技术、可再生能源技术等先进技术的演进态势，在三大技术相互融合发展催生巨量新兴产业的背景下，坚持市场主导与政府扶持相结合、整体推进与重点突破相结合、科技创新与产业化相结合、技术创新与商业模式创新相结合，前瞻把握未来市场需求，抢抓机遇、积极布局，培育发展互联网+、3D打印、工业机器人、大数据、云计算、可穿戴设备、干细胞、石墨烯、碳化硅纤维等一批产业新业态，全面提升产业智能化、高端化、绿色化发展水平，努力培育新的经济增长点。

4. 统筹规划空间布局

坚持"资源共享、事业共创、利益共赢"的发展理念，围绕产业集群发展，按照法定城乡规划及"一区三谷多园"的架构，逐步完善空间布局，在三市形成产业链、创新链、服务链、资金链协同互动的发展格局。统筹资源配置，优化产业布局，统一组织协调，鼓励和促进各分园科技资源开放共享、创新要素合理流动、产业发展优势互补。

"一区"即长株潭国家自主创新示范区。"三谷"为示范区核心区，分别是："长沙·麓谷创新谷"，发挥长沙高新区的科研资源优势和创意产业优势，鼓励科技创新、汇聚一流人才，重点建设研发总部、新兴产业创新与设计中心、现代服务业集聚区等三大功能区；"株洲·中国动力谷"，依托株洲高新区在先进轨道交通、航空航天等领域的产业基础及研发优势，集聚资源、突出特色，着重打造新能源汽车、高端动力装备制造产业密集区；"湘潭智造谷"，立足于湘潭高新区机电一体化、电控技术优势，着力发展智能装备制造与高端生产性服务业，形成机器人及智能装备"研发+制造+服务"全产业链的核心产业集群。

同时，按照"产业发展差异化、资源利用最优化、整体功能最大化"的思路，以国家级和省级开发区、工业园区、新型工业化产业示范基地等为载体，在长株潭三市规划建设若干园区，统筹产业布局。长沙以麓谷、星沙、浏阳等国家级产业园区为载体，重点发展工程机械、工业机器人等高端装备制造产业集群；株洲以高新区为载体，重点发展动力装备产业集群；湘潭以高新区、九华等国家级园区等为载体，重点发展能源及矿山装备产业集群；辐射带动雨花、宁乡、金洲、望城、暮云、天心、韶山、昭山等一批省级以上特色产业园区，重点发展新一代信息技术产业集群、文化创意产业集群和现代服务业集群；隆平、浏阳、荷塘、昭山、天易、湘乡等园区，重点发展生物健康产业集群；宁乡、望城、金洲、天元、醴陵、茶陵、雨湖等园区，重点发展新材料产业集群；雨花、湘乡等园区，重点发展节能环保产业集群；金霞、临空、岳塘等园区，重点发展现代物流产业集群；以株洲、平江、湘潭雨湖等国家和省级新型工业化产业示范基地为载体，重点发展军民融合产业集群。

构建科学评价机制，加强对各园区创新资源集聚利用和经济效益的统计分析、动态监测、考核评估，根据考核评估结果对各分园实行动态管理，建立相应的激励和退出机制。

（六）推动区域开放协同

根据长株潭在长江中游城市群中的核心地位和"一带一部"区位中的优势，以深度融入长江经济带和"一带一路"为重点，全面推进跨区域开放合作，对接东中西部大市场，面向全国创造发展新空间，面向世界加快推进国际化，建设中部地区开放发展的先锋区域，打造成为推动东中西部地区开放融合发展的重要引擎。

1.推进长株潭城市群协同创新

建立城市群协同推进机制和考核评估体系。坚持以制度创新突破行政管理体制障碍，建立省统筹、市建设、区域协同、部门协作的工作机制，加强城与城、园与园、部门与部门之间的协同。改变传统"GDP"考核导向，建立责任分工明确的示范区动态评估考核体系，重点突出对示范区合作项目、交流互动、科技创新、创业孵化、国际化等方面的考核，增加对省相关部门、所在市地方政府支持示范区建设的考核，将考核结果纳入绩效考核。

2.强化与东西部地区创新合作交流

加强与京津冀、长三角、泛珠三角的产业与科技对接。进一步推动长株潭国家自主创新示范区与中关村、东湖、张江、深圳、苏南、天津等国家自主创新示范区之间的合作交流，共同探索示范区建设的有效做法。推动与中部和长江经济带各类科技园区建立更为紧密的战略合作关系，在创新合作模式、招商引资、品牌输出、产业转移等方面加强衔接合作。推动长株潭城市群、武汉城市圈、环鄱阳湖经济圈融合发展，促进长江中游区域经济一体化。

3.引领带动中西部地区转型创新发展

（1）合作共建创新型创业服务机构。发挥示范区在"众创空间"建设发展方面的经验优势，支持长株潭三市高新区创业服务中心等机构与中西部地区各地方开展合作，采取设立分支机构、输出服务、人员培训等模式共建创业苗圃、创新型孵化器、加速器、创业社区等

"众创空间"，引领中西部地区创新创业发展。

（2）推动创新资源跨区域流动共享。搭建"长株潭创新资源共享平台"，提供创新资源数据库、科技成果资讯等线上服务，举办长株潭创新资源流动与共享论坛、创新资源交流会、高层次科技人才行等线下服务，推动人才、技术、资金等创新资源在长株潭示范区与中西部地区各区域间自由流动。

（3）探索园区共建等异地合作模式。积极与中西部各市地区开展合作，共建产业园区，完善现有产业链配套，开展新兴产业的区域分工协作。鼓励支持长株潭高等院校与中西部地区地方政府共建大学科技园，提升地方科技发展水平。鼓励长株潭示范区龙头企业与中西部地方政府共建企业园，健全下游及内部配套体系。

4. 提升国际化发展水平

（1）建设国际创新园。以产业国际化、人才国际化和公共配套服务国际化为原则，主动与国外园区开展合作，于示范区内规划建设国际创新园，打造长株潭承接国际高新技术转移与项目引进及产业化的专业基地。

（2）组建国际联合研究中心。积极与海外顶尖高校共建国际联合研究中心，为示范区培养"国际型、复合型、创业型"高层次技术人才和管理人才，打造能够直触产业前沿、具备承担重大科技专项实力的特色产业创新基地。

（3）强化国际科技合作交流。吸引国际优秀企业在示范区设立研发中心，支持优秀海外人才在示范区创新创业。鼓励示范区内高校院所开展对外合作交流，参与国际重大科技计划，鼓励企业设立海外研发、销售与生产网络。

（4）加强国际人脉网络链接。实施华人创新社群链接计划，与创新资源尖峰地区的华人社群建立长效联络机制，邀请海外高端创新人才到长株潭示范区参观调研、互动交流，实现与全球创新高地的开放合作和紧密连接。

（七）引领绿色发展

完善节能、环保产业发展机制，通过政府绿色采购推广应用节能环保新技术、新产品，加强生态建设和环境保护，合理节约集约利用土地资源，倡导绿色生产生活方式，引领示范区绿色发展。

1. 强化土地节约集约利用

（1）完善土地准入制度。严格执行城市总体规划和土地利用总体规划，合理利用土地资源。完善入园项目审核制度，建立项目准入指标体系，提高准入门槛。严格执行土地使用标准，积极组织节地评价，加强企业用地合同管理，明确企业用地建设规范与违约处置办法。

（2）创新土地集约利用方式。鼓励发展孵化器、加速器、创业空间等集约式开发建设模式。制定严格的企业用地退出管理流程与实施办法。加大建成区土地资源挖潜力度，采取多种方式促进土地资源向效益好、集约利用率高的企业流转。

（3）严格保护耕地和基本农田。严格控制项目建设占用耕地。确实无法避免的，要按照占补平衡、占优补优、占水田补水田的原则，提前落实补充耕地。优先划定永久基本农田，严格管理，特殊保护，除国家重大项目确实无法避让外，不得涉及基本农田。

2.倡导绿色生产生活方式

（1）推广绿色节能技术。构建政府引导、市场主导的协同推进机制，依托亚欧水资源研究和利用中心、中南大学国家重金属污染防治工程技术研究中心、国家城市能源计量中心（湖南）、湖南省节能服务产业联盟等科研平台，集中突破一批节能环保关键技术，推广应用重金属污染治理、餐厨垃圾资源化利用和无害化处理等十大清洁低碳技术，以及清洁发展机制（CDM）和合同能源管理（EMC）等市场化节能减排机制。通过推行政府绿色采购制度，引导和促进企业开发清洁低碳产品。

（2）发展循环经济。按照"资源集约使用、产品互为共生、废物循环利用、污染集中处理"的要求，推动产业循环式组合。鼓励企业建立循环经济联合体，开展循环经济标准化试点示范，实行清洁生产，推行产品生态设计，强化原料消耗管理，实现内部工艺间能源梯级利用和物料循环使用。

（3）倡导绿色低碳生活。引导、培养公众低碳消费习惯，提倡步行、自行车、公共交通等低碳出行方式，鼓励购买新能源汽车。以绿色节能标准建设商务建筑，改进已有商务楼的供暖、制冷、照明系统。营造示范区电子办公环境，推行无纸化办公，合理回收和再利用电子垃圾。

第四章　保障措施

（一）完善共建机制

加强组织领导。湖南省政府成立长株潭国家自主创新示范区建设领导小组，在示范区部际协调小组的指导下负责组织规划纲要的具体实施，明确职责分工，完善工作机制，并做好本规划与其他规划在实施过程中的协调衔接。领导小组下设办公室，设省科技厅。长沙、株洲、湘潭三市作为建设主体，分别建立相应的工作机制。

密切部省联系。湖南省政府加强与部际协调小组相关部门的联系和协作配合，积极开展体制机制创新，落实各项专项改革工作和先行先试政策，共同推动示范区的建设与发展。

强化监督考核与宣传。部际协调小组负责对规划实施情况进行监督检查，示范区建设领导小组及办公室具体组织示范区建设情况评估，并向国务院报告进展情况，对建设经验进行总结宣传与推广。

（二）建设服务型政府

加快政府职能转变。推动政府职能从研发管理向创新服务转变，从服务提供者向服务组织者转变，制定政府购买社会公共服务的指导意见和管理制度，做好政府购买公共服务的评估、监督和公示。

深化行政审批制度改革。进一步理顺"三谷多园"及省级以上园区管理体制，加大简政放权力度，深入推进行政审批制度改革，精简审批项目，优化审批流程，实行跨部门串并联组合审批，提高审批效率，着力营造低成本、高效率的投资环境。

推动社会组织发展。发挥社会力量，重点培育和发展经济类、服务类、公益慈善类、城乡社区类等社会组织。深化社会公共事务服务方式改革，探索建立企业、社会组织、公众和政府良性互动的公共管理机制，对劳动者创办社会组织符合条件的，给予相应创业扶持政策，促进社会组织发展壮大。

（三）加强知识产权保护

完善知识产权体制机制。完善知识产权协同保护机制，进一步加强知识产权行政执法能力建设，支持探索知识产权综合行政执法模式，争取成立知识产权法院。加强"两法衔接"，完善打击侵犯知识产权和制售假冒伪劣商品工作长效机制，加大依法查处知识产权侵权案件力度。完善知识产权纠纷多途径解决机制，积极推进专利纠纷行政调解协议司法确认工作。健全知识产权维权援助体系，建立"12330"知识产权投诉举报通道，建立 24 小时接受举报的快速反应机制。建立健全创新创业、技术交易、成果转化中的专利维权机制，加强应对专利纠纷尤其是重大、涉外专利案件的维权援助工作。探索国内生产总值核算方法，体现创新的经济价值；研究建立科技创新、知识产权与产业发展相结合的创新驱动发展评价指标。

加强科技创新活动的知识产权保护。加强自主创新的知识产权保护管理，把知识产权保护贯穿到科技创新各个阶段，重大科技项目、产业创新工程项目在申报和验收环节应提交知识产权分析和总结报告。有效保护职务发明人合法权益，兑现职务发明奖励报酬，切实保障职务发明人收益权、署名权，鼓励职务发明人合理受让单位拟放弃的专利权等相关知识产权。切实加强创新成果的专利保护，强化科技创新活动中的知识产权政策导向，坚持技术成果的权利化、专利管理和保护的规范化，强化科技成果转化的法律保护。

加强重大经济活动的知识产权保护。引导企事业单位建立重大经济活动的知识产权评议机制，对重大攻关、重大引进、重大并购及重大产业化项目，应加强以评估分析为重点的知识产权评议工作。推进重大经济活动知识产权评议工作，健全政府投入项目和涉及国有资产的重大经济活动知识产权评议机制；积极开展知识产权专项评估和论证，促进决策科学化，有效防止技术盲目引进和自主知识产权流失，确保国家安全。

加强重点领域的知识产权保护。加强战略性新兴产业知识产权保护，针对示范区具有比较优势和发展潜力的战略性新兴产业发展需求，加强知识产权战略布局和保护；加大核心专利和重大技术标准的融合力度及品牌建设，指导建立战略性新兴产业重点领域知识产权联盟；完善重点产业领域知识产权风险防控与预警机制。推进知识产权优势企业培育、工业企业知识产权运用能力培育、国有企业知识产权战略实施等工作。加强文化产业、涉农、贸易和展会中的知识产权保护。

加强知识产权文化建设。大力开展宣传教育活动，努力形成尊重知识、崇尚创新、诚信守法的知识产权文化氛围。大力培育行政管理、司法审判、企业管理、中介服务、教学研究等各类知识产权人才。

（四）完善质量标准体系

强化企业质量主体责任，建立健全质量管理体系，加强全员、全过程、全方位的质量管理，严格质量检验和计量检测。建设长株潭标准信息统一公共服务平台，开展标准信息检索、标准提供服务，及时通报 WTO/TBT 信息，搭建企业产品走出去桥梁。鼓励企业积极参与国际、国家标准化活动。鼓励企业、科研院所承担国际、国家标准化技术组织，对主导、参与国际、国家标准制修订的企业分别给予不同程度的资金支持和奖励。

（五）建立新型实用科技智库

成立示范区科技战略咨询和评估委员会。整合咨询公司、投资机构、会计师事务所、律师事务所、检验检测认证机构、知识产权机构等专业化服务机构，邀请国内外科技创新、产业发展、城市建设等领域的专家学者，组成智库，开展长株潭示范区重大战略需求专题调研与论证，发挥其在战略规划、政策制定、重大立项决策等方面的咨询作用。

加强软科学研究。以促进科技进步和经济社会发展为根本目的，围绕示范区创新创业生态、体制机制创新、创新型产业发展、城市群协同创新等战略问题持续开展研究，为示范区相关部门科学化决策、精细化管理提供支撑。研究项目完成后，在保护知识产权的前提下，加强研究成果的宣传、推广和应用。

（六）加大政策扶持和财政投入力度

研究出台加快示范区建设的若干意见，构建推进科技成果转化、科研院所转制、军民融合、科技金融结合、人才发展、绿色发展、创新创业的政策体系，支持示范区在体制机制改革和激励创新政策等方面率先突破。加大财政科技投入力度，由地方研究在优化整合各类技术创新专项资金和新增资金的基础上设立示范区建设专项资金，制订并完善资金管理办法，统筹用于示范区创新能力建设、创新创业扶持、人才队伍建设、科技服务购买、政策补贴等。

（七）营造创新创业文化氛围

加大对成功创业者、青年创业者、天使投资人、创业导师、创业服务机构的宣传力度，推广优秀创业企业及创业团队的先进模式和经验，推出一批长株潭创业形象大使，树立一批新时代创业者的偶像，传播长株潭创业精神，使创业在长株潭地区成为一种价值导向。引入专业培训团队，借助众创空间平台，开展创新创业培训。组织实施"创业中国"行动计划，积极承办跨地区跨领域的全国性、国际性创业活动。利用科交会、湘洽会等会展平台，邀请世界知名企业家、创业者、企业导师和创投机构对投资趋势、技术潮流和商业模式展开互动交流。支持举办湖南青年创业大赛、创业训练营、科技创新大讲堂等活动，吸引更多的社会力量参与和支持创新创业。弘扬"敢为人先"的湖湘文化，营造"鼓励创新、宽容失败"的创业氛围，吸引更多海内外优秀人才和创业团队落户长株潭。

（八）强化法治保障

加强示范区建设的立法工作，及时把一些成熟做法和政策上升到法律法规层面，研究制定《长株潭国家自主创新示范区条例》和相关配套文件，为建设长株潭国家自主创新示范区提供法制保障。

国务院办公厅关于促进开发区改革和
创新发展的若干意见

国办发〔2017〕7 号

各省、自治区、直辖市人民政府，国务院各部委、各直属机构：

开发区建设是我国改革开放的成功实践，对促进体制改革、改善投资环境、引导产业集聚、发展开放型经济发挥了不可替代的作用，开发区已成为推动我国工业化、城镇化快速发展和对外开放的重要平台。当前，全球经济和产业格局正在发生深刻变化，我国经济发展进入新常态，面对新形势，必须进一步发挥开发区作为改革开放排头兵的作用，形成新的集聚效应和增长动力，引领经济结构优化调整和发展方式转变。为深入贯彻落实《中共中央 国务院关于构建开放型经济新体制的若干意见》，经国务院同意，现就促进开发区改革和创新发展提出以下意见。

一、总体要求

（一）指导思想。全面贯彻党的十八大和十八届三中、四中、五中、六中全会精神，深入贯彻习近平总书记系列重要讲话精神和治国理政新理念新思想新战略，认真落实党中央、国务院决策部署，紧紧围绕统筹推进"五位一体"总体布局和协调推进"四个全面"战略布局，牢固树立创新、协调、绿色、开放、共享的发展理念，加强对各类开发区的统筹规划，加快开发区转型升级，促进开发区体制机制创新，完善开发区管理制度和政策体系，进一步增强开发区功能优势，把各类开发区建设成为新型工业化发展的引领区、高水平营商环境的示范区、大众创业万众创新的集聚区、开放型经济和体制创新的先行区，推进供给侧结构性改革，形成经济增长的新动力。

（二）基本原则。坚持改革创新。强化开发区精简高效的管理特色，创新开发区运营模式，以改革创新激发新时期开发区发展的动力和活力。坚持规划引领。完善开发区空间布局和数量规模，形成布局合理、错位发展、功能协调的全国开发区发展格局，切实提高经济发展质量和效益。坚持集聚集约。完善公共设施和服务体系，引导工业项目向开发区集中，促进产业集聚、资源集约、绿色发展，切实发挥开发区规模经济效应。坚持发展导向。构建促进开发区发展的长效机制，以规范促发展，正确把握发展和规范的关系，不断探索开发区发展新路径、新经验。

二、优化开发区形态和布局

（三）科学把握开发区功能定位。开发区要坚持以产业发展为主，成为本地区制造业、高新技术产业和生产性服务业集聚发展平台，成为实施制造强国战略和创新驱动发展战略的重要载体。开发区要科学规划功能布局，突出生产功能，统筹生活区、商务区、办公区等城市功能建设，促进新型城镇化发展。开发区要继续把优化营商环境作为首要任务，着力为企业投资经营提供优质高效的服务、配套完备的设施、共享便捷的资源，着力推进经济体制改革和政府职能转变。

（四）明确各类开发区发展方向。经济技术开发区、高新技术产业开发区、海关特殊监管区域等国家级开发区要发挥示范引领作用，突出先进制造业、战略性新兴产业、加工贸易等产业特色，主动对接国际通行规则，建设具有国际竞争力的高水平园区，打造具有国际影响力的园区品牌。经济开发区、工业园区、高新技术产业园区等省级开发区要依托区域资源优势，推动产业要素集聚，提升营商环境国际化水平，向主导产业明确、延伸产业链条、综合配套完备的方向发展，成为区域经济增长极，带动区域经济结构优化升级。

（五）推动各区域开发区协调发展。推进东部地区现有开发区转型升级，增强开发区发展的内生动力，培育有全球影响力的制造研发基地，提高我国产业在全球价值链中的地位。支持中西部地区、东北地区进一步完善开发区软硬件环境，加强开发区承接产业转移的能力建设，增强产业发展动力。鼓励东部地区开发区输出品牌、人才、技术、资金和管理经验，按照优势互补、产业联动、市场导向、利益共享的原则，与中西部地区、东北地区合作共建开发区。围绕"一带一路"建设、京津冀协同发展、长江经济带发展，推动沿海沿江沿线开发区良性互动发展，建设一批具有辐射带动效应的转型升级示范开发区，引导产业优化布局和分工协作。

三、加快开发区转型升级

（六）推进开发区创新驱动发展。开发区要贯彻落实创新驱动发展战略，促进科技创新、制度创新，吸引集聚创新资源，提高创新服务水平，推动由要素驱动向创新驱动转变。支持开发区内企业技术中心建设，在有条件的开发区优先布局工程（技术）研究中心、工程实验室、国家（部门）重点实验室、国家地方联合创新平台、制造业创新中心。鼓励开发区加快发展众创空间、大学科技园、科技企业孵化器等创业服务平台，构建公共技术服务平台，设立科技创新发展基金、创业投资基金、产业投资基金，完善融资、咨询、培训、场所等创新服务，培育创新创业生态，创新人才培养和引进机制，营造大众创业、万众创新良好氛围。支持有条件的国家高新技术产业开发区创建国家自主创新示范区，为在全国范围内完善科技创新政策提供可复制经验。

（七）加快开发区产业结构优化。开发区要适应新一轮产业变革趋势，加快实施"中国制造2025"战略，通过优化园区功能、强化产业链条、扶持重大项目、支持科技研发、腾笼换鸟等措施，支持传统制造业通过技术改造向中高端迈进，促进信息技术与制造业结合；主动培育高端装备、机器人、新一代信息技术、生物技术、新能源、新材料、数字创意等战略性新兴产业；促进生产型制造向服务型制造转变，大力发展研发设计、科技咨询、第三方物流、知识产权服务、检验检测认证、融资租赁、人力资源服务等生产性服务业。以开发区为载体，努力形成一批战略性新兴产业集聚区、国家高（新）技术产业（化）基地、国家新型工业化产业示范基地，打造世界级产业集群。

（八）促进开发区开放型经济发展。开发区要不断提高对外开放水平，继续发挥开放型经济主力军作用。支持开发区完善外贸综合服务体系和促进体系，鼓励开发区积极吸引外商投资和承接国际产业转移。支持开发区内符合条件的跨国企业集团开展跨境双向人民币资金池业务。允许符合条件的开发区内企业在全口径外债和资本流动审慎管理框架下，通过贷款、发行债券等形式从境外融入本外币资金。促进海关特殊监管区域整合优化，将符合条件的出口加工区、保税港区等类型的海关特殊监管区域逐步整合为综合保税区。

（九）推动开发区实现绿色发展。开发区要积极推行低碳化、循环化、集约化发展，推进产业耦合，推广合同能源管理模式，积极参加全国碳交易市场建设和运行。鼓励开发区推进绿色工厂建设，实现厂房集约化、原料无害化、生产洁净化、废物资源化、能源低碳化。推进园区循环化改造，按照循环经济"减量化、再利用、资源化"的理念，推动企业循环式生产、产业循环式组合，搭建资源共享、废物处理、服务高效的公共平台，促进废物交换利用、能量梯级利用、水的分类利用和循环使用，实现绿色循环低碳发展。

（十）提升开发区基础设施水平。开发区基础设施建设要整体规划，配套电力、燃气、供热、供水、通信、道路、消防、防汛、人防、治污等设施，并将为企业服务的公共信息、技术、物流等服务平台和必要的社会事业建设项目统一纳入整体规划。推进海绵型开发区建设，增强防涝能力。开发区新建道路要按规划同步建设地下综合管廊，加快实施既有路面城市电网、通信网络架空线入地工程。推进实施"互联网+"行动，建设智慧、智能园区。积极利用专项建设基金，鼓励政策性、开发性、商业性金融机构创新金融产品和服务，支持开发区基础设施建设。

四、全面深化开发区体制改革

（十一）完善开发区管理体制。开发区管理机构作为所在地人民政府的派出机关，要按照精简高效的原则，进一步整合归并内设机构，集中精力抓好经济管理和投资服务，焕发体制机制活力。各地要加强对开发区与行政区的统筹协调，完善开发区财政预算管理和独立核算机制，充分依托所在地各级人民政府开展社会管理、公共服务和市场监管，减少向开发区派驻的部门，逐步理顺开发区与代管乡镇、街道的关系，依据行政区划管理有关规定确定开发区管理机构管辖范围。对于开发区管理机构与行政区人民政府合并的开发区，应完善政府职能设置，体现开发区精简高效的管理特点。对于区域合作共建的开发区，共建双方应理顺管理、投入、分配机制。各类开发区要积极推行政企分开、政资分开，实行管理机构与开发运营企业分离。各地要及时总结开发区发展经验，积极探索开发区法规规章建设。

（十二）促进开发区整合优化发展。各省（区、市）人民政府要积极探索建立开发区统一协调机制，避免开发区同质化和低水平恶性竞争，形成各具特色、差异化的开发区发展格局。鼓励以国家级开发区和发展水平高的省级开发区为主体，整合区位相邻、相近的开发区，对小而散的各类开发区进行清理、整合、撤销，建立统一的管理机构、实行统一管理。被整合的开发区的地区生产总值、财政收入等经济统计数据，可按属地原则进行分成。对于位于中心城区、工业比重低的开发区，积极推动向城市综合功能区转型。

(十三)提高开发区行政管理效能。各省(区、市)人民政府要加大简政放权力度，将能够下放的经济管理权限，依照法定程序下放给开发区。对于开发区内企业投资经营过程中需要由所在地人民政府有关部门逐级转报的审批事项，探索取消预审环节，简化申报程序，可由开发区管理机构直接向审批部门转报。对于具有公共属性的审批事项，探索由开发区内企业分别申报调整为以开发区为单位进行整体申报或转报。科学制定开发区权责清单，优化开发区行政管理流程，积极推进并联审批、网上办理等模式创新，提高审批效率。

(十四)做好开发区投资促进工作。开发区要把投资促进作为重要任务，推进相关体制机制创新，营造国际化营商环境。鼓励开发区设立综合服务平台，为投资者提供行政审批一站式服务。开发区要积极主动开展招商引资活动，创新招商引资方式，从政府主导向政府招商与市场化招商相结合转变，加强招商引资人员培训，提升招商引资工作专业化水平。开发区可结合产业发展方向，在政策允许和权限范围内制定相应的招商引资优惠政策。

(十五)推进开发区建设和运营模式创新。引导社会资本参与开发区建设，探索多元化的开发区运营模式。支持以各种所有制企业为主体，按照国家有关规定投资建设、运营开发区，或者托管现有的开发区，享受开发区相关政策。鼓励以政府和社会资本合作(PPP)模式进行开发区公共服务、基础设施类项目建设，鼓励社会资本在现有的开发区中投资建设、运营特色产业园，积极探索合作办园区的发展模式。支持符合条件的开发区开发运营企业在境内外上市、发行债券融资。充分发挥开发区相关协会组织作用，制订开发区服务规范，促进开发区自律发展。

五、完善开发区土地利用机制

(十六)优化开发区土地利用政策。对发展较好、用地集约的开发区，在安排年度新增建设用地指标时给予适度倾斜。适应开发区转型升级需要，加强开发区公共配套服务、基础设施建设等用地保障，提高生产性服务业用地比例，适当增加生活性服务业用地供给。利用存量工业房产发展生产性服务业以及兴办创客空间、创新工场等众创空间的，可在5年内继续按原用途和土地权利类型使用土地，5年期满或涉及转让需办理相关用地手续的，可按新用途、新权利类型、市场价，以协议方式办理。允许工业用地使用权人按照有关规定经批准后对土地进行再开发，涉及原划拨土地使用权转让需补办出让手续的，可采取规定方式办理并按照市场价缴纳土地出让价款。

(十七)严格开发区土地利用管理。各类开发区用地均须纳入所在市、县用地统一供应管理，并依据开发区用地和建设规划，合理确定用地结构。严格执行土地出让制度和用地标准、国家工业项目建设用地控制指标。推动开发区集约利用土地、提高土地利用效率，从建设用地开发强度、土地投资强度、人均用地指标的管控和综合效益等方面加强开发区土地集约利用评价。积极推行在开发区建设多层标准厂房，并充分利用地下空间。

六、完善开发区管理制度

（十八）加强开发区发展的规划指导。开发区建设应符合国民经济和社会发展规划、主体功能区规划、土地利用总体规划、城镇体系规划、城市总体规划和生态环境保护规划。提升开发区规划水平，增强规划的科学性和权威性，促进"多规合一"。为促进各类开发区合理有序良性发展，各省（区、市）人民政府要组织编制开发区总体发展规划，综合考虑本地区经济发展现状、资源和环境条件、产业基础和特点，科学确定开发区的区域布局，明确开发区的数量、产业定位、管理体制和未来发展方向。

（十九）规范开发区设立、扩区和升级管理。各省（区、市）人民政府要根据开发区总体发展规划和当地经济发展需要，稳步有序推进开发区设立、扩区和升级工作，原则上每个县（市、区）的开发区不超过1家。限制开发区域原则上不得建设开发区，禁止开发区域严禁建设开发区。对于按照核准面积和用途已基本建成的现有开发区，在达到依法、合理、集约用地标准后，方可申请扩区。发展较好的省级开发区可按规定程序升级为国家级开发区。

（二十）完善开发区审批程序和公告制度。国家级开发区的设立、扩区和省级开发区升级为国家级开发区，由省（区、市）人民政府向国务院提出申请，由科技部、商务部、海关总署等会同有关部门共同研究、通盘考虑，提出审核意见报国务院审批。省级开发区的设立、扩区、调区，由所在地人民政府提出申请，报省（区、市）人民政府审批，并报国务院备案。国家发展改革委会同国土资源部、住房城乡建设部等部门定期修订全国开发区审核公告目录，向社会公布符合条件的开发区名称、面积、主导产业等，接受社会监督。

（二十一）强化开发区环境、资源、安全监管。开发区布局和建设必须依法执行环境影响评价制度，在空间布局、总量管控、环境准入等方面运用环境影响评价成果，对入区企业或项目设定环境准入要求，积极推行环境污染第三方治理。落实最严格水资源管理制度，实行水资源消耗总量和强度双控，严格执行水资源论证制度，严格水土保持监督管理，防控废弃渣土水土流失危害，加强节约用水管理。推动现有开发区全面完成污水集中处理，新建开发区必须同步配套污水集中处理设施和污染在线监控系统。开发区规划、建设要加强安全管理，严格执行安全设施"三同时"制度，强化安全执法能力建设和安全监管责任体系建设。加强开发区各相关规划的衔接，严格落实安全生产和环境保护所需的防护距离，促进产业发展与人居环境相和谐。

（二十二）完善开发区评价考核制度。有关主管部门和各省（区、市）人民政府要建立健全开发区综合评价考核体系，统计部门要积极支持建立健全开发区统计体系，全面反映开发区的开发程度、产业集聚度、技术创新能力、创新创业环境、单位土地投资强度、产出率、带动就业能力、经济效益、环境保护、循环经济发展水平、能源利用效率、低碳发展、社会效益、债务风险等情况。

（二十三）建立开发区动态管理机制。开发区考核结果要与奖惩措施挂钩，对考核结果好的开发区优先考虑扩区、升级，加大政策支持力度；对考核结果不合格的开发区，要限制新增土地指标，提出警告，限期整改；对整改不力，特别是长期圈占土地、开发程度低的开发区，要核减面积或予以降级、撤销，不允许纳入全国开发区审核公告目录。

　　加强新形势下开发区的改革发展，是适应我国经济发展新常态、加快转变经济发展方式的重要举措，对于推进供给侧结构性改革、推动经济持续健康发展具有重要意义。各地区、各部门要高度重视，上下配合，按照职责分工，加强对开发区工作的指导和监督，营造有利的政策环境，共同开创开发区持续健康发展的新局面。

国务院办公厅

2017 年 1 月 19 日

国务院关于促进国家高新技术产业
开发区高质量发展的若干意见

国发〔2020〕7 号

各省、自治区、直辖市人民政府，国务院各部委、各直属机构：

国家高新技术产业开发区（以下简称国家高新区）经过 30 多年发展，已经成为我国实施创新驱动发展战略的重要载体，在转变发展方式、优化产业结构、增强国际竞争力等方面发挥了重要作用，走出了一条具有中国特色的高新技术产业化道路。为进一步促进国家高新区高质量发展，发挥好示范引领和辐射带动作用，现提出以下意见。

一、总体要求

（一）指导思想。

以习近平新时代中国特色社会主义思想为指导，贯彻落实党的十九大和十九届二中、三中、四中全会精神，牢固树立新发展理念，继续坚持"发展高科技、实现产业化"方向，以深化体制机制改革和营造良好创新创业生态为抓手，以培育发展具有国际竞争力的企业和产业为重点，以科技创新为核心着力提升自主创新能力，围绕产业链部署创新链，围绕创新链布局产业链，培育发展新动能，提升产业发展现代化水平，将国家高新区建设成为创新驱动发展示范区和高质量发展先行区。

（二）基本原则。

坚持创新驱动，引领发展。以创新驱动发展为根本路径，优化创新生态，集聚创新资源，提升自主创新能力，引领高质量发展。

坚持高新定位，打造高地。牢牢把握"高"和"新"发展定位，抢占未来科技和产业发展制高点，构建开放创新、高端产业集聚、宜创宜业宜居的增长极。

坚持深化改革，激发活力。以转型升级为目标，完善竞争机制，加强制度创新，营造公开、公正、透明和有利于促进优胜劣汰的发展环境，充分释放各类创新主体活力。

坚持合理布局，示范带动。加强顶层设计，优化整体布局，强化示范带动作用，推动区域协调可持续发展。

坚持突出特色，分类指导。根据地区资源禀赋与发展水平，探索各具特色的高质量发展模式，建立分类评价机制，实行动态管理。

（三）发展目标。

到 2025 年，国家高新区布局更加优化，自主创新能力明显增强，体制机制持续创新，创新创业环境明显改善，高新技术产业体系基本形成，建立高新技术成果产出、转化和产业化机制，攻克一批支撑产业和区域发展的关键核心技术，形成一批自主可控、国际领先的产品，涌现一批具有国际竞争力的创新型企业和产业集群，建成若干具有世界影响力的高科技园区和一批创新型特色园区。到 2035 年，建成一大批具有全球影响力的高科技园区，主要产业进入全球价值链中高端，实现园区治理体系和治理能力现代化。

二、着力提升自主创新能力

（四）大力集聚高端创新资源。国家高新区要面向国家战略和产业发展需求，通过支持设立分支机构、联合共建等方式，积极引入境内外高等学校、科研院所等创新资源。支持国家高新区以骨干企业为主体，联合高等学校、科研院所建设市场化运行的高水平实验设施、创新基地。积极培育新型研发机构等产业技术创新组织。对符合条件纳入国家重点实验室、国家技术创新中心的，给予优先支持。

（五）吸引培育一流创新人才。支持国家高新区面向全球招才引智。支持园区内骨干企业等与高等学校共建共管现代产业学院，培养高端人才。在国家高新区内企业工作的境外高端人才，经市级以上人民政府科技行政部门（外国人来华工作管理部门）批准，申请工作许可的年龄可放宽至 65 岁。国家高新区内企业邀请的外籍高层次管理和专业技术人才，可按规定申办多年多次的相应签证；在园区内企业工作的外国人才，可按规定申办 5 年以内的居留许可。对在国内重点高等学校获得本科以上学历的优秀留学生以及国际知名高校毕业的外国学生，在国家高新区从事创新创业活动的，提供办理居留许可便利。

（六）加强关键核心技术创新和成果转移转化。国家高新区要加大基础和应用研究投入，加强关键共性技术、前沿引领技术、现代工程技术、颠覆性技术联合攻关和产业化应用，推动技术创新、标准化、知识产权和产业化深度融合。支持国家高新区内相关单位承担国家和地方科技计划项目，支持重大创新成果在园区落地转化并实现产品化、产业化。支持在国家高新区内建设科技成果中试工程化服务平台，并探索风险分担机制。探索职务科技成果所有权改革。加强专业化技术转移机构和技术成果交易平台建设，培育科技咨询师、技术经纪人等专业人才。

三、进一步激发企业创新发展活力

（七）支持高新技术企业发展壮大。引导国家高新区内企业进一步加大研发投入，建立健全研发和知识产权管理体系，加强商标品牌建设，提升创新能力。建立健全政策协调联动机制，落实好研发费用加计扣除、高新技术企业所得税减免、小微企业普惠性税收减免等政策。持续扩大高新技术企业数量，培育一批具有国际竞争力的创新型企业。进一步发挥高新区的发展潜力，培育一批独角兽企业。

（八）积极培育科技型中小企业。支持科技人员携带科技成果在国家高新区内创新创业，通过众创、众包、众扶、众筹等途径，孵化和培育科技型创业团队和初创企业。扩大首购、订购等非招标方式的应用，加大对科技型中小企业重大创新技术、产品和服务采购力度。将科技型中小企业培育孵化情况列入国家高新区高质量发展评价指标体系。

（九）加强对科技创新创业的服务支持。强化科技资源开放和共享，鼓励园区内各类主体加强开放式创新，围绕优势专业领域建设专业化众创空间和科技企业孵化器。发展研究开发、技术转移、检验检测认证、创业孵化、知识产权、科技咨询等科技服务机构，提升专业化服务能力。继续支持国家高新区打造科技资源支撑型、高端人才引领型等创新创业特色载体，完善园区创新创业基础设施。

四、推进产业迈向中高端

（十）大力培育发展新兴产业。加强战略前沿领域部署，实施一批引领型重大项目和新技术应用示范工程，构建多元化应用场景，发展新技术、新产品、新业态、新模式。推动数字经济、平台经济、智能经济和分享经济持续壮大发展，引领新旧动能转换。引导企业广泛应用新技术、新工艺、新材料、新设备，推进互联网、大数据、人工智能同实体经济深度融合，促进产业向智能化、高端化、绿色化发展。探索实行包容审慎的新兴产业市场准入和行业监管模式。

（十一）做大做强特色主导产业。国家高新区要立足区域资源禀赋和本地基础条件，发挥比较优势，因地制宜、因园施策，聚焦特色主导产业，加强区域内创新资源配置和产业发展统筹，优先布局相关重大产业项目，推动形成集聚效应和品牌优势，做大做强特色主导产业，避免趋同化。发挥主导产业战略引领作用，带动关联产业协同发展，形成各具特色的产业生态。支持以领军企业为龙头，以产业链关键产品、创新链关键技术为核心，推动建立专利导航产业发展工作机制，集成大中小企业、研发和服务机构等，加强资源高效配置，培育若干世界级创新型产业集群。

五、加大开放创新力度

（十二）推动区域协同发展。支持国家高新区发挥区域创新的重要节点作用，更好服务于京津冀协同发展、长江经济带发展、粤港澳大湾区建设、长三角一体化发展、黄河流域生态保护和高质量发展等国家重大区域发展战略实施。鼓励东部国家高新区按照市场导向原则，加强与中西部国家高新区对口合作和交流。探索异地孵化、飞地经济、伙伴园区等多种合作机制。

（十三）打造区域创新增长极。鼓励以国家高新区为主体整合或托管区位相邻、产业互补的省级高新区或各类工业园区等，打造更多集中连片、协同互补、联合发展的创新共同体。支持符合条件的地区依托国家高新区按相关规定程序申请设立综合保税区。支持国家高新区跨区域配置创新要素，提升周边区域市场主体活力，深化区域经济和科技一体化发展。鼓励有条件的地方整合国家高新区资源，打造国家自主创新示范区，在更高层次探索创新驱动发展新路径。

（十四）融入全球创新体系。面向未来发展和国际市场竞争，在符合国际规则和通行惯例的前提下，支持国家高新区通过共建海外创新中心、海外创业基地和国际合作园区等方式，加强与国际创新产业高地联动发展，加快引进集聚国际高端创新资源，深度融合国际产业链、供应链、价值链。服务园区内企业"走出去"，参与国际标准和规则制定，拓展新兴市场。鼓励国家高新区开展多种形式的国际园区合作，支持国家高新区与"一带一路"沿线国家开展人才交流、技术交流和跨境协作。

六、营造高质量发展环境

（十五）深化管理体制机制改革。建立授权事项清单制度，赋予国家高新区相应的科技创新、产业促进、人才引进、市场准入、项目审批、财政金融等省级和市级经济管理权限。建立国家高新区与省级有关部门直通车制度。优化内部管理架构，实行扁平化管理，整合归并内设机构，实行大部门制，合理配置内设机构职能。鼓励有条件的国家高新区探索岗位管理制度，实行聘用制，并建立完善符合实际的分配激励和考核机制。支持国家高新区探索新型治理模式。

（十六）优化营商环境。进一步深化"放管服"改革，加快国家高新区投资项目审批改革，实行企业投资项目承诺制、容缺受理制，减少不必要的行政干预和审批备案事项。进一步深化商事制度改革，放宽市场准入，简化审批程序，加快推进企业简易注销登记改革。在国家高新区复制推广自由贸易试验区、国家自主创新示范区等相关改革试点政策，加强创新政策先行先试。

（十七）加强金融服务。鼓励商业银行在国家高新区设立科技支行。支持金融机构在国家高新区开展知识产权投融资服务，支持开展知识产权质押融资，开发完善知识产权保险，落实首台（套）重大技术装备保险等相关政策。大力发展市场化股权投资基金。引导创业投资、私募股权、并购基金等社会资本支持高成长企业发展。鼓励金融机构创新投贷联动模式，积极探索开展多样化的科技金融服务。创新国有资本创投管理机制，允许园区内符合条件的国有创投企业建立跟投机制。支持国家高新区内高成长企业利用科创板等多层次资本市场挂牌上市。支持符合条件的国家高新区开发建设主体上市融资。

（十八）优化土地资源配置。强化国家高新区建设用地开发利用强度、投资强度、人均用地指标整体控制，提高平均容积率，促进园区紧凑发展。符合条件的国家高新区可以申请扩大区域范围和面积。省级人民政府在安排土地利用年度计划时，应统筹考虑国家高新区用地需求，优先安排创新创业平台建设用地。鼓励支持国家高新区加快消化批而未供土地，处置闲置土地。鼓励地方人民政府在国家高新区推行支持新产业、新业态发展用地政策，依法依规利用集体经营性建设用地，建设创新创业等产业载体。

（十九）建设绿色生态园区。支持国家高新区创建国家生态工业示范园区，严格控制高污染、高耗能、高排放企业入驻。加大国家高新区绿色发展的指标权重。加快产城融合发展，鼓励各类社会主体在国家高新区投资建设信息化等基础设施，加强与市政建设接轨，完善科研、教育、医疗、文化等公共服务设施，推进安全、绿色、智慧科技园区建设。

七、加强分类指导和组织管理

（二十）加强组织领导。坚持党对国家高新区工作的统一领导。国务院科技行政部门要会同有关部门，做好国家高新区规划引导、布局优化和政策支持等相关工作。省级人民政府要将国家高新区作为实施创新驱动发展战略的重要载体，加强对省内国家高新区规划建设、产业发展和创新资源配置的统筹。所在地市级人民政府要切实承担国家高新区建设的主体责任，加强国家高新区领导班子配备和干部队伍建设，并给予国家高新区充分的财政、土地等政策保障。加强分类指导，坚持高质量发展标准，根据不同地区、不同阶段、不同发展基础和创新资源等情况，对符合条件、有优势、有特色的省级高新区加快"以升促建"。

（二十一）强化动态管理。制定国家高新区高质量发展评价指标体系，突出研发经费投入、成果转移转化、创新创业质量、科技型企业培育发展、经济运行效率、产业竞争能力、单位产出能耗等内容。加强国家高新区数据统计、运行监测和绩效评价。建立国家高新区动态管理机制，对评价考核结果好的国家高新区予以通报表扬，统筹各类资金、政策等加大支持力度；对评价考核结果较差的通过约谈、通报等方式予以警告；对整改不力的予以撤销，退出国家高新区序列。

国务院

2020 年 7 月 13 日

（此件公开发布）

国务院关于推进国家级经济技术开发区创新提升
打造改革开放新高地的意见

国发〔2019〕11 号

各省、自治区、直辖市人民政府，国务院各部委、各直属机构：

为着力构建国家级经济技术开发区（以下简称国家级经开区）开放发展新体制，发展更高层次的开放型经济，加快形成国际竞争新优势，充分发挥产业优势和制度优势，带动地区经济发展，现提出以下意见。

一、总体要求

（一）指导思想。

以习近平新时代中国特色社会主义思想为指导，全面贯彻党的十九大和十九届二中、三中全会精神，按照党中央、国务院决策部署，坚持稳中求进工作总基调，坚持新发展理念，以供给侧结构性改革为主线，以高质量发展为核心目标，以激发对外经济活力为突破口，着力推进国家级经开区开放创新、科技创新、制度创新，提升对外合作水平、提升经济发展质量，打造改革开放新高地。

（二）基本原则。

——坚持开放引领、改革创新。充分发挥国家级经开区的对外开放平台作用，坚定不移深化改革，持续优化投资环境，激发对外经济活力，打造体制机制新优势。

——坚持质量第一、效益优先。集聚知识、技术、信息、数据等生产要素，推动质量变革、效率变革、动力变革，提高全要素生产率，促进产业升级，拓展发展新空间。

——坚持市场主导、政府引导。充分发挥市场在资源配置中的决定性作用，更好发挥政府作用，弘扬企业家精神，激发市场活力和创造力，培育经济发展新动能。

二、提升开放型经济质量

（三）拓展利用外资方式。支持国家级经开区提高引资质量，重点引进跨国公司地区总部、研发、财务、采购、销售、物流、结算等功能性机构。地方人民政府可依法、合规在外商投资项目前期准备等方面给予支持。支持区内企业开展上市、业务重组等。（商务部、证监会等单位与地方各级人民政府按职责分工负责）

（四）优化外商投资导向。对在中西部和东北地区国家级经开区内从事鼓励类项目且在完善产业链等方面发挥重要作用的外商投资企业，可按规定予以支持。（各有关省级人民政府按职责分工负责）实行差异化的区域政策，相关中央预算内投资和中央财政专项转移支付继续向中西部欠发达地区和东北地区老工业基地倾斜。（发展改革委、财政部等单位按职责分工负责）地方人民政府可统筹上级转移支付资金和自有资金，对符合条件的中西部欠发达地区和东北地区老工业基地区域内国家级经开区基础设施建设、物流交通、承接产业转移、优化投资环境等项目，提供相应支持。（发展改革委、财政部、商务部等单位与地方各级人民政府按职责分工负责）

（五）提升对外贸易质量。支持符合条件的国家级经开区申请设立综合保税区。（商务部、海关总署等单位按职责分工负责）充分运用外经贸发展专项资金等，支持符合条件的国家级经开区建设外贸转型升级基地和外贸公共服务平台。（财政部、商务部等单位与地方各级人民政府按职责分工负责）支持国家级经开区推进关税保证保险改革。（海关总署、税务总局、银保监会等单位按职责分工负责）

三、赋予更大改革自主权

（六）深化"放管服"改革。支持国家级经开区优化营商环境，推动其在"放管服"改革方面走在前列，依法精简投资项目准入手续，简化审批程序，下放省市级经济管理审批权限，实施先建后验管理新模式。深化投资项目审批全流程改革，推行容缺审批、告知承诺制等管理方式。全面开展工程建设项目审批制度改革，统一审批流程，统一信息数据平台，统一审批管理体系，统一监管方式。（发展改革委、住房城乡建设部、市场监管总局等单位与地方各级人民政府按职责分工负责）

（七）优化机构职能。允许国家级经开区按照机构编制管理相关规定，调整内设机构、职能、人员等，推进机构设置和职能配置优化协同高效。优化国家级经开区管理机构设置，结合地方机构改革逐步加强对区域内经济开发区的整合规范。地方人民政府可根据国家级经开区发展需要，按规定统筹使用各类编制资源。（中央编办、财政部等单位与地方各级人民政府按职责分工负责）

（八）优化开发建设主体和运营主体管理机制。支持地方人民政府对有条件的国家级经开区开发建设主体进行资产重组、股权结构调整优化，引入民营资本和外国投资者，开发运营特色产业园等园区，并在准入、投融资、服务便利化等方面给予支持。（商务部等单位与地方各级人民政府按职责分工负责）积极支持符合条件的国家级经开区开发建设主体申请首次公开发行股票并上市。（证监会等单位负责）

（九）健全完善绩效激励机制。支持国家级经开区创新选人用人机制，经批准可实行聘任制、绩效考核制等，允许实行兼职兼薪、年薪制、协议工资制等多种分配方式。支持国家级经开区按市场化原则开展招商、企业入驻服务等，允许国家级经开区制定业绩考核办法时将招商成果、服务成效等纳入考核激励。（财政部、人力资源社会保障部等单位与地方各级人民政府按职责分工负责）

（十）支持开展自贸试验区相关改革试点。支持国家级经开区按程序开展符合其发展方向的自贸试验区相关改革试点。在政府职能转变、投资贸易便利化等重点领域加大改革力度，充分发挥国家级经开区辐射带动作用。（商务部等单位与地方各级人民政府按职责

分工负责)

四、打造现代产业体系

（十一）加强产业布局统筹协调。加强上下游产业布局规划，推动国家级经开区形成共生互补的产业生态体系。国家重大产业项目优先规划布局在国家级经开区。充分发挥中央层面现有各类产业投资基金作用，支持发展重大产业项目。地方人民政府要对国家级经开区推进主导产业升级予以适当支持。（发展改革委、工业和信息化部、财政部等单位与地方各级人民政府按职责分工负责）

（十二）实施先进制造业集群培育行动。支持国家级经开区创建国家新型工业化产业示范基地，坚持市场化运作、内外资企业一视同仁，培育先进制造业集群。加快引进先进制造业企业、专业化"小巨人"企业、关键零部件和中间品制造企业，支持企业建设新兴产业发展联盟和产业技术创新战略联盟。（发展改革委、工业和信息化部等单位与地方各级人民政府按职责分工负责）加强与相关投资基金合作，充分发挥产业基金、银行信贷、证券市场、保险资金以及国家融资担保基金等作用，拓展国家级经开区发展产业集群的投融资渠道。（发展改革委、工业和信息化部、财政部、人民银行、银保监会、证监会等单位按职责分工负责）鼓励国家级经开区内企业承担智能制造试点示范项目，鼓励企业研发、采购先进设备、引进人才、国际化发展等。（地方各级人民政府按职责分工负责）

（十三）实施现代服务业优化升级行动。地方人民政府可结合地方服务业发展实际，利用现有政策和资金渠道，支持在符合条件的国家级经开区内发展医疗健康、社区服务等生活性服务业，以及工业设计、物流、会展等生产性服务业。（发展改革委、民政部、财政部、商务部、卫生健康委等单位与各省级人民政府按职责分工负责）

（十四）加快推进园区绿色升级。充分发挥政府投资基金作用，支持国家级经开区加大循环化改造力度，实施环境优化改造项目。（发展改革委、财政部、商务部等单位与各省级人民政府按职责分工负责）支持国家级经开区创建国家生态工业示范园区，省级人民政府相应予以政策支持。在符合园区规划环评结论和审查要求的基础上，对国家生态工业示范园区内的重大项目依法简化项目环评内容，提高审批效率。依法推进国家级经开区规划环境影响评价工作。（生态环境部、商务部等单位与各省级人民政府按职责分工负责）

（十五）推动发展数字经济。鼓励各类资本在具备条件的国家级经开区投资建设信息技术基础设施，省级人民政府可将此类投资纳入当地数字经济发展规划并予以支持。支持国家级经开区内企业创建数字产业创新中心、智能工厂、智能车间等。（中央网信办、发展改革委、工业和信息化部等单位与地方各级人民政府按职责分工负责）

（十六）提升产业创新能力。鼓励国家级经开区复制推广自贸试验区、自主创新示范区等试点经验，率先将国家科技创新政策落实到位，成效明显的可加大政策先行先试力度，打造成为科技创新集聚区。在服务业开放、科技成果转化、科技金融发展等方面加强制度创新。对新兴产业实行包容审慎监管。（科技部、商务部、人民银行、市场监管总局、知识产权局等单位与地方各级人民政府按职责分工负责）支持国家级经开区建设国家大科学装置和国家科技创新基地。支持符合条件的国家级经开区打造特色创新创业载体，推动中小企业创新创业升级。（发展改革委、科技部、工业和信息化部、财政部、商务部等单位与地方各级人民政府按职责分工负责)国家级经开区内科研院所转化职务发明成果收益给予参与研发的科技人员的现金奖励,符合税收政策相关规定的,可减按 50%计入科技人员工资、薪金所得缴纳个人所得税。(财政部、税务总局等单位与地方各级人民政府按职责分工负责)鼓励国家级经开区对区内企业开展专利导航、知识产权运营、知识产权维权援助等给予支持。(市场监管总局、知识产权局等单位与地方各级人民政府按职责分工负责)支持在有条件的国家级经开区开展资本项目收入结汇支付便利化、不动产投资信托基金等试点。(人民银行、证监会、外汇局等单位与地方各级人民政府按职责分工负责)

五、完善对内对外合作平台功能

(十七)积极参与国际合作。支持国家级经开区积极探索与境外经贸合作区开展合作。支持中西部地区有关国家级经开区参与中国—新加坡(重庆)战略性互联互通示范项目"国际陆海贸易新通道"建设。(外交部、发展改革委、交通运输部、商务部、海关总署等单位与地方各级人民政府按职责分工负责)

(十八)打造国际合作新载体。在科技人才集聚、产业体系较为完备的国家级经开区建设一批国际合作园区,鼓励港澳地区及外国机构、企业、资本参与国际合作园区运营。支持金融机构按照风险可控、商业可持续原则,做好国际合作园区的金融服务。鼓励地方人民政府用足用好现有政策,依法、合规支持国家级经开区建设国际合作园区。(财政部、商务部、人民银行、港澳办、银保监会、证监会、进出口银行、开发银行等单位与地方各级人民政府按职责分工负责)

(十九)拓展对内开放新空间。鼓励地方人民政府依法完善财政、产业政策,支持国家级经开区根据所在区域产业布局,增强产业转移承载能力,开展项目对接。充分发挥外经贸发展专项资金作用,支持国家级经开区与边境经济合作区、跨境经济合作区开展合作,共同建设项目孵化、人才培养、市场拓展等服务平台和产业园区,为边境经济合作区、跨境经济合作区承接产业转移项目创造条件。省级人民政府要加大对共建园区基础设施建设的支持力度。(发展改革委、财政部、自然资源部、商务部、人民银行、银保监会等单位与地方各级人民政府按职责分工负责)

(二十)促进与所在城市互动发展。在保障信息安全的前提下,支持国家级经开区与所在地人民政府相关机构共享公共资源交易、人口、交通、空间地理等信息。国家级经开区可在国土空间基础信息平台的基础上建设城市空间基础信息平台。(公安部、自然资源部、住房城乡建设部、交通运输部等单位与地方各级人民政府按职责分工负责)推动国家级经开区完善高水平商贸旅游、医疗养老、文化教育等功能配套,规划建设城市综合体、中央商务区、专家公寓等。对公共服务重点项目,地方人民政府和国家级经开区可提供运营支持。支持有条件的国家级经开区建设国际化社区和外籍人员子女学校。(教育部、民政部、商务部、卫生健康委等单位与地方各级人民政府按职责分工负责)

六、加强要素保障和资源集约利用

(二十一)强化集约用地导向。支持国家级经开区开展旧城镇、旧厂房、旧村庄等改造,并按规定完善历史用地手续。积极落实产业用地政策,支持国家级经开区内企业利用现有存量土地发展医疗、教育、科研等项目。原划拨土地改造开发后用途符合《划拨用地目录》的，仍可继续按划拨方式使用。对符合协议出让条件的，可依法采取协议方式办理用地手续。鼓励地方人民政府通过创新产业用地分类、鼓励土地混合使用、提高产业用地土地利用效率、实行用地弹性出让、长期租赁、先租后让、租让结合供地等，满足国家级经开区的产业项目用地需求。加强国家级经开区存量用地二次开发，促进低效闲置土地的处置利用。鼓励新入区企业和土地使用权权属企业合作，允许对具备土地独立分宗条件的工业物业产权进行分割，用以引进优质项目。省级人民政府对国家级经开区盘活利用存量土地的，可给予用地指标奖励。除地方人民政府已分层设立建设用地使用权的地下空间外，现有项目开发地下空间作为自用的，其地下空间新增建筑面积可以补缴土地价款的方式办理用地手续。(自然资源部等单位与地方各级人民政府按职责分工负责)

(二十二)降低能源资源成本。支持省级人民政府在国家级经开区开展电力市场化交易，支持国家级经开区内企业集体与发电企业直接交易，支持区内电力用户优先参与电力市场化交易。支持国家级经开区按规定开展非居民用天然气价格市场化改革，加强天然气输配价格监管，减少或取消直接供气区域内国家级经开区省级管网输配服务加价。(发展改革委、能源局等单位与地方各级人民政府按职责分工负责)

(二十三)完善人才政策保障。支持国家级经开区引进急需的各类人才，提供户籍办理、出入境、子女入学、医疗保险、创业投资等方面"一站式"服务。允许具有硕士及以上学位的优秀外国留学生毕业后直接在国家级经开区工作。对国家级经开区内企业急需的外国专业人才，按照规定适当放宽申请工作许可的年龄限制。对国家级经开区引进外籍高端人才，提供入境、居留和永久居留便利。(教育部、科技部、公安部、财政部、人力资源社会保障部、住房城乡建设部、移民局等单位与地方各级人民政府按职责分工负责)

(二十四)促进就业创业。对符合条件且未享受实物保障的在国家级经开区内就业或创业的人员，可提供一定的购房、租房补贴，按规定落实创业担保贷款政策。(财政部、人力资源社会保障部、住房城乡建设部、人民银行等单位与地方各级人民政府按职责分工负责)鼓励地方人民政府提高国家级经开区内企业培养重点行业紧缺高技能人才补助标准，对国家级经开区与职业院校(含技工院校)共建人才培养基地、创业孵化基地等按规定给予支持。(教育部、财政部、人力资源社会保障部等单位与地方各级人民政府按职责分工负责)

各地区、各部门要深刻认识推进国家级经开区创新提升、打造改革开放新高地的重大意义，采取有效措施，加快推进国家级经开区高水平开放、高质量发展。商务部要会同有关部门加强督促检查，确保各项措施落到实处。涉及调整行政法规、国务院文件和经国务院批准的部门规章的，按规定程序办理。

国务院
2019 年 5 月 18 日

湖南省实施《中华人民共和国促进科技成果转化法》办法

(2000 年 5 月 27 日湖南省第九届人民代表大会常务委员会第十六次会议通过 根据 2010 年 7 月 29 日湖南省第十一届人民代表大会常务委员会第十七次会议《关于修改部分地方性法规的决定》修正 2019 年 9 月 28 日湖南省第十三届人民代表大会常务委员会第十三次会议修订)

第一条 根据《中华人民共和国促进科技成果转化法》和其他有关法律、行政法规,结合本省实际,制定本办法。

第二条 各级人民政府应当加强对科技成果转化工作的领导。

县级以上人民政府应当建立促进科技成果转化议事协调机制,制定并落实科技成果转化工作目标和措施,研究、协调科技成果转化工作中的重大事项,推进重大科技成果项目转化。

第三条 县级以上人民政府科学技术主管部门负责管理、指导、协调和服务本行政区域内科技成果转化的具体工作,其他有关部门按照各自职责做好科技成果转化的相关工作。

第四条 县级以上人民政府及其有关部门应当采取措施,建立健全以企业为主体、市场为导向,研究开发机构、高等院校、科技中介服务机构等组织和科技人员共同参与的科技成果转化体制,完善统一开放的科技成果转化市场体系,营造有利于科技成果转化的良好环境。

第五条 县级以上人民政府应当逐年加大对科技成果转化的投入,确保满足科技成果转化工作的实际需要。科技成果转化财政经费用于下列事项:

(一)科技成果转化的引导资金、补贴补助资金和风险投资;

(二)科技成果转化服务平台的建设和科技中介服务机构的扶持;

(三)科技成果转化人才的引进和培养;

(四)其他促进科技成果转化的事项。

县级以上人民政府科学技术主管部门应当于每年三月底前在本部门或者本级人民政府网站公开上一年度科技成果转化财政经费详细使用情况,涉及国家秘密和商业秘密的信息除外。

第六条 省人民政府，设区的市、自治州人民政府和有条件的县级人民政府应当设立科技成果转化基金或者风险基金，引导社会资本投资科技成果转化项目。

县级以上人民政府可以通过风险补偿支持金融机构开展知识产权、股权质押贷款等金融业务，重点加强对初创期科技型中小企业的直接融资支持。鼓励保险机构开发符合科技成果转化特点的保险品种，县级以上人民政府可以通过保险费补贴等措施，支持企业参保。

第七条 省人民政府科学技术主管部门应当建立省科技成果转化综合服务平台，提供政策指导、信息查询和发布、技术咨询等科技成果转化公共服务，支持科技中介服务机构等通过综合服务平台提供研发设计、检验检测、成果孵化、技术交易、科技金融等专业化服务。

鼓励社会力量参与建设科技成果转化服务平台，为科技成果转化提供专业化服务。

鼓励企业、研究开发机构、高等院校和其他组织依法联合国内外相关机构共同建设科技成果转化平台。

第八条 鼓励企业、其他组织和个人依法利用外资和国际先进技术、设备、管理经验实施科技成果转化。

县级以上人民政府及有关部门，应当对带技术、带成果、带项目在本行政区域内实施科技成果转化的国内外高层次人才及其创新创业团队，按照国家和省有关规定在项目安排、资金扶持、股权投资、人才引进等方面给予支持。

第九条 县级以上人民政府科学技术、人力资源和社会保障、教育等部门应当加强技术经理人等科技成果转化人才的引进和培养，按照国家和省有关规定将其纳入相关科技人才计划，落实相关待遇。

省人民政府科学技术主管部门应当依托有条件的高等院校等单位建设技术经理人培养基地。

第十条 政府设立的研究开发机构、高等院校的主管部门应当会同科学技术、财政等部门，将科技成果转化情况等纳入研究开发机构、高等院校及负责人的考核内容。

省人民政府人力资源和社会保障部门应当会同有关部门建立健全科技人员分类评价制度，完善评价标准，将科技成果转化情况作为专业技术职称评定、职务聘任和考核评价的重要依据。在科技成果转化方面贡献特别突出的科技人员，可以按照国家和省有关规定破格申报相关专业技术职称。

政府设立的研究开发机构、高等院校应当建立符合科技成果转化工作特点的职称评定、岗位管理和分类考核评价制度。

第十一条 利用财政资金设立应用类科技项目和其他相关科技项目的，有关行政部门、管理机构应当完善科研组织管理方式，以相关行业、企业需求为主导制定相关科技规划、计划和项目指南。

第十二条 县级以上人民政府科学技术主管部门应当落实科技报告制度，建立和完善科技成果信息系统，规范科技成果信息采集、加工与服务活动，推动科技资源的持续积累、传播交流、信息共享和转化利用，为科技项目承担者提供培训和指导服务。科技报告除涉及国家秘密和商业秘密的内容外，应当依法向社会公开。科学技术主管部门应当依法向社会提供科技成果信息发布、查询、筛选等公益服务。

利用财政资金设立的科技项目的承担者，应当在项目验收前提交相关科技报告，汇交科技成果和相关知识产权信息。鼓励利用非财政资金设立的科技项目的承担者提交科技报告，汇交科技成果和相关知识产权信息。

第十三条 《中华人民共和国促进科技成果转化法》规定的重点科技成果转化项目没有转化的，应当采取下列措施促进转化：

（一）由省人民政府科学技术主管部门纳入重点科技成果转化目录，向社会公布。

（二）由省人民政府或者有条件的设区的市、自治州人民政府有关行政部门组织企业、高等院校、科研院所和其他组织进行招标；通过招标未实现转化的，有关行政部门应当组织进行示范推广，并将示范推广结果向社会公布。

（三）对能够显著提高国家安全能力和公共安全水平或者能够改善民生和提高公共健康水平的重点科技成果，省人民政府有关行政部门应当组织相关企业、高等院校、科研院所或者其他组织进行转化。

（四）政府采购管理机构应当将重点科技成果转化产品列入政府采购目录，并优先采购。

（五）县级以上人民政府应当给予资助或者后补助。

第十四条 省和设区的市、自治州人民政府应当按照省军民融合领导机构的要求统筹协调军民共用重大科研基地和基础设施建设，建立健全军民科技协同创新体制机制，加强军民科技计划的衔接协调，推动军用与民用科学技术有效集成；支持研究开发机构、高等院校和企业参与承担国防科技计划任务，支持军用研究开发机构承担民用科技项目。

第十五条 县级以上人民政府应当建立健全科技特派员和科技专家服务团等制度，为农业科技成果转化提供指导和服务，促进农业新品种、新技术推广应用。

鼓励企业、研究开发机构、高等院校和其他组织与农业技术推广机构、农业产业化企业、农民专业合作社、农户等合作实施农业科技成果转化。

第十六条 鼓励社会力量依法创办科技中介服务机构，开展技术评估、技术经纪、技术交易、技术咨询、技术服务等科技成果转化服务活动；鼓励科技中介服务机构依法成立行业协会。

县级以上人民政府及有关部门应当在引导资金、平台建设、政府购买服务、人才培养等方面采取措施，扶持科技中介服务机构发展；支持符合条件的科技中介服务机构承接政府委托的专业性、技术性强的科技成果转化服务。

第十七条 鼓励研究开发机构、高等院校向企业和其他组织推介科技成果，支持企业和其他组织承接研究开发机构、高等院校的科技成果并实施转化。推介、承接科技成果转化项目成功的，县级以上人民政府可以按照认定登记的技术合同确定的实际成交额或者科技成果作价投资的一定比例，对有关单位给予支持。

第十八条 政府设立的研究开发机构、高等院校应当明确负责科技成果转化工作的机构和人员以及相关具体工作职责，制定促进科技成果转化相关制度，对科技成果转化的统筹协调、具体实施、登记管理、处置分配、异议处理等事项作出明确规定。

鼓励设立科技成果转化专门机构和建立技术经理人全程参与的科技成果转化服务模

式。鼓励其他科技成果完成单位加强本单位科技成果转化工作机构及专业化队伍建设。

第十九条 政府设立的研究开发机构、高等院校对其持有的科技成果，除涉及国家秘密、国家安全的外，可以自主决定转让、许可或者作价投资，不需报相关主管部门审批或者备案。通过协议定价方式确定科技成果价格的，应当于协议签订前在本单位显著位置公示拟交易科技成果的名称、交易价格、受让方等信息以及民主决策程序、提出异议和异议处理的程序，公示期不少于十五个工作日。受让方是科技成果完成人或者与完成人有利害关系的，应当予以注明。

第二十条 政府设立的研究开发机构、高等院校可以以本单位的名义，或者以本单位独资设立的负责资产管理的法人的名义将其持有的科技成果作价投资。

政府设立的研究开发机构、高等院校与完成、转化职务科技成果作出重要贡献的人员，对科技成果作价投资所形成股份或者出资比例的分配，可以以本单位和相关人员名义事先约定。

第二十一条 政府设立的研究开发机构、高等院校的科技人员在履行岗位职责、完成本职工作的前提下，经征得单位同意，可以到企业等单位兼职从事科技成果转化活动；经征得单位同意，可以离岗创业。离岗创业从事科技成果转化活动的，按照国家有关规定保留人事关系。

政府设立的研究开发机构、高等院校应当在相关制度中规定或者在合同中约定兼职或者离岗创业从事科技成果转化活动的科技人员的相应权利和义务。

第二十二条 在科技成果转化活动中，研究开发机构、高等院校、国有企业的相关负责人根据法律法规和本单位规章制度，履行了民主决策程序、合理注意义务和监督管理职责的，视为已履行勤勉尽责义务。

政府设立的研究开发机构、高等院校及国有企业的相关负责人已履行勤勉尽责义务，未牟取非法利益的，免除其因科技成果转化后续价值变化产生的决策责任。

政府设立的研究开发机构、高等院校以科技成果入股实施转化活动，单位负责人已履行勤勉尽责义务且没有牟取非法利益的，其成果股权权益下降，经主管部门会同国有资产监督管理部门审核后，不纳入国有资产对外投资保值增值考核范围，免责办理亏损资产核销手续。

第二十三条 县级以上人民政府国资部门应当将国有独资企业及国有控股企业科技成果转化效果等纳入企业及负责人的考核内容。

国有独资企业及国有控股企业对科技成果研发、转化等经费投入，可以按照国家和省有关规定在当年经营业绩考核中视同利润。

第二十四条 鼓励企业建立健全科技成果转化激励分配机制，通过股权出售、股权奖励、股票期权、项目收益分红、岗位分红等方式激励科技人员开展科技成果转化。

国有独资企业及国有控股企业应当制定促进科技成果转化的规章制度，对转化职务科技成果做出重要贡献的人员给予奖励和报酬。鼓励其他企业制定促进科技成果转化奖励制度。

第二十五条 科技成果完成单位可以规定或者与科技人员约定奖励和报酬的方式、数额和时限。

科技成果完成单位未规定、也未与科技人员约定奖励和报酬方式和数额的，按照《中华人民共和国促进科技成果转化法》的规定执行。

研究开发机构、高等院校可以按照以下标准，规定或者与科技人员约定奖励和报酬：

（一）将职务科技成果转让、许可给他人实施的，可以从该项科技成果转让净收入或者许可净收入中提取不低于百分之七十的比例。本项所称的职务科技成果转让、许可净收入，是指转让、许可收入扣除相关税费、单位维护该项科技成果的费用以及交易过程中的评估、鉴定等直接费用后的余额。

（二）利用职务科技成果作价投资的，可以从该项科技成果形成的股份或者出资比例中提取不低于百分之七十的比例。

（三）将职务科技成果自行实施或者与他人合作实施的，在实施转化成功投产后连续三至五年，每年从实施该项科技成果的营业利润中提取不低于百分之十的比例。

研究开发机构、高等院校可以给予科技成果转化中介服务人员、管理人员和其他从事科技成果转化人员奖励和报酬，具体比例由双方约定。

本条规定的获取奖励和报酬的人员、奖励和报酬数量、技术合同登记等信息，应当按照有关规定予以公示。

第二十六条 政府设立的研究开发机构、高等院校转化科技成果所获得的收入全部留归单位，在依法给予有关组织和人员奖励和报酬后，主要用于下列事项：

（一）科学技术研究与开发；

（二）科技成果转化机构的运行和发展；

（三）知识产权申请、管理和保护；

（四）科技成果转化人才培养；

（五）其他与科技成果转化相关的工作。

第二十七条 政府设立的研究开发机构、高等院校及其所属具有独立法人资格单位的正职领导，是科技成果的主要完成人或者对科技成果转化作出重要贡献的，可以依法给予现金奖励，但一般不给予股权激励。其他担任领导职务的科技人员，是科技成果的主要完成人或者对科技成果转化作出重要贡献的，可以依法给予现金、股份或者出资比例等奖励和报酬。

第二十八条 国有企业、事业单位依法对完成、转化职务科技成果做出重要贡献的人员给予奖励和报酬的支出计入本单位当年工资总额，不受本单位当年工资总额限制，不纳入本单位工资总额基数。

实行绩效工资制度的事业单位对完成、转化职务科技成果做出重要贡献的人员给予奖励和报酬的支出，计入本单位当年绩效工资总量，但不受总量限制，不纳入总量基数。

第二十九条 县级以上人民政府及有关部门和广播、电视、报刊、互联网等媒体应当加强促进科技成果转化方面的法律、法规和政策等的宣传教育，为科技成果转化营造良好社会氛围。

县级以上人民政府应当按照国家和省有关规定对在促进科技成果转化工作中作出重要贡献的单位和个人给予表彰和奖励。

第三十条 本办法自 2019 年 11 月 1 日起施行。

中共湖南省委　湖南省人民政府关于建设长株潭国家自主创新示范区的若干意见

湘发〔2015〕19 号
（2015 年 11 月 5 日）

为认真贯彻国务院关于建设长株潭国家自主创新示范区的批复精神，促进长株潭一体化发展，把长株潭国家自主创新示范区建设成为创新驱动发展引领区、科技体制改革先行区、军民融合创新示范区和中西部地区发展新的增长极，努力打造湖南适应引领经济新常态、加快转型创新发展的新平台和新引擎，现提出如下意见。

一、创新人才培育和引进机制

1.完善人才引进培养机制。实施"长株潭高层次人才聚集工程"，在重点产业领域引进和培养掌握国际领先技术、引领产业跨越发展的海内外高层次人才和团队。对引进培养的人才和团队，在示范区进行科技成果转化的，给予奖励和银行贷款贴息；在示范区新办高新技术企业的，在房租补贴、设备购置、团队建设及技术研发等方面给予扶持。完善柔性引才机制，吸引海内外专家来示范区开展协同创新、科技研发和项目合作。

2.健全人才评价激励机制。完善科技人员职称评审机制，将科技成果（知识产权）转化效益作为高校、科研院所专业技术人员职称评审的重要依据。科技人员参与职称评审、岗位考核时，科技成果（知识产权）转化应用情况与论文指标、纵向课题指标要求同等对待。推动职称政策向企业人才开放，扩大用人单位在科技人才专业技术服务评定和岗位聘用中的自主权。鼓励企业采取股权奖励、股权出售、股票期权等方式，对科技创新人才实行股权和分红激励。

3.营造良好创新创业环境。探索建立统一的人才交流服务平台，实现各类人才服务"一站式"办理。对引进的海内外高层次人才，在购房落户、子女入学、配偶安置、养老医疗、永久居留等方面，开辟绿色通道，给予特殊支持。加强国际学校建设。支持长株潭三市高新区建设知识产权保护示范区，实行严格的知识产权保护制度，支持以专利使用权出资登记注册公司，营造尊重创造、保护创新的公平环境。

4.优化科技经费使用结构。除以定额补助方式资助的科技计划项目外，依据科研任务实际和财力可能核定项目预算，不在预算申请前先行设定预算控制额度。劳务费预算应当结合当地实际以及相关人员参与项目的全时工作时间等因素合理编制。调整科技计划项目经费中劳务费开支范围，将项目临时聘用人员的社会保险补助纳入劳务费科目中列支。

113

具体实施办法由省委组织部、省科技厅、省长株潭两型试验区管委会、省教育厅、省公安厅、省财政厅、省人力资源社会保障厅、省卫生计生委、省地税局、省工商局、省知识产权局、省国税局和长株潭三市政府另行制定。

二、创新科技开发转化机制

5. 深化科研院所转制改革。赋予科研院所科技成果自主处置权、灵活的用人权。引导社会资本参股转制院所，支持转制院所通过上市做大做强。建立公益性科研院所服务行业创新机制，经价格主管部门核准，允许收取一定的服务费，允许科研人员在企业兼职，合理取酬。

6. 推动科技成果转化。深化科技成果处置权、收益权改革，除涉及国家安全、国家利益和重大社会公共利益的成果外，转移转化所得收入全部留归单位；对于职务发明成果转让收益(入股股权)，成果持有单位可按不低于70%的比例奖励科研负责人、骨干技术人员等重要贡献人员和团队。在不违反知识产权保护相关法律法规的前提下，允许符合条件的高校、科研院所等事业单位科技人员，在示范区创办科技型企业并持有股份；经所在单位批准，离岗在示范区转化科技成果或创办科技型企业的，可保留人事关系，3年内可回原单位，重大科研课题牵头人、有突出贡献者，可适当延长至5年。

7. 促进技术转移转化试点。探索建立全国性的技术贸易区，适时举办科技成果展示会、交易会、对接会等，定期发布行业科技成果目录信息。建立以企业新产品开发需求为导向的成果、专利信息挖掘系统。收储一批优秀成果形成专利包，开展研发或对科技成果进行二次开发。建立健全创新产品中试的体制和平台。建设科技成果(知识产权)交易平台，争取建成国家中部技术产权交易平台。

8. 扶持新型研发机构发展。制定新型研发机构认定管理办法。采取企业主导、院校协作、多元投资、成果分享的新模式，建设以应用技术研发和产业化为主的新型创新研究院(所)。新型研发机构在政府项目承担、职称评审、人才引进、建设用地、投融资等方面享受与国有科研机构同等待遇。符合条件的新型研发机构以科学研究为目的，在国家政策规定范围内进口国内不能生产或者性能不能满足需要的科研用品，免征进口关税和进口环节增值税、消费税。

具体实施办法由省科技厅、省长株潭两型试验区管委会、省编办、省发改委、省经信委、省财政厅、省人力资源社会保障厅、省国土资源厅、省工商局、省政府金融工作办、省知识产权局、省国税局、长沙海关和长株潭三市政府另行制定。

三、创新创业创造主体培育机制

9. 支持培育发展创新型产业和企业。积极对接"中国制造2025"，全面推动制造业与服务业融合、"互联网+"产业跨界融合，加快突破一批重大关键技术与成套装备，重点支持新一代信息技术产业、高档数控机床和机器人、航空航天装备、海洋工程装备及高技术船舶、先进轨道交通装备、节能与新能源汽车、电力装备、新材料、生物医药及高性能医疗器械、农业装备、工程机械、节能环保等一批特色产业和特色园区发展。

加速培育创新型领军企业，对年营业收入在10亿元且纳税额在5000万元以上，近三年来营业收入平均增长率在20%以上，具有行业技术主导权的领军企业，通过政府股权投资等方式给予重点扶持。加大对科技型中小企业的支持，为其提供贷款贴息和融资担保；对其租赁研发、生产或办公用房，给予房租补贴。支持高新技术企业做大做强，对企业建立研发和产业化基地，以及上市、并购等，给予补贴和贷款贴息。支持企业与高校、科研院所建立产学研用联合体，有针对性地开展技术攻关和成果转化。支持企业牵头或参与制订地方标准、行业标准、国家标准、国际标准。支持高新技术企业和产业技术联盟构建专利池，培育国际品牌，提升示范区重点产业的核心竞争力。

10. 支持建立企业研发准备金制度。运用财政补助机制激励引导企业普遍建立研发准备金制度。对已建立研发准备金制度企业的研发投入，探索实行普惠性财政补助，引导企业有计划、持续地增加研发投入，开展科技创新。

11. 推进军民融合创新(略)。

12. 大力发展众创空间。支持高校、科研院所、行业领军企业及其他各类创新主体建设孵化器和公共技术、公共信息、公共培训等创业服务平台。在孵化器建设用地和财政资金补助方面，给予优惠政策。建立科技企业孵化器风险补偿机制。加强创新创业公共服务，重点在创业孵化服务、创新模式服务、第三方专业化服务等方面建立公共服务体系。对创业路演、创业大赛等各类创业活动给予后补助。对在校大学生开展创业实践给予补贴。对高等院校教师作为天使投资人投资的学生在示范区创办的科技企业，给予一定比例资金支持。

具体实施办法由省科技厅、省长株潭两型试验区管委会、省发改委、省教育厅、省经信委(省国防科工局)、省财政厅、省人力资源社会保障厅、省环保厅、省农委、省商务厅、省地税局、省国税局和长株潭三市政府另行制定。

四、创新资源开放共享机制

13. 建立统一的公共科技服务平台。按照"产权多元化、使用社会化、营运专业化"的原则，构建长株潭研发公共服务平台，打造包括技术研发、技术转移、成果转化、创业孵化、金融服务等在内的高水平创新创业服务体系，实行"点对点"接单、研发、攻关、转化、服务。凡纳入长株潭研发公共服务平台体系并对外开放共享的，根据服务情况给予运行补贴。支持重点领域的公共研发测试等服务平台建设，根据服务总量和效果给予奖励；支持服务外包等领域的公共平台建设，对其设备购置和运营维护费用，由政府按比例分级给予补贴。

14. 完善创新资源开放共享机制。加强科技资源开放服务，鼓励高校、科研院所采取市场化方式对外提供科学仪器设备等科研资源开放共享服务，鼓励企业对外提供实验平台共享和产品研发服务。建立新购大型科学仪器设施联合评议制度，制定促进大型科学仪器设施共享规定。对科研设备与仪器开放效果好、用户评价高的管理单位，由同级财政会同有关部门根据评价考核结果和财政预算管理的要求，建立开放共享后补助机制。

具体实施办法由省科技厅、省长株潭两型试验区管委会、省发改委、省教育厅、省经信委、省财政厅、省质监局、省政府金融工作办、省知识产权局、湖南银监局和长株潭三市政府另行制定。

五、创新投入支持机制

15.加大财税支持。优化整合部分省级和长株潭三市相关财政专项资金和新增资金，设立示范区建设专项资金。积极争取国家各项产业基金和创投基金，统筹用于示范区建设。落实国家关于自主创新示范区的股权奖励个人所得税政策、有限合伙制创业投资企业法人合伙人企业所得税政策、技术转让所得企业所得税政策、企业转增股本个人所得税政策。强化普惠性政策支持，完善研发费用加计扣除等优惠政策实施机制。

16.推进科技金融改革创新。支持组建长株潭科技创新金融服务集团，建立科技金融服务平台，综合采用代持政府股权投资、自有资金投资、合作设立基金等方式，开展产业投资、科技金融、园区发展服务。建立无形资产评估交易服务平台，支持推广知识产权质押、股权质押等科技金融创新产品。支持科技成果转化引导基金和天使（种子）基金发展，促进科技私募基金发展。建立示范区科技金融的风险分担和补偿机制，鼓励金融机构采取投贷联动、保贷联动等方式创新金融产品，全面开展科技保险。探索建立科技企业信用评级制度，将企业研发投入和知识产权等创新能力要素纳入企业综合信用评级报告，推动评级结果在银行贷款绿色通道、融资担保、贷款贴息及风险补偿机制中的应用，进一步畅通科技企业融资渠道。

17.扩大政府采购。鼓励行政事业单位向科研机构、科技型中小企业、创新人员购买创新服务。逐步扩大两型产品的认定范围，提升政府两型采购的规模。对纳入《湖南省两型产品政府采购目录》的产品，给予首购、订购、价格扣除、评审加分等优惠政策，并将采购适用领域扩大到使用财政性资金全额投资或部分投资的项目。

具体实施办法由省科技厅、省长株潭两型试验区管委会、省发改委、省财政厅、省地税局、省政府金融工作办、省国税局、湖南银监局、湖南证监局和长株潭三市政府另行制定。

六、创新管理服务机制

18.加大统筹协调力度。打破行政区划限制，在用地、财税、人才引进和培养等方面，建立长株潭三市政策协同机制。赋予三市同等的行政权限，将下放长沙市的省级权限，逐步向株洲市、湘潭市下放，赋予长株潭三市同等的先行先试权、改革自主权和市场要素配置权。按规定开展行政审批权下放园区试点，精简规范行政审批事项、创新行政审批方式、加强电子政务建设、推行公共服务外包。建立示范区负面清单制度。积极争取国家政策支持，开展自贸区政策的复制推广试点。

19.提高行政服务水平。支持设立"一门式"办公大厅，将省直、市直各部门和园区办事流程简化至办公大厅完成。建立统一的示范区科技管理信息系统，实现数据资源的互联互通，并向社会开放服务。

20.完善示范区管理机制。组建高层次人才智囊团，打造特色新型科技智库。完善重大科技创新政策咨询评估制度，组织高层次人才积极参与示范区重大政策、重大工程、重大项目的咨询、论证和评估等工作，吸纳更多企业参与研究制定技术创新政策、规划、计划等。建立开放的园区管委会机制，建立高新企业、高校和科研机构人员在示范区挂职、兼职制度，健全与绩效挂钩的奖励激励机制。

具体实施办法由省委组织部、省科技厅、省长株潭两型试验区管委会、省委宣传部、省编办、省发改委、省教育厅、省经信委、省财政厅、省人力资源社会保障厅、省国土资源厅、省商务厅和长株潭三市政府另行制定。

（此件发各市州、县市区党委、政府，省直机关各单位）

中共湖南省委办公厅   2015 年 11 月 5 日印发

中共湖南省委 湖南省人民政府关于贯彻落实创新驱动发展战略建设科技强省的实施意见

湘发〔2016〕25 号

（2016 年 11 月 28 日）

为深入贯彻落实全国科技创新大会精神和《国家创新驱动发展战略纲要》，大力推动以科技创新为核心的全面创新，全面实施创新驱动发展战略，加快建设科技强省，结合我省实际，制定本实施意见。

一、总体要求

（一）指导思想。全面贯彻落实习近平总书记系列重要讲话精神以及全国科技创新大会精神，坚持创新、协调、绿色、开放、共享的发展理念，面向世界科技前沿、面向经济主战场、面向国家重大需求，始终把科技创新摆在优先发展的战略地位，以建设科技强省为目标和引领，以长株潭国家自主创新示范区建设为契机，充分发挥科技创新在供给侧结构性改革和经济转型升级中的关键作用，推动科技创新与经济、民生、文化深度融合，依靠科技创新突破我省经济社会发展瓶颈，实现经济社会发展动力由要素主导向创新主导转换，为建设富饶美丽幸福新湖南提供有力支撑。

（二）基本原则。

坚持需求导向。面向我省经济社会发展重大需求，紧扣国家战略和民生改善，提高自主创新能力，服务供给侧结构性改革，着力畅通科技向现实生产力转化渠道，促进产业转型发展，普惠城乡民生福祉。

坚持系统推进。强化政府规划引导，加强顶层设计和体系化谋篇布局，着力打破条块分割和区域分割，整合和优化创新资源要素配置，加强区域部门联动，深化产学研合作，形成创新驱动发展的最大合力。

坚持深化改革。突破体制机制障碍，着力解决制约创新发展的突出矛盾和问题，完善政府创新服务和政策支持功能，协同推进有利于科技创新的各项改革。强化企业技术创新主体地位，发挥市场在创新资源配置中的决定性作用，最大限度地释放创新活力。

坚持人才优先。充分发挥人才在科技创新中的核心作用，遵循普惠、共享的导向，围绕"服务人""解放人""激活人"，全方位、一体化设计创新创业服务链条，健全崇尚创新、鼓励创造、宽容失败的容错纠错机制，激发各类人才的积极性和创造性。

坚持开放合作。立足湖南"一带一部"区位特点，积极对接国家"一带一路"倡议和长江经济带发展战略，面向全球集聚高端创新要素，吸收转化国际一流创新成果，推动优势产业和创新产品走出去，构建科技创新开放合作新格局。

（三）主要目标

总体目标是：全省综合创新能力进入全国前 10 位，建设一批世界一流的科研机构、研究型大学和创新型企业，涌现一批有突出贡献的科学大师，成为新一轮产业和科技革命的重要供给源、创新要素和创新文化的集聚中心、在相关重大关键领域领跑全球的创新枢纽和创新高地，全面建成科技强省。

到 2020 年，综合创新能力显著提升，科技强省建设取得重要进展。

——自主创新能力显著增强。产业技术创新体系更加完备，攻克一批关键核心技术，在重点领域形成国内竞争优势。全社会 R&D 经费支出占 GDP 比重达到 2.5%，每万名就业人员的研发人力投入达到 18 人年，每万人拥有 6.7 件发明专利。新建一批有影响力的国家重大创新平台。

——创新型经济格局初步形成。部分重点产业进入全球价值链中高端，培育形成一批具有较强国际竞争力的创新型企业和产业集群，形成一批具有核心竞争力的自主创新品牌。高新技术企业数达到 4800 家，高新技术产业增加值占 GDP 比重达到 30%。

——创新体系协同高效。产业链、创新链、资金链、人才链、服务链有机衔接，创新资源开放共享水平大幅提高，建成统一开放的公共服务平台，企业的技术创新主体作用进一步强化。长株潭国家自主创新示范区建设取得重大突破，军民融合深入发展，环洞庭湖、湘西、湘南、湘中等区域创新特色更加凸显，对"一核三极四带多点"发展战略形成有力支撑。

——体制机制改革取得突破进展。创新资源配置更加优化，知识产权保护显著加强，具有湖南特色、切合湖南实际、与市场高度契合、有利于推动全省创新发展的体制机制基本形成。

到 2030 年，跻身全国创新型省份前列。

——经济增长动力实现由要素驱动向创新驱动转变，科技创新真正成为全省经济发展的内生动力，全社会 R&D 经费支出占 GDP 比重达到 2.8%，高新技术企业数较"十二五"末翻两番，高新技术产业增加值占 GDP 的比重达到 45% 以上。

——在全国率先研发和掌握一批颠覆性、标志性、对全省有巨大带动作用的高新技术，并转化形成一批高水平成果。重点产业领域具有明显的国内比较优势，部分关键领域领跑世界。

——造就一支具有国际领先水平的高层次创新人才队伍，拥有一批世界知名的高新技术企业、创新型产业集群、高等院校和科研机构，产业链、创新链、资金链、人才链、服务链深度融合，各类主体的创新创业活力竞相迸发。

——形成开放包容的创新创业生态，符合创新驱动发展要求的政策法规更加健全，公民科学素养明显提升，"敢为人先"的湖湘文化不断丰富和发扬，尊重知识、崇尚创新的理念和价值导向深入人心。

二、推进重点领域技术创新

（四）强化新型工业化的技术创新支撑。围绕产业链部署创新链，把握先进制造、新材料、新一代信息、生物技术、节能环保、新能源、文化创意等重点产业技术需求，突出数字化、网络化、智能化、绿色化和服务化，发布产业关键共性技术发展指南和技术创新路线图，提升跨界融合与系统集成能力，重点突破一批产业转型升级的关键技术，形成具有自主知识产权的科研成果，开发价值链高端产品及设备。

（五）加强现代农业科技创新。围绕高产、优质、高效、生态、安全农业发展要求，突破生物育种、农林产品精深加工、农业智能装备制造、农村生态环境等关键技术，保障粮油安全与农林产品有效供给。加强农业面源污染治理、农田重金属污染防控、农业资源高效利用、现代农业新技术、耕地质量提升等关键技术研发，保障农业生态和农林产品质量安全。加强农业信息化智能关键技术研究，全面推进国家农村农业信息化示范省建设，推广"互联网+农业"发展模式。

（六）发展社会民生领域关键技术。围绕我省大健康产业发展，加快推动重大疾病、罕见病、职业病及特殊人群用药的研发及产业化、中药创新药物研发及中医药现代化、通用名药物重大品种仿制与再创新。开展基因治疗、异种移植、干细胞与再生医学等关键技术研究，推进精准医学发展，促进医疗、体育、健康、服务融合创新。积极发展"城市矿产"综合利用、环境监测与治理等关键技术，培育资源利用与环保产业集群。加强食品安全保障、重大自然灾害监测预警、风险防控与综合应对、公共交通运输安全等先进可靠的公共安全技术研究。研发和推广海绵城市、绿色城市、智慧城市、智慧旅游、土地生态修复及森林康养、林业碳汇等普惠性技术。健全绿色科技支撑体系，创新和强化清洁低碳技术推广服务机制。

（七）构建现代服务业技术创新体系。突破电子商务、现代物流、系统外包等生产性服务业关键技术与服务集成技术，推进商业模式创新、服务流程创新与科技创新的结合。发展个性化定制服务、网络化虚拟制造、全生命周期管理、网络精准营销和在线支持服务等新业态，促进从制造向"制造+服务"转型升级。支持研发设计、技术转移、中试熟化、创业孵化、检验检测认证、科技咨询、知识产权、科技投融资等科技服务业的发展，建设科技服务业集聚区。

（八）增强科技创新源头供给能力。前瞻部署量子信息与量子计算机、脑科学与类脑研究、信息安全、深空深地深海探测、纳米科学与纳米工艺等基础研究领域，充实创新源头储备。推进人工智能、大健康、新材料、现代农业、新能源、网络信息、航天航空等领域应用基础研究，前瞻布局若干重大科技项目，抢占颠覆性技术制高点，构建国家级和省级科技重大专项和重大工程梯队发展格局，凝练形成8~10个重大科技工程，加大资金集聚度，连续实施，滚动支持，取得一批重大标志性科技创新成果，实现关键核心技术安全、自主、可控。

三、强化企业技术创新主体地位

（九）培育科技型企业。坚持分类指导、精准扶持，实行"一企一策"和定制化联系帮扶。引导和支持各类企业设立研究院、创新创业学院等新型研发机构，打造具有全球竞争优势的领军型龙头企业。整合开发类科研院所科技资源，建立自身优势特色突出的市场化、专业化研发机构。培育极具成长潜力的科技型中小微企业，支持民营企业加大研发投入，鼓励民营企业设立研发机构。实施高新技术企业培育计划，完善对高新技术企业的申报辅导、资质维持、专利管理等服务。对接我省产业发展，引导高校、科研院所与企业建设一批产学研合作的重大产业技术创新联盟，促进本地技术和成果就地转移转化。

（十）增强企业创新决策话语权。充分发挥企业家、研发人员在编制科技发展规划、产业发展规划、产业政策中的作用。引导和支持行业领军企业编制产业技术发展规划和技术路线图，建立高水平研发平台，实施重大科技项目，开展基础性、前沿性创新研究。

（十一）强化企业创新的制度保障。强化省属国有企业创新发展的绩效考核与评估。按照规定完善企业研发费用计核办法，精简优化企业研发费用税前加计扣除政策的办理流程。支持企业建立研发准备金制度，鼓励规模以上企业每年从销售收入中提取 3%～5% 作为研发准备金。

四、培养和聚集高端创新人才

（十二）优化人才培养。围绕国家"双一流"建设目标，推动一批高校稳步进入国内同层次、同类型高校一流行业，并力争若干所高校和一批学科进入世界一流大学和一流学科行列。加强学科交叉与融合，培育新兴学科和特色学科，支持一批优势特色学科争创世界一流。扩大省级自然科学基金资助覆盖面和资助规模，支持培育跨学科、跨领域的创新团队。支持校企合作，建设创新实践基地。加大各类科技人才培养力度，深入实施"湖湘青年英才"、省企业创新创业团队等支持计划，建立健全对青年人才的梯队培养计划和普惠性支持措施。

（十三）集聚高层次人才和创新团队。深入实施省"百人计划"、长株潭高层次人才集聚工程、省军民融合高端人才引进计划。建立国家"千人计划""万人计划"等相关人才计划的配套支持机制。实施全省科技人才重点工程，集聚各部门资源，引进一流或顶尖人才团队，对于符合我省重点产业发展需求以及相关政策规定的，省级财政通过科技相关专项资金择优在重大项目、创新平台建设等方面给予每个团队不低于 1000 万元的支持。深入推进创新示范中心、院士专家工作站、博士后工作站等建设。定期编制发布高层次急需紧缺人才需求目录，建立"绿色通道"，完善高端人才配偶随迁、就业、子女就学、社保、医疗、住房等保障措施。实行外籍高层次人才绩效激励政策，支持在湘创办科技企业或参与科技创新活动，建设高标准国际化人才社区，推进外籍高层次人才永久居留、社会保障等政策有效衔接。

（十四）完善人才服务体系。支持高校、科研院所等事业单位试行人才专项编制使用制度，对符合条件的公益二类事业单位逐步实行备案制管理，扩大专业技术岗位结构比例调整权限。对急需紧缺的高层次人才采取特设岗位方式引进，可实行协议工资、项目工资和年薪制，所需薪酬计入当年单位工资总额，不纳入工资总额基数。支持高校、院所科研人员兼职兼薪或离岗创业，支持在高等院校兼职的企业科技人员直接参加专业技术职称评定。建立完善民营企业从业人员、自由职业者职称评定制度。完善各类人才在机关、企业、事业单位之间流动时的社保关系转移接续政策。支持科研院所和高校试点建立专业化技术转移机构和职业化技术转移人才队伍。

五、推进创新服务体系提质升级

（十五）建设高水平创新研发平台。对接国家"十三五"创新研发平台的总体布局，力争在超算、超级稻、新材料等领跑领域组建国家实验室等国家级战略综合性平台；在重点领域建设一批国家重点实验室等科学研究类平台以及国家技术创新中心、国家工程（技术）研究中心、国家制造业创新中心、国家工程实验室等国家技术创新类平台；争取一批国家重大科研基础设施和基础支撑类平台落户湖南。对符合相关政策规定的新承接国家科技重大专项关键任务和新认定的国家重点实验室等重大研发类平台，省级财政通过科技相关专项资金中安排不低于1000万元的支持。优化省级科研基地和创新平台布局，培育一批骨干型省级重点实验室、工程（技术）研究中心、省级制造业创新中心和工业设计中心。

（十六）建设科技服务平台体系。整合科研仪器、科研设施、科技信息、实验材料等基础公益性服务平台，建设全省科技资源共享服务公共平台，推进重大科研仪器设备开放共享，支持社会资金投入的科研设施与仪器纳入平台体系。建设全省科技成果转化公共服务平台（中心）和网络，发展网络化的技术产权交易和知识产权交易平台。重点支持建设区域性技术转移中心和常设技术市场，加快建设技术转移机构、创新驿站等服务载体。

（十七）推进园区建设和提质升级。力争到2020年，新增2～3个国家级高新区，省级高新区实现对市州全覆盖，总数达到30家左右；新增3～5个国家级农业科技园区，建设20个左右省级农业科技园区。依托国家级高新区，加快创建国家创新型科技园区。支持各类工业园区建设省级高新区，优化省级高新区区域布局。加强农业科技园区建设，创建一批国家级农业高新技术产业示范区和现代农业产业科技创新中心，加快推进环洞庭湖国家现代农业科技示范区建设。完善科技园区管理机制，构建综合绩效考评体系，将考评结果与后续支持措施挂钩。对优势科技园区在用地指标、产业项目布局、基础设施建设、生态环境保护、公共服务配套、专项资金投入等方面给予优先支持。

（十八）加强科普条件建设。稳定增加科普投入，加强科普人才队伍、科普基础设施建设和信息化建设，推进"互联网+科普"科技传播体系建设。推动科普产品研发与创新，支持原创科普图书、广播影视节目、数字出版物、动漫文化产品开发。构建科普协同联动机制，提升文化资源传播服务效率，推动科普进学校、进社区、进农村、进企业等。将全省中小学生科学素养水平纳入素质教育评价评估体系，扩大科普基地在中小学、幼儿园的布局。

六、优化区域创新体系布局

（十九）加快推进长株潭国家自主创新示范区建设。推动长株潭国家自主创新示范区、湘江新区、两型社会综合配套改革试验区"三区联动"，打造全省创新驱动发展的核心区、引领区。积极培育发展创新型产业集群，建设"长沙·麓谷创新谷"、"株洲·中国动力谷"和"湘潭智造谷"，引领全省产业转型升级发展。发挥长株潭国家自主创新示范区的先行先试优势，集聚创新要素，推动区域协同发展，形成一批可复制、可推广的改革措施。

（二十）构建各具特色区域创新驱动发展格局。按照"一核三极四带多点"战略布局，结合各市州特色，建设一批国家级、省级区域创新中心。完善环洞庭湖地区现代农业技术支撑体系，加强水安全和水生态领域的技术研发与推广应用。加速培育湘南创新发展增长极，突出绿色化、智能化和生态化发展方向，打造有色金属精深加工、装备制造、电子信息和资源循环利用等创新型产业集群。推动湘西、湘中地区生态文明建设与科技精准扶贫有机结合，大力发展生态农业、生物医药、智能农业装备、特色旅游和文化创意等创新型产业集群。

（二十一）强化县域经济发展的科技支撑。建设科技成果转化示范县，组织实施县域技术创新引导项目，推广应用一批先进适用科技成果。探索建立省、市、县三级有效衔接、共同推进的工作机制，提升基层科技基础条件和创新能力，强化县市吸纳创新成果、社会资本的功能。

（二十二）推动科技精准脱贫。立足武陵山片区和罗霄山片区脱贫攻坚主战场，实施湘西专项等科技精准扶贫项目，发展特色产业，扶持一批科技扶贫示范企业和新型农业经营主体。深入开展科技特派员创业行动，建设科技特派员"星创天地"，加大科技特派员创业支持力度。实施"三区"科技人才计划，建立贫困村科技专家联系制度，加大贫困地区人才培训力度，支持科技人员创办、领办、协办农业专业合作组织和培养致富带头人。依托国家农村农业信息化综合信息服务平台，推动农业物联网、农业生产智能化管理、农产品质量安全追溯等信息系统研发与示范应用。

七、引领和促进大众创业万众创新

（二十三）打造创新创业载体。整合部门资源，打造一批特色鲜明、功能齐全的双创示范基地，布局一批便捷开放的众创空间和"星创天地"，扶持一批双创社区和特色小镇。支持发展众创、众包、众扶、众筹等新模式，引导社会资本参与新型孵化载体建设和运营，促进孵化与投资、创新与创业相结合。

（二十四）健全创新创业全过程服务体系。建设公开统一的创业云公共服务平台。支持发展创业苗圃、孵化器、加速器等专业服务机构，实施科技企业孵化器倍增计划和系统升级计划，加强硬件建设，形成覆盖科技创新企业成长各阶段的孵化载体。完善科技企业孵化器建设用地政策，利用新增工业用地开发建设科技企业孵化器，可按一类工业用地性质供地。

（二十五）完善创新创业政策。最大限度取消企业资质类、项目类等审批审查事项，消除行政审批中部门互为前置的认可程序和条件。深化商事制度改革，简政放权、简化审批流程，实施"五证合一"等改革。加大创新产品和创新服务的政府采购政策支持力度，逐步推行科技应用示范项目与政府采购相结合模式，促进创新产品和服务的研发及应用。

八、深化军民融合协同创新

（二十六）（略）

（二十七）（略）

（二十八）（略）

九、建设支撑型知识产权强省

（二十九）实施最严格的知识产权保护制度。支持企业和高校院所建立科学规范的知识产权管理机制，做好专利信息推广应用服务，提升知识产权制度运用能力，保护科技人员的创新积极性。建立体系完备、全省联动、执行有力的知识产权行政管理体系，推动构建司法审判、综合行政执法、维权援助、仲裁调解和诚信评价等全方位的知识产权保护体系，加大对侵犯知识产权和制售假冒伪劣商品行为的打击力度。推进长株潭区域各项知识产权综合试点工作。构建与科技、经济、贸易、金融、文化传媒等政策有效融合的知识产权政策体系。构建公益性与市场性互补互促的知识产权运营体系。

（三十）推进知识产权重点领域专项改革试验。结合我省知识产权事业发展阶段和优势特色，着力推进知识产权管理创新、专利运营、行政执法体系、司法审判等知识产权专项改革试验，促进知识产权创造、运用、保护和管理等重点环节率先发展。加大专利密集型、商标密集型、版权密集型产业培育扶持力度。

（三十一）加强标准、质量和品牌建设。加快建设质量信用体系，建立健全质量湖南100指数评价体系，完善企业质量信用档案。创建20个国家工业产品质量控制和技术评价实验室。实施"标准化+"战略行动，加强重点领域的标准研制和示范，支持各类创新主体主导或参与国际标准化工作。加强计量基础体系建设，开展计量前沿技术研究。

十、推动重点领域体制机制改革

（三十二）深化科研项目资金管理改革。研究制定全省财政科技计划项目资金管理办法，实行项目资金预拨制度，简化科研项目预算编制，下放预算调剂权限，改进结余结转资金管理。提高间接费用比重，加大绩效激励力度。简化科研项目经费报销程序，下放采购权限。自主规范管理横向经费。探索符合科技创新规律要求的科研经费监察、审计制度以及财政监督检查制度。建立健全与项目资金管理配套的绩效考核、后补助、人才评定和管理监督等配套机制。

（三十三）健全创新评价机制。推进高校和科研院所绩效分类评价，把技术转移和科研成果对经济社会的影响纳入评价指标。优化各类人才评价机制，将科技人员从事成果转化和服务、创办领办企业业绩纳入人才评价体系。积极推行第三方评价，探索建立政府、社会组织、公众等多方参与的评价机制。探索建立各类人员的尽职免责机制，鼓励创新，宽容失败。

（三十四）强化成果转化激励。加大科技成果转化与产业化支持力度，建立和完善科技成果转化项目库，深化产学研合作，引导高校院所的研发创新融入产业、深入企业。建立以知识价值为导向的分配制度，提高科研人员的工资收入，增加绩效奖励比例。推进成果使用权、处置权、收益权改革，建立健全科技成果、知识产权评估、归属和利益分享机制，探索建立公益性较强的成果推广激励机制。完善促进国有和国有控股企业、高校及科研院所成果转化的股权和分红激励制度。对企业承接省内高校、科研机构属于战略性新兴产业的科研成果转化、产业化投资额度超过3000万元的，在投资额的10%以内给予后补助，最高500万元。加强技术合同认定登记管理，对技术交易双方及服务机构实行后补助。

（三十五）促进科技金融结合。鼓励引导社会资本参与设立天使基金（种子基金）、风险投资基金，支持早中期、初创期科技型中小微企业发展。建立健全支持科技贷款、科技创业投资的风险补偿机制。在长株潭国家自主创新示范区推动投贷联动试点。鼓励和支持银行设立科技贷款专营机构，开展知识产权质押、股权质押贷款等业务。支持符合条件的银行发行金融债专项用于科技型企业发展。发展服务企业创新活动的担保机构。支持保险机构创新科技保险产品，支持其在湘开展贷款保证保险、专利保险等试点。引导保险资金投资创业投资基金。支持省技术产权、股权交易所开设"科技创新专板"，为非上市科技企业提供产（股）权登记、托管、评估和交易、融资等服务。利用众筹等互联网金融工具，拓宽科技成果转移转化的市场化融资渠道。

十一、健全科技创新投入机制

（三十六）优化财政科技投入。建立财政科技投入稳定增长机制，持续加大财政科技投入，优先保障科技创新重点支出。省市两级财政科学技术经费占同级公共财政支出的比重不得低于同期全国平均水平，各县市区财政科学技术经费占同级公共财政支出的比重应逐步提高。建立省直各部门、各市州政府协调联动的投入决策机制和统一的省级科技计划综合管理平台。围绕经济社会发展的重大需求，依托我省科技创新特色优势，提升资源聚焦度，构建重大科技工程全省统筹实施机制，有效整合各地各部门科技资源，建成覆盖重点产业全产业链的创新链，在重大战略领域实施重点突破。优化财政科技资金投入方式，对基础性、前沿性、战略性、公益性、共性技术及人才培养主要实行事前资助支持方式，对市场导向类项目主要实行后补助（中间补助）支持方式，对科技中介服务主要实行政府购买服务和考核评估后补助支持方式，推行科技创新券制度。发挥财政资金杠杆作用，综合运用基金投入、风险补偿、保费补贴、绩效奖励等多种投入形式，吸引社会资本支持科技创新与成果转化。完善科技财政资金评价制度、科技计划项目监督评估机制、科研信用管理制度，建立健全科技报告制度和创新调查制度。

（三十七）健全多元化投入体系。着力构建企业为主体，高校、科研院所、政府和社会各方广泛参与的产学研协同创新体系，推动形成多元化的社会研发投入体系。积极探索试点科技创新领域政府和社会资本合作方式（PPP），完善高新技术企业所得税减免和研发费用税前加计扣除工作机制，引导企业加大研发投入力度。

十二、深化开放合作创新

（三十八）加强科技合作统筹协调。完善区域合作机制，积极融入长江经济带、泛珠三角区域等国家区域发展重大规划布局。优化总部经济发展环境，制定促进研发型总部发展政策，吸引和集聚一批创新功能总部，对在湘设立独立法人资格、符合我省产业发展方向的研发机构和研发总部，引入核心技术并配置核心研发团队，符合相关政策规定的，省级财政通过科技相关专项资金，择优给予不低于1000万元的财政支持。

（三十九）促进科技创新国际化。拓展国际科合作领域和范围，支持国内外一流大学、科研机构、知名企业在湘设立或联合组建技术转移中心和新型高端研发机构。推动我省企业和科研机构参与国际大科学计划和大科学工程，承担和组织国际重大科技合作项目。引导优势高新技术企业开展国际合作业务，建立海外研发机构和产业化基地，参与或主导国际标准制定。

（四十）对接"一带一路"倡议。支持我省科研机构、高等学校和企业与"一带一路"沿线国家相关机构合作。对接国家亚非杰出青年科学家来华工作计划，促进人文交流和优质项目建设。重点推进亚欧水资源研究和利用合作中心等一批国际科技合作平台建设，推动杂交水稻种子研发分中心等项目建设。

十三、强化组织实施保障

（四十一）加强统筹协调。各级党委、政府要加强对科技强省工作的领导，健全工作机构和工作机制，统筹制定重大政策、解决重大问题。各级各部门按照职能分工，充分对接省、市科技发展规划，研究制定具体措施，完善工作机制，确保科技强省建设任务落到实处。建立由省科技厅牵头，相关部门参加的联席会议制度，统筹推进科技强省建设。

（四十二）完善配套举措。健全科技创新法治保障体系，加快推进《长株潭国家自主创新示范区条例》《湖南省促进科技成果转化条例》等地方性法规的制定和修订工作，完善相关政府规章和规范性文件。加强对各级干部的教育培训，将科技创新专题列入各级党委中心组理论学习的重要内容，统一思想认识，形成最大合力。将科技强省建设纳入各级党政领导班子和领导干部、国企负责人的考核评价体系。加强科技创新统计发布工作。依托省科技智库建立科技创新决策咨询机制，为制定创新发展重大战略和政策提供智力支持。

（四十三）优化创新创业环境。优化政策环境，建立政策评估机制，加大创新政策的落实力度。营造尊重知识、崇尚创新创业、诚信守法的创新文化环境。充分发挥各类媒体的宣传引导作用，大力宣传重大创新成果、创新企业、创新人物、创新政策，强化典型带动，形成尊重创业、勇于创业、敢于创新的社会风尚。

（此件发至县团级）

中共湖南省委办公厅   2016 年 11 月 28 日印发

湖南省人民政府办公厅关于印发
《长株潭国家自主创新示范区建设三年
行动计划（2017—2019年）》的通知

湘政办发〔2017〕15号

各市州、县市区人民政府，省政府各厅委、各直属机构：

《长株潭国家自主创新示范区建设三年行动计划（2017—2019年）》已经省人民政府同意，现印发给你们，请认真贯彻执行。

湖南省人民政府办公厅
2017年4月6日

（此件主动公开）

长株潭国家自主创新示范区建设
三年行动计划（2017—2019 年）

为认真贯彻落实科技部《长株潭国家自主创新示范区发展规划纲要（2015—2025 年）》（国科发高〔2016〕50 号）（以下简称《规划纲要》）、《中共湖南省委 湖南省人民政府关于建设长株潭国家自主创新示范区的若干意见》（湘发〔2015〕19 号）（以下简称《意见》），扎实推进长株潭国家自主创新示范区（以下简称"自创区"）建设，结合我省实际，制定本行动计划。

一、总体要求

（一）指导思想。全面落实党的十八大和十八届三中、四中、五中、六中全会精神，深入贯彻习近平总书记系列重要讲话精神，坚持创新、协调、绿色、开放、共享发展理念，深入实施创新引领、开放崛起战略，着力提升创新能力，建设区域创新高地，示范带动实现富饶美丽幸福新湖南目标。

（二）基本原则。

1. 规划统领，协同推进。围绕《规划纲要》《湖南省"十三五"科技创新规划》以及自创区空间和产业规划布局，进一步完善"省统筹、市建设、区域协同、部门协作"的工作机制，协同推进自创区建设。

2. 目标指引，分步实施。分解《规划纲要》目标任务，按照"目标清晰、重点突出、分步实施、持续完善"的思路，有步骤、有计划地分年度推进自创区建设。

3. 制度保障，双轮驱动。在深化改革上先行先试，以体制机制创新激发科技创新活力，发挥制度创新、科技创新的协调作用。

4. 以人为本，服务先行。坚持以"人"为核心，尊重创新创造的价值，激发各类人才的积极性和创造性。推动政府职能由研发管理向创新服务转变，建立创新资源开放共享机制。

（三）行动目标。用三年时间，自创区创新驱动发展引领区、科技体制改革先行区、军民融合创新示范区、中西部地区发展新的增长极建设取得显著进展，为全省科技创新基地建设奠定坚实基础。

创新环境更加优化。新引进高端创新团队 100 个以上，其中国际顶尖创新团队 10 个以上；扶持新型研发机构 20 个以上；每万人有效发明专利拥有量达到 20 件，年均增长 15%，实现专利权质押融资额度年均增长 30%。

创新投入持续增加。发挥政府投入的引导和撬动作用，完善政府、企业、社会多元投入机制。研究与试验发展经费投入占地区生产总值比重力争达到 3.3%。

创新绩效显著提高。技工贸总收入达到 1.8 万亿；高新技术企业达到 2000 家以上，高新技术产业增加值占地区生产总值的比重达到 35%；科技进步贡献率达到 65%。

竞争优势稳步提升。长沙高新区全国综合排名由第 16 位提升至第 14 位；株洲高新区由第 28 位提升至第 26 位；湘潭高新区由第 80 位提升至第 75 位，其他各项指标稳步提升。

长株潭国家自主创新示范区建设目标值

指标	基期（2016 年）	目标（2019 年）
每万人发明专利拥有量（件）	15.36	20
研发投入占 GDP 比重（%）	2.9	3.3
技工贸总收入（万亿元）	0.8	1.8
高新技术产业增加值占 GDP 比重（%）	30	35
高新技术企业数量（家）	834	2000
科技进步贡献率（%）	60	65

二、重点任务

（一）完善推进体系，优化创新环境。

1. 协同创新体系。完善部际协调小组和省自创区建设领导小组工作机制，加强部省对接。强化省直相关部门及长株潭三市之间的沟通协调。建立定期会商制度，协同推进工作落实和目标完成。以建立企业联盟的方式，引导企业推进供给侧改革，提高全要素的创新能力。编制实施自创区空间发展规划，按照"一区三谷多园"架构，逐步优化自创区整体空间布局，将自创区范围辐射拓展到国家新区、其他省级及以上开发区、工业园区、新型工业化产业示范基地，在创新协同、产业协同、区域协同等方面做出示范。

2. 政策支撑体系。按照"1+N"的工作思路，加快出台落实《意见》的实施细则，重点在人才引进培养、科研院所转制、科技成果转化、创新创业主体培育、军民融合、科技资源开放共享、科技金融结合等方面制定工作方案、具体实施办法，进一步完善自创区建设政策体系。积极推动出台《长株潭国家自主创新示范区条例》。

3. 绩效考核体系。建立自创区绩效考核评估机制，建立完善自创区建设的绩效考核机制，将自创区绩效考核纳入对长株潭三市和省直相关部门的绩效考核指标，推进自创区建设工作落实。

（二）实施示范工程，提升创新能力。

1. 高层次人才聚集示范工程。一是依托省引进海外高层次人才"百人计划""企业科技创新创业团队支持计划""湖湘青年英才支持计划"等重点人才引进培养计划，进一步完善人才引进培养和评价激励机制;二是建立人才交流服务平台,实现自创区各类人才服务"一站式"办理;三是充分发挥职业技校和企业生产实习车间的作用,实施高技能人才振兴计划,引进和培养大批既掌握高超技艺、技能,又掌握现代科学知识和前沿技术的技能加智能的复合型人才;四是规划建设宜居宜业宜游的国际社区。长沙实施人才引进培养计划,建立高层次人才举荐制度,规划建设科学家、院士等高端人才集中创新创业载体和基地,创新校企订单式人才培养、联合培养模式,建设企业化人才基地和高校实训基地,探索建设人才资源信息网络与数据库,搭建人才交流网络和服务平台,力争引进高端创新团队40个,其中国际顶尖创新团队5个;株洲围绕集成电路、工业机器人、智能设备、互联网+等领域,引进一批掌握关键核心技术的高端创新团队和领军人才,力争引进高端创新团队35个,其中国际顶尖创新团队3个、新兴产业项目和研发机构10~20个;湘潭围绕打造特色产业体系,积极吸引和聚集海内外高端创新团队、科技领军人才、产业发展领军人才、高层次经营管理人才、高技能人才等,力争引进高端创新团队25个,其中国际顶尖创新团队2个。

2. 军民融合创新示范工程(略)。

3. 科技成果转化及产业化示范工程。进一步推进科研院所改制改革,研究制定激励、保护科研活动的先行先试政策。完善落实科技成果转化法的配套措施,开展科技成果处置权收益权分配权改革示范,建好湖南省科技成果转化和技术交易网络平台,支持建设(长沙)国家大学科技城、科技要素交易平台、尖山湖国际创新中心、中国计量院长沙分院、电力牵引轨道机车车辆国家技术创新中心、国家新能源机动车检测中心株洲分中心(湖南新能源汽车协同创新研究院)、湘潭力合科技领航城、湘潭院士创新产业园等高规格的科技成果产业化基地,探索科技成果托管、挂牌、拍卖、协议等交易方式。建设以应用技术研发和产业化为主的新型研发机构,扶持湖南(航天)新材料技术研究院、长沙智能制造研究总院、长沙增材制造(3D打印)应用工业技术研究院、长沙环保(服务)工业技术研究院、中科院天仪空间研究院、株洲协同创新研究院(湖南省协同创新研究院株洲分院)、湘潭产业创新研究院等创新研究院发展。整合区域科技成果转移转化服务资源,大力培育科技服务机构,建立健全科技成果转移转化的市场指导定价机制,规范开展科技成果与知识产权交易。培育文化科技融合新业态,重点支持一批文化科技企业提升研发能力、成果转化能力和市场竞争能力,支持长沙国家级文化和科技融合示范基地建设。

4. 创新型产业集群培育工程。推进"长沙·麓谷创新谷""株洲·中国动力谷""湘潭智造谷"建设,围绕产业链部署创新链,实施"中国制造2025"战略和"互联网+"行动计划,跨区域、跨行业培育创新型产业集群,合力推进工业新型优势产业链发展,实现区域协同创新发展。其中,长沙重点发展工程机械、文化创意、北斗卫星导航应用、绿色建筑(含装配式建筑)、移动互联网、生物(健康与种业)、节能环保、炭基材料、能源材料等产业;株洲重点发展轨道交通、通用航空、新能源汽车、燃气轮机、硬质合金材料等产业;湘潭重点发展智能制造、海工装备、海洋矿业、现代服务业等产业。通过"研发+制造+服务"全产业链提升,互联网与制造业的跨界融合发展,传统媒体与新媒体融合发展,打造工程机械、轨道交通、智能制造、新材料、新一代信息技术等5个千亿级创新型产业集群,培育发展移动互联网、文化创意、绿色建筑、北斗卫星导航应用、节能环保、高技术服务、生物健康等一批百亿级创新型产业集群。

（三）搭建创新平台，强化创新服务。

1. 长株潭科技公共服务平台。按照"产权多元化、使用社会化、营运专业化"的原则，打造包括技术研发、标准化、检验检测认证、技术转移、成果转化、知识产权、创业孵化、金融服务、科技咨询等在内的高水平创新创业服务体系。引导、支持自创区各类科技服务机构纳入服务体系，实行"点对点"接单、研发、攻关、转化、服务，完善并应用好自创区人才引进、技术需求、成果转化等动态清单（三张清单）。建设湖南省科研仪器设施和检验检测资源开放共享服务平台，推动全省科研设施和科研仪器向社会开放共享。依托现有资源，在长株潭三市及国家高新区分别设立"一站式"创新创业服务窗口，省、市进一步下放经济管理权限，将省直、市直各部门和园区办事流程简化至服务窗口完成。

2. 长株潭科技金融服务平台。采用省地共建、市场化运作机制，探索实行科技、金融、产业深度融合的科技金融服务运营模式。依托现有具有科技金融服务工作基础和经验的投融资机构和事业单位，省市联合，改造建设长株潭科技金融服务平台，强化政策性服务功能，综合采用代持政府股权投资、自有资金投资、合作设立基金等方式，按照"政策先导、服务为本、逐步拓展、持续运营"的原则，面向自创区开展政策性和市场化金融服务以及科技金融结合服务。建立自创区科技金融风险补偿机制，制定风险补偿基金管理办法，鼓励金融机构采取投贷联动、保贷联动等方式创新金融产品，组织开展国家投贷联动试点申报。鼓励商业银行设立科技支行，鼓励商业保险公司设立科技保险子公司，创新科技金融服务。

3. 科技成果（知识产权）交易平台。依托湖南省技术市场和交易中心，建立自创区科技成果转化项目库、知识产权运营项目库、标准信息库、专利信息库、知识产权专家库和中介服务机构信息库，建设集科技成果转化、技术交易、知识产权公共服务于一体的综合性网络平台。围绕技术转移与成果转化，提供成果推送、标准制修订、产学研对接、技术经纪人培训、无形资产评估、知识产权咨询服务、创业孵化、科技金融、维权援助等一站式全流程集成化服务，建成特色鲜明的国家中部技术产权交易平台。

4. 对外合作交流平台。大力实施开放崛起战略，强化与东西部地区创新合作交流，加强与京津冀、长三角、泛珠三角的产业与科技对接，组建区域科技合作联盟，推动建设长江经济带科技资源开放共享联盟，促进大型科研仪器等科技资源的共用共享，共建产业园区，完善现有产业链配套，开展新兴产业的区域分工协作。以产业国际化、人才国际化和公共配套服务国际化为原则，主动与国外园区、国际组织、境外服务机构合作，打造湖南对外科技合作窗口。支持湖南省国际（区域）技术转移中心、欧洲企业服务网络 EEN、亚欧水资源研究和利用中心、中意设计创新中心、中意技术转移湖南分中心、长沙高新区国际科技商务平台、湖南力合长株潭创新中心、国际标准化组织起重机技术委员会秘书处、湖南北卡创新创业中心以及长株潭区域内国际合作基地等平台建设，打造长株潭承接国际高新技术转移与项目引进及产业化的专业基地。

5. 规划展示平台。依托省政府政务信息平台，建设自创区网站及 APP，与省科技厅网站、长株潭三市政府及国家高新区管委会门户网站建立信息接口，实现数据资源的互联互通，并向社会开放服务。新建自创区科技成果展示馆暨公共服务中心，运用多媒体、自媒体等现代展示技术，全方位、多角度地展现自创区建设成果与发展方向，将规划成果展示馆建成自创区整体形象宣传和对外交流的重要平台。

三、保障措施

（一）加强组织领导。充分发挥部际协调小组和省自创区建设领导小组的统筹协调作用，加快建立自创区工作会商与联动推进工作机制，定期召开部际协调小组会议和省自创区建设领导小组会议，部署自创区建设重点工作，研究解决发展重大事项，确保省直相关部门、长株潭三市及园区之间的统筹协调联动。

（二）调整资金投入方式。优化整合部分省级财政资金，引导长株潭三市相关财政资金，集中用于自创区建设。充分发挥财政资金的杠杆作用和激励作用，支持引导长株潭三市政府、社会资本发起设立各类针对科技型企业的产业发展基金、科技成果转化基金、创业投资基金，扶持自创区创新型企业发展。积极运用湖南省重点新兴产业引导基金、创新投资基金、文旅基金、中部崛起基金等基金以及政府、社会资本合作模式（PPP），统筹推进自创区建设，以财政"小投入"撬动社会"大投入"。制定长株潭科技创新券发放办法，以政府购买服务方式支持创新创业。

（三）营造创新创业环境。营造"鼓励创新、宽容失败"的大众创业、万众创新氛围，有效整合资源，建设一批国际青年社区、新型创业公寓、创业创新园等众创空间，引导、支持"麓谷·创界"、微软云孵化平台、腾讯众创空间、轨道交通国家专业化众创空间等健康发展。完善创新创业服务体系，释放创新创业的活力和创造力。进一步加强知识产权行政执法能力建设，完善知识产权协同保护机制，支持自创区建立专利、商标、版权、地理标志产品集中统一管理的知识产权管理体制，建立完善知识产权质押融资风险管理机制和知识产权质押融资评估管理体系，开展专利权质押融资、专利保险、知识产权证券化等试点。

长沙高新技术产业开发区条例
长沙市人民代表大会常务委员会公告

（2014 年第 9 号）

《长沙高新技术产业开发区条例》已由长沙市第十四届人民代表大会常务委员会第十五次会议于 2014 年 10 月 31 日通过，湖南省第十二届人民代表大会常务委员会第十三次会议于 2014 年 11 月 26 日批准，现予公布，自 2015 年 3 月 1 日起施行。

长沙市人民代表大会常务委员会
2014 年 12 月 1 日

目　录

第一章　总　则
第二章　体制与管理
第三章　创新与发展
第四章　服务与保障
第五章　监督与责任
第六章　附　则

第一章　总　则

第一条　为了促进长沙高新技术产业发展，规范长沙高新技术产业开发区（以下简称高新区）的管理和服务，加快高新区开发和建设，根据有关法律、法规，结合本市实际，制定本条例。

第二条　高新区内的管理、服务及相关活动，适用本条例。

本条例所称高新区是指市人民政府根据国务院批复和城市总体规划以及本市高新技术产业发展规划确定由长沙高新技术产业开发区管理委员会（以下简称高新区管委会）统一管理的区域。

第三条　高新区应当以提高自主创新能力为核心，以科技引领、创新驱动为导向，建设科技创新示范、科技成果孵化和辐射、人才培育聚集和高新技术产业化的自主创新示范区。

　　第四条　高新区管委会应当建立统一、精简与高效的管理体制，坚持规范服务、专业服务与便捷服务。

第二章　体制与管理

　　第五条　高新区管委会作为市人民政府设立的派出机构，依法对高新区实行统一管理，履行下列职责：

　　（一）贯彻实施有关法律、法规、规章和政策，制定和实施高新区的各项管理制度；

　　（二）拟定高新区发展规划，经市人民政府批准后组织实施；

　　（三）负责高新区内的招商引资、经济贸易、国有资产、科技、知识产权、统计等经济事务的管理；

　　（四）负责高新区内社会治安综合治理、城市管理、人力资源与社会保障、教育卫生等社会事务的管理。

　　高新区管委会应当按照市人民政府明确的权限和要求，制定和完善相关制度，严格履行职责。

　　第六条　市工商、税务、国土、规划、财政等行政管理部门在高新区内设立的派出机构，在高新区管委会的组织协调下，依法开展相关行政管理工作。

　　第七条　高新区管委会依法行使区级人事管理相关职责，具体事项由市人民政府予以明确。鼓励和支持高新区创新人事管理制度，探索多种形式的选人用人机制和激励机制。

　　第八条　高新区国库分支机构按照国家和主管部门的规定运行和管理。

　　市人民政府规定的高新区财政体制内的土地出让收入和其他财政收入应当主要用于高新区土地开发、基础设施建设和投资环境改善。

　　第九条　市土地行政管理部门设在高新区内的派出机构依法负责实施高新区内集体土地征收、补偿与安置的具体工作。

　　高新区管委会的国有土地房屋征收部门依法负责实施高新区内国有土地上房屋征收、补偿的具体工作。

　　第十条　市城乡规划行政主管部门会同高新区管委会编制高新区内的控制性详细规划、修建性详细规划和专项规划，经市人民政府批准后组织实施。

　　第十一条　高新区管委会依据土地利用总体规划和年度计划，按照集约节约用地的原则，对高新区内用地实行统一开发与管理。

　　高新区内的企业转让、出租、抵押其高新区内土地使用权或者建筑物的，应当符合土地转让、租赁、抵押等相关法律、法规规定；其与土地管理部门或者高新区管委会有协议约定的，还应当遵守协议约定。

　　第十二条　高新区内新建、扩建、改建各类建筑物、构筑物以及管线，应当符合高新区内相关规划，并按规定办理审批手续。

　　已经批准的项目应当按照约定期限投入资金、开工建设并按期竣工。造成项目用地闲置的，按闲置土地的有关规定和合同约定处理。

第三章　创新与发展

第十三条　高新区管委会负责制定高新区科技创新与产业发展规划，统筹科技创新与产业发展布局。

进入高新区的企业或者项目，应当符合高新区科技创新与产业发展规划。

第十四条　高新区应当重点发展先进制造、新能源与节能环保、新材料、生物医药、新一代信息技术等高新技术产业，建设以特色产业为基础的创新型产业集群，培育和扶持新兴产业和新兴业态。

第十五条　高新区管委会应当每年安排科技创新和产业发展资金，重点支持高新技术产业发展和中小企业的创新创业发展。

经认定的高新技术企业或者符合高新区政策要求的其他企业可以申请资金支持。

第十六条　鼓励企业、高等院校、科研机构以及其他组织和个人到高新区创办企业技术中心、工程中心、工程技术研究中心、重点实验室等技术创新平台，促进高新区形成各类前沿技术平台。

第十七条　鼓励企业、高等院校、科研机构以及其他组织和个人在高新区创办科技企业孵化器、生产力促进中心、大学科技园、创业服务中心等产业促进机构，推动产学研合作，完善科技成果转化体系，为企业创新创业提供服务。

第十八条　促进科技与金融结合，创新财政科技资金投入方式，发展创业投资和股权投资，支持多层次资本市场建设。鼓励银行、证券、保险、法律、会计、检测认证、技术交易、知识产权和人力资源等高新技术服务业和生产性服务业主体在高新区设立服务机构，引导服务机构向专业化、规模化和规范化方向发展。

第十九条　高新区管委会应当建立健全知识产权保护和服务体系，加强知识产权保护宣传，依法保护高新区内组织或者个人的专利权、商标权、著作权、商业秘密等。

鼓励高新区内组织或者个人进行专利、著作权等知识产权申请、登记并实施成果转化。对高新区内组织或者个人申请的发明专利及其转化，实行专项扶助。

鼓励高新区内组织或者个人进行商标注册登记，注重产品质量提升，高新区管委会重点支持高新区内企业创建国内、国际知名品牌。

鼓励高新区内企业开展标准化建设，支持企业参与地方标准、行业标准、国家标准或者国际标准制定。

鼓励各类金融机构在高新区开展金融产品创新，发展知识产权质押等知识产权与资本融合的金融服务业务。

第二十条　高新区管委会应当支持高新区内符合条件的创新产品进入政府采购目录，对首台(套)重大技术装备和示范应用项目建立风险补偿机制。

第二十一条　高新区管委会应当设立人才发展专项资金，制定高新区人才发展规划，支持高新区内企业人才的引进培养，对引进的高层次人才、高技能人才创新创业给予专项支持。

第二十二条　鼓励和支持各类职业技术培训机构根据高新区内企业用工需求培训各类

技术人才。

第二十三条 高新区管委会应当对在高新区创新创业和发展建设中做出突出贡献的组织和个人给予表彰和奖励。

第四章　服务与保障

第二十四条 高新区管委会应当规范行政管理行为，精简审批事项，优化审批流程，健全政务服务平台，提供优质服务。

市人民政府相关部门和高新区所在地的区人民政府应当支持高新区管委会的工作。

第二十五条 高新区管委会应当设置相对集中的场所，集中办理高新区内经济和社会管理职责所涉及的行政审批事项及服务事项。

高新区内的派出机构应当在集中审批场所设立办公窗口，提供优质、高效、便捷的服务。

第二十六条 以下信息应当在高新区管委会统一的政务服务平台上予以公布：

（一）由高新区管委会履行的经济和社会管理职责的具体事项；

（二）高新区内的派出机构履行的行政管理职能；

（三）产业扶持政策；

（四）行政性收费、事业性收费的依据、项目、范围、标准等；

（五）与高新技术产业发展有关的政务信息和服务信息。

第二十七条 高新区内的组织或者个人对行政管理部门侵犯其合法权益的行为可以向高新区管委会投诉，高新区管委会应当自收到投诉之日起十五个工作日内给予答复。

第二十八条 高新区内的高层次人才、高技能人才等出国（境）进行考察、交流和商务活动，外籍和港澳台人员来高新区工作、交流，高新区管委会应当协助办理出入国（境）相关手续，有关部门应当支持高新区管委会的工作。

第二十九条 高新区管委会应当规划、建设医疗、教育、民政、卫生、文化、体育等公共设施，优化高新区内综合环境和社会民生环境。

鼓励社会资本投资建设高新区内公共设施。

第三十条 高新区管委会负责高新区内相关专业技术职务任职资格的组织申报或者评审工作。

第五章　监督与责任

第三十一条 市人民政府应当每年向市人民代表大会常务委员会报告高新区的建设和发展情况。

高新区财政收支纳入市本级财政预算管理，接受市人民代表大会及其常务委员会的审查和监督。

第三十二条 采取欺骗手段，骗取市人民政府、市直有关部门或者高新区管委会项目认定、资金支持或者奖励的，由负责认定的部门取消该项目认定，并收回相应资金支持或者奖励，同时将不良信用行为予以记录。

第三十三条 高新区管委会及高新区内的派出机构未履行或者不按规定履行本条例规定职责的，由相关上级机关责令改正；情节严重的，由行政监察机关或者任免机关追究直接负责的主管人员和其他直接责任人员的行政责任。

第三十四条 高新区管委会及高新区内派出机构的工作人员徇私舞弊、滥用职权、玩忽职守的，由高新区管委会或者上级行政主管部门给予行政处分。

第六章 附 则

第三十五条 本条例自 2015 年 3 月 1 日起施行。1996 年 5 月 1 日起施行的《长沙高新技术产业开发区条例》同时废止。

中共长沙市委 长沙市人民政府关于印发《长沙市建设创新创业人才高地的若干措施》的通知

长发〔2017〕10 号

各区县(市)党委和人民政府,市直机关各单位:

现将《长沙市建设创新创业人才高地的若干措施》印发给你们,请结合实际认真贯彻执行。

中共长沙市委 长沙市人民政府

2017 年 6 月 21 日

长沙市建设创新创业人才高地的若干措施

人才是经济社会发展的第一资源。长沙创建国家中心城市实现基本现代化，必须深入实施创新引领、开放崛起战略，始终坚持人才优先发展，统筹推进各类人才队伍建设，聚力打造创新创业人才高地，全面激发社会创造活力。根据《中共中央印发〈关于深化人才发展体制机制改革的意见〉的通知》（中发〔2016〕9号）、《中共湖南省委印发〈关于深化人才发展体制机制改革的实施意见〉的通知》（湘发〔2016〕27号）和省第十一次党代会、市第十三次党代会精神，结合我市实际，现提出如下措施。

一、深入实施"芙蓉英才星城圆梦"推进计划

1. 实施高精尖人才领跑工程。未来五年，围绕优势主导产业和战略性新兴产业，重点引进培养10名国际顶尖人才、50名国家级产业领军人才、200名省市级产业领军人才。对上述新引进培育的三类领军人才，分别给予200万元、150万元、100万元奖励补贴，同时分别按200、150、100平方米标准以区域同期市场均价给予全额购房补贴。采取"一事一议"方式，通过股权投资与资金资助结合，对产业领军人才及团队可给予1000万元项目资助；对我市产业发展有重大贡献、能带来重大经济社会效益的产业领军人才及团队，最高可给予1亿元项目资助。

2. 实施紧缺急需人才集聚工程。未来五年，围绕打造国家智能制造中心、国家创新创意中心、国家交通物流中心，重点在智能制造、文化创意、现代服务、社会民生等领域，引进培育2000名高层次紧缺急需人才。定期发布长沙市紧缺急需人才需求目录，对入选市级高层次紧缺急需人才的，根据人才类别分别给予50万元、30万元、15万元奖励补贴。加大军民融合科研人才引进力度，对自主择业在长创新创业的高层次军事科研人才，综合其职称与科研能力，分别给予50万元、30万元、15万元奖励补贴，对创业团队项目给予100万元启动资金。

3. 实施青年人才筑梦工程。未来五年，吸引储备100万名青年人才在长就业创业。实行高校毕业生"零门槛"落户，推行"先落户后就业"，全日制本科及以上高校毕业生凭户口本、身份证、毕业证即可办理落户手续。对新落户并在长工作的博士、硕士、本科等全日制高校毕业生（不含机关事业单位人员），两年内分别发放每年1.5万元、1万元、0.6万元租房和生活补贴，博士、硕士毕业生在长工作并首次购房的，分别给予6万元、3万元购房补贴。新进我市企业博士后工作站的博士后科研人员，给予10万元生活补贴。建设200

家左右就业见习基地，全面满足高校毕业生见习需求并给予见习补贴。通过政府购买服务，全市每年统筹5000个左右基层公益性岗位吸纳普通高校毕业生就业。对高校毕业生创业者，给予创业培训补贴、一次性开办费补贴和经营场所租金补贴。每年遴选100个优秀青年创业项目，按不超过其实际有效投入的50%，给予最高50万元无偿资助。对在长高校院所引进和新培养的国家"青年千人计划"入选者、"优秀青年科学基金"获得者、"青年长江学者""万人计划青年拔尖人才"等"四青"人才，给予20万元奖励补贴。

4.实施"长沙工匠"铸造工程。未来五年，重点围绕先进制造领域，培育引进15万名技能人才、3万名高技能人才。建立职业技能晋级奖励制度，对企业引进和新获得技师、高级技师职业资格的职工，分别给予2000元、5000元奖励，对新引进培育的高级技师在长首次购房的，给予3万元购房补贴。组织和引导各类技能人才参加国内外技能大赛，对获奖选手及输送单位给予配套奖励。对新引进或获得"中华技能大奖""全国技术能手"及相当层次奖项的高技能人才，给予100万元奖励，并给予用人单位50万元奖励。每年组织开展"十行状元、百优工匠"竞赛活动，对获奖者分别给予6万元、3万元奖励，并优先推荐劳模评选。办好5所示范性高级技工学校，依托技工学校、高职院校创办新型技师学院。加大校企合作力度，推动职业院校、技工学校与企业合作培养技能人才，市属职业院校、技工学校每年累计输送100人以上中级及以上技工，且与企业签订3年劳动合同的，按每人500元的标准给予院校奖励。支持建设30家以上国家、省、市级技能大师工作室，10个以上国家、省、市级"高技能人才培训基础能力建设项目"，给予相关配套支持。

5.实施国际化人才汇智工程。未来五年，支持各类用人主体多渠道引进2000名海外专家、20000名留学归国人员。每年选出10个高端外国专家项目，给予30万元的经费资助，对于符合条件的其他海外专家引智项目，根据项目情况分别给予5万元、10万元、15万元的经费支持。支持归国留学生来长创新创业，对归国留学博士给予10万元生活补贴，对硕士、本科毕业生给予国内高校毕业生同等待遇。支持外籍人才在长创新创业，外籍人才申报市级创新创业项目、科学技术奖项，可享受国内人才同等政策待遇。选聘海内外知名人士进入长沙高端智库，发挥高端智库在决策咨询、聚才引智等方面的重要作用。

二、切实加大人才创新创业支持力度

6.推进创业孵化基地发展。充分把握"两型社会"示范区、国家自主创新示范区、国家级湘江新区等国家战略示范区(新区)的政策优势和载体优势，加快岳麓山国家大学科技城、高铁会展新城、临空经济示范核心区和马栏山视频文创产业园等重点功能片区建设，推动各产业园区大力聚集创业要素、完善创业服务、加强创业扶持，打造一批具有国际水准的创新创业集聚区。支持产业园区、行业龙头骨干企业、行业组织和高校建设200家以上众创空间、科技企业孵化器、小微企业创业基地、商贸集聚区等创业孵化平台，按有关政策分别给予20~200万元建设经费支持，对运营情况良好、孵化成效突出的，按有关政策每年给予20~50万元奖励。加强创业导师队伍建设，健全激励服务机制，广泛吸纳知名企业家、知名创投人、专家教授、资深创客等开展创业辅导，对优秀创业导师，给予每人2~5万元奖励。

7.加强科技创新平台建设。未来五年，支持高校院所和企业建设300家以上国家、省、市级重点（工程）实验室、工程（技术）研究中心、企业技术中心，对获批的国家、省、市级平台分别给予每家 200 万元、100 万元、50 万元经费支持。以"一事一议"方式重点支持在长高校院所建设 1 家以上国家实验室。大力推进军民两用技术双向转移，支持组建军民融合研究院。支持企业建设 30 家以上院士专家工作站、30 家以上博士后科研工作站、40 家以上博士后科研流动站协作研发中心，分别给予每家 100 万元、100 万元、60 万元经费支持。支持国内外知名高校院所、企业、科技社团在长设立技术转移机构，对获批国家级示范机构的给予 100 万元经费支持。支持高校院所和企业建设产业技术创新战略联盟，获批后给予 50 万元建设经费支持，对运行良好、绩效突出的，按有关政策每年给予一定工作经费支持。采取发放科技创新券的方式，支持中小微企业向各类创新平台购买检验检测、技术开发等科技创新服务。

8. 强化人才创业贷款支持。鼓励金融机构对人才创办企业提供信贷支持，设立小微企业信贷风险补偿基金，对金融机构为企业提供信用贷款及采用股权、知识产权、商标权等质押贷款，给予风险分担支持。放宽人才创业小额担保贷款额度，个人、合伙经营、小企业贷款最高额度分别提高至 20 万元、50 万元、300 万元，并给予两年财政全额贴息。建立健全覆盖全市的政府性融资担保机构体系，设立市级政府性融资担保公司，鼓励区县（市）及园区新设、参股或控股融资担保机构；鼓励融资担保机构为企业融资增信，对为人才创办企业提供贷款担保的，按有关政策给予补贴。

9. 拓宽企业直接融资渠道。发挥产业基金引导作用，吸引社会资本参与，构建规模不低于 80 亿元的产业投资基金、科技创新基金、创投引导基金等各类扶持基金。支持企业股改、挂牌、上市融资，对上市、新三板挂牌、湖南股交所挂牌的，分阶段给予不低于 400 万元、120 万元、30 万元补助，并给予一定奖励。大力吸纳国内外私募股权（含创业）投资机构来长投资，对符合条件的私募股权（含创业）投资基金管理机构，自其获利年度起的 5 年内，前 3 年、后 2 年分别按不超过其净收入的 2%、1% 给予奖励。对符合条件的基金产品，在基金存续期内，每年度按不超过企业当年利润总额的 5% 给予奖励；如为有限合伙制企业，其自然合伙人每年度按不超过个人所得的 4% 给予奖励。

10. 实行人才动态支持政策。设立创新创业评价指标体系，对高层次人才创办企业或核心成果转化情况进行动态跟踪支持，其企业或成果在三年内实现年营业收入首次超过 2000 万元、5000 万元、1 亿元的，综合质量效益情况分别给予最高 50 万元、100 万元、300 万元奖励。将高层次人才创新创意产品及时纳入长沙市创新产品目录。对非政府采购中企事业单位首次采购使用创新创意产品，给予采购单位实际采购价 10%、最高 50 万元补贴，大型装备可最高补贴 200 万元。

11. 拓展人才交流互动平台。支持国内外知名学术机构和行业组织在长举办学术会议、专业论坛和科技会展等活动，对符合我市重点产业发展方向和人才需求的，给予实际支出 50%、最高 100 万元的资助。支持各类人才参加国际性学术会议、技术交流和研修深造，对所需费用给予一定补贴。设立长沙人才研修院，举办人才高端论坛，推动创新创业人才与专业服务机构、企业进行资智、企智对接。支持引导各类产业人才协会发展，发挥其在人才评价、人才交流、权益维护、专业培训、咨询服务等方面的作用，对运行规范、成效明显、贡献较大的人才协会给予奖励补助。鼓励依托我市支柱产业，建立全国性高端产业人才联盟，对其重大活动给予经费补贴。

三、扎实推进人才体制机制创新

12. 保障和落实用人单位自主权。健全完善政府人才管理服务权力清单和责任清单。允许事业单位在核定的编制使用计划和核准的岗位限额内自行组织实施公开招聘，在核准岗位结构比例内调整专技岗位，设立特设岗位用于引进高层次紧缺急需人才，对具有高级专业技术职称或博士学位的紧缺急需专业人才，可采取直接考核、考察的方式招聘。支持市属高校申报人员总量管理改革试点，依法自主管理岗位设置和自主设置教学教辅机构，允许设立一定比例流动岗位，吸引有实践经验的高层次创新创业人才兼职。探索建立企业培育和市场化选聘相结合的市属国企职业经理人制度。试点市属国企、事业单位高层次人才协议工资制、项目工资制，不纳入单位绩效工资和职工工资总额。

13. 深化人才评价制度改革。克服唯学历、唯职称、唯论文等倾向，突出市场评价，进一步提升企业行业在人才评价中的话语权，建立以能力、业绩、薪酬为导向的人才分类评价体系。对全市高层次人才按照国际顶尖人才（A）、国家级产业领军人才（B）、省市级产业领军人才（C）、高级人才（D）等类别进行评价认定，享受相应政策待遇。出台高层次人才评价认定指标体系和考核评估体系，建立考核评估、激励和退出机制，对创新创业成效突出的，持续予以奖励；对作用发挥不明显的，取消相关待遇。深化职称制度改革，放宽职称评审前置条件，对外语和计算机应用能力不作统一要求，在具备条件的企事业单位和行业组织开展职称自主评审试点。

14. 建立人才引进培育奖励制度。鼓励我市企事业单位、人才中介组织等引进和举荐人才。对成功引进培育国际顶尖人才、国家级产业领军人才、省市级产业领军人才和市级紧缺急需人才的用人单位，按每新引进培育一人分别给予200万元、100万元、50万元、10万元奖励；对柔性引进高层次人才，在技术研发、课题攻关、项目合作等方面取得突出成效，按其所付薪酬的30%，给予用人单位单人最高20万元奖励，同一单位每年最高奖励50万元。对为我市引进国际顶尖人才、国家级产业领军人才、省市级产业领军人才和市级紧缺急需人才的中介组织，按人才类别每引进一人分别给予50万元、20万元、10万元、5万元奖励，同一单位每年最高奖励100万元。

15. 创新人才引进方式方法。通过省市联动，每年举办"芙蓉英才"交流大会暨长沙人才交流周活动，定期面向海内外举办人才交流与项目合作、创新创业大赛等引才引智活动，组织园区、用人单位到境内外人才集中城市开展专项引才活动。鼓励支持企业和社会团体的驻外机构设立海外人才工作站。加快建设人力资源服务产业园，出台促进人力资源服务产业发展的具体办法，大力引进国内外知名人才中介组织和猎头机构，提高人力资源服务的专业化、市场化水平。

16. 健全科技人才激励机制。鼓励市属高校院所科研人员离岗创业，5年内保留人事关系，并同等享有职称、社保等权利。鼓励人才携带拥有自主知识产权的科研成果在我市实施转化和产业化，对转化项目经评审给予最高300万元资助。市属高校院所和国企职务科技成果转化净收益，以不低于70%的比例归属成果完成人或团队。鼓励在长高校院所、企业面向市内单位开展技术开发和技术转让，按单个技术合同成交额给予2%、最高30万元奖励,主要用于奖励相关科研人员。鼓励在长高校院所科研人员在市内企业兼职从事研发工作,按规定获取相应报酬。深入实施科技特派员计划,鼓励支持专业技术人才到基层一线、小微企业提供专业服务。探索推行市属国企科技人才的股权和分红激励制度。

四、全面升级人才服务保障体系

17. 打造人才安居家园。优化国家"千人计划"外籍专家申请永久居留受理服务。为尚未取得永久居留证的外籍人才及其配偶子女,办理居留期不超过 5 年的居留证件或入境有效期不超过 5 年、停留期不超过 180 日的多次签证。加大人才安居保障力度,优先保障人才公寓建设用地,鼓励区县(市)、园区建设精英社区(国际社区)、青年人才公寓。入选 A、B、C、D 类的高层次人才,享受长沙户籍人口购房政策;在长工作、具有专科及以上学历或技师及以上职业资格的人才,首套购房不受户籍和个税、社保缴存限制。申请住房公积金贷款的高层次人才不受缴存时间限制。

18. 优化人才子女入学和配偶随迁服务。经市级认定的 A、B、C 类高层次人才,其子女可在市属中小学校、幼儿园选择就读入园,入选市级紧缺急需、贡献突出的 D 类高层次人才子女就读义务教育阶段学校,根据人才意愿和实际情况,相对就近统筹安排。优化园区教育资源配置,推进名校进园区,并新建 1~2 所高水平国际学校,满足各类人才子女教育需求。做好高层次人才配偶安置工作,原在机关事业单位工作的,可按对口部门予以安排,其他类型的由有关部门(单位)优先推荐就业。

19. 提升人才医疗保障水平。在市属三甲医院开通高层次人才就医"绿色通道",配备健康顾问和就医服务联络员,为高层次人才提供优先诊疗、健康管理和咨询服务。每年为 A、B、C 类人才免费提供 1 次医疗保健检查和 1 次专家疗养,每两年为 D 类人才免费提供 1 次医疗保健检查。

20. 构建一体化人才综合服务平台。完善市领导直接联系高层次人才制度,建立 A 类人才直通市委书记、市长渠道。整合相关部门职能,建设集人才项目数据库、人才管理、项目申评、人才信息发布等功能为一体的信息化服务平台和手机客户端 APP。在各级政务中心设置人才服务窗口,配备人才服务专员,为各类人才提供政策咨询、项目申报、融资对接、业务办理等服务,构建人才办事"只跑一趟路、只进一张门"的"一站式"服务模式。实施人才服务"一卡通"制度,向高层次人才发放"长沙人才绿卡",人才凭卡可优先办理出入境、落户、社保、子女入学、住房保障等业务。

21. 完善高层次人才荣誉体系。设立创新创业杰出人才奖,每两年评选一次"杰出人才奖""功勋企业家奖""青年英才奖""创新贡献奖""星城友谊奖"等奖项,颁发荣誉勋章并给予奖励。鼓励支持各行各业人才参加国际国内权威荣誉奖项评选,并给予配套奖励。探索建立永久性人才激励阵地,以有突出贡献的人才命名道路、公园等公共设施。依托现有场馆建设"星城英才"展示馆。

22. 健全人才优先发展工作保障机制。加强党对人才工作的领导,建立党委常委会定期听取人才工作汇报和"定期议才"制度。进一步明确市委人才工作领导小组职责任务和工作规则,充分发挥领导小组成员单位作用,提升市委人才办统筹协调功能,配齐配强各级人才工作力量。加大财政资金保障力度,优先足额安排人才专项资金。建立以人才投入强度、人才数量素质、人才成果贡献为主要内容的人才工作考核指标体系，强化人才工作考核。建立人才工作督查机制，对政策落实不力，服务不主动、不作为、慢作为的，及时问责处理。创新宣传方式和手段，聚焦优秀创新创业人才，讲好长沙人才故事，在全社会营造尊重知识、尊重人才的浓厚氛围。

各级各部门要牢固树立人才是第一资源的理念，强化"一把手抓第一资源"的责任，按照本文件精神，抓紧制定具体办法和操作细则，确定责任领导和具体责任人，明确时间表和路线图。各区县（市）、园区要抓好工作落实和政策衔接，并结合实际制定既全方位承接又差异化激励的配套措施，构建全市统筹联动、齐抓共管的人才工作格局。

本文件与我市现行相关政策有交叉重复的，按照"时间从新、标准从高、奖励补贴不重复"的原则执行，其中国家"千人计划"、省"百人计划"、市"3635 计划"等引进的在长创新创业人才，按规定纳入本文件范畴持续培养扶持。未尽事宜由市委组织部（市委人才办）会同相关牵头部门负责解释。

中共株洲市委　株洲市人民政府印发《关于进一步推进人才优先发展的 30 条措施》的通知

株发〔2017〕8 号

各县市区党委和人民政府，各企事业单位，市直机关各单位、各人民团体和中央、省属在株各单位：

现将《关于进一步推进人才优先发展的 30 条措施》印发给你们，请结合各自实际，认真贯彻执行。

中共株洲市委　株洲市人民政府

2017 年 6 月 3 日

关于进一步推进人才优先发展的 30 条措施

　　人才是经济社会发展的第一资源，也是创新活动中最为活跃、最为积极的因素。为深入推进人才强市战略，充分发挥人才在实施"创新驱动，转型升级"总战略和加快建成"一谷三区"、实现"两个走在前列"中的支撑引领作用，打造"人才高度集聚、体制机制科学、创新创业活跃、人才生态优良、服务保障优先"的人才新洼地，根据中央、省委关于深化人才发展体制机制改革的精神，结合株洲实际，现就进一步推进人才优先发展制定如下措施。

一、加快推进人才高度集聚

　　1. 顶尖人才引领工程。重点培养引进一批两院院士潜力人才，力争引进或入选院士 1~2 名，对入选个人、引培单位分别给予 200 万元、500 万元。围绕重点产业发展核心技术需求，引进 5 个以上重大创新团队，按"一事一议"给予最高 1000 万元综合支持。对新引进的国内外顶尖人才，给予最高 200 万元安家补贴。

　　2. 领军人才集聚工程。遴选 100 名创新创业领军人才，给予最高 100 万元项目扶持。对自主申报入选和引进外地入选的国家千人计划、万人计划等领军人才，经认定享受同等待遇。对新引进的国家、省、市级领军人才，给予 20~100 万元安家补贴。对轨道交通、通用航空、新能源汽车，电子信息、新材料、新能源等重点产业领域，缴纳个人薪酬所得税 10 万元以上的高层次人才，按受益地方财政 50% 的比例，由财政给予最高不超过 100 万元的贡献奖励。

　　3. 紧缺人才倍增工程。大力培育和引进 10000 名急需紧缺的各类专业技术人才。对新引进的博士和副高以上职称人才，给予 10~20 万元安家补贴。以工业园区、经济金融、城市建设、社会治理领域为重点，每年定向招录 100 名"双一流"大学优秀毕业生到基层工作，每年遴选 100 名优秀中青年专业人才挂职锻炼。统筹教育"十百千万"、卫生"135"、专技人员知识更新等人才工程，整合各类市级高层次人才引培计划，推进各类人才队伍协调发展。

　　4. 企业家人才提升工程。重点培养 50 名导师型企业家，100 名科技型企业家，200 名新生代企业家。建立各级党政领导联系企业家制度，优化企业家成长环境。建立重大决策听取企业家意见机制。研究制定市属国有企业职业经理人制度，合理提高国有企业经营管理人才市场化选聘比例。

146

5. 高技能人才支撑工程。重点培养 20000 名与产业体系相配套的高技能人才队伍。建立高技能人才职业技能培训晋级补贴资助制度，对取得高级技师、技师职业资格证书的分别给予 2000 元、1000 元资助；每培养高级工 50 人、技师 20 人、高级技师 10 人，分别奖励 1 万元。对评为国家、省、市"技能大师""湖湘工匠"的，分别给予 10 万、5 万、2 万元奖励，享受株洲市核心专家待遇。对认定为国家、省、市"技能大师工作室""劳模工作室"的，分别给予 15 万、10 万、5 万元补贴。加强湖南职教科技园建设，推进校企人才联合培养，完善产学研用协同育人模式，打造在全国有重要影响的职业教育大学城。

6. 基层人才特别支持工程。研究制定加强基层人才队伍建设的实施意见，改进和完善基层事业单位人员招聘办法，积极引导人才向基层一线流动。积极落实乡镇工作补贴和艰苦边远地区津贴政策。鼓励县市区出台加强艰苦边远地区和农村基层人才支持政策。重大人才工程适当向基层倾斜。建立健全党政人才到园区、企业和乡镇挂职锻炼、帮助发展机制。完善覆盖全市的城乡学校、医院结对帮扶和城乡教育、卫生人才双向挂职机制。深化科技特派员制度，鼓励科技特派员实行资金入股、科技入股，与农民和企业建立"风险共担、利益共享"的共同体。选派企业高管到院校兼任"产业教授"，院校教授到企业兼任"科技经理"。

7. 柔性引才汇智工程。坚持举办"院士专家株洲行"活动。支持建立院士专家工作站，对柔性引进的院士专家，工作成效显著的给予最高 10 万元补贴。选聘 20 名左右知名院士专家为科技顾问，每人每年给予 5～10 万元补贴。支持建立海外招才引智机构。探索"飞地式"人才引进，对注册地在株洲，研发机构设立在外地，成果在株洲转化投入生产的，享受本市人才优惠政策。对贡献突出的优秀国际人才智力项目，给予最高 10 万元补贴；对列入国家、省外国专家局的高端外国人才智力项目，实行 1∶1 配套资助。建立株洲籍在外优秀人才数据库和联系服务长效机制。

二、加快人才体制机制改革

8. 转变政府人才管理职能。健全完善政府人才管理服务权力清单、责任清单。清理和规范人才招聘、评价、流动等环节中的行政审批和收费事项。积极培育各类人才服务专业机构，大力引进国内外优秀人力资源服务机构。改进高层次人才因公出国（境）管理，对直接从事教学科研的专业技术人员因公出国（境），依规定实行区别管理，根据实际需要审批。

9. 创新编制岗位管理。对学校、医院等符合条件的公益二类事业单位实行备案制管理。加强机构编制动态管理，探索建立编制统筹分配使用的联动机制。允许高校、科研院所、公立医院在机构编制限额内自主设立、撤并除党政管理机构外的专业技术机构。允许事业单位根据事业发展需要，按照相关规定调整岗位设置方案，在核准的岗位结构比例内调整专业技术岗位。探索在专业性较强的政府机构和事业单位设置"政府雇员"，专项用于引进经市人才主管部门认定的紧缺专业人才，不受岗位总量、岗位等级和结构比例限制，实行聘期管理和协议工资。完善事业单位人员公开招聘制度，允许事业单位在核定的编制和核准的岗位限额内按规定自行组织实施公开招聘。对高层次及急需紧缺人才，事业单位可按规定采取直接的考核方式公开招聘。市人才主管部门每年定期组织事业单位集中引才活动。

10. 实施人才分类评价。坚持德才兼备，注重能力、实绩和贡献评价人才，克服唯学历、唯职称、唯论文等倾向。不将论文等作为评价应用型人才的限制条件。发挥政府、市场、专业组织、用人单位等多元评价主体作用。围绕株洲创新驱动战略和产业发展重点，坚持定性与定量相结合，细化人才评价标准，划分人才层次，逐步建立层次清、标准高、易操作的人才分类评价制度。将高层次人才划分为五类：国内外顶尖人才（A类）、国家级领军人才（B类）、省级领军人才（C类）、市级领军人才（D类）、高级人才（E类）。

11. 深化职称制度改革。落实中央和省相关政策，积极探索在条件成熟、专业技术人员密集的企事业单位和行业组织中开展职称自主评审试点。放宽职称评审前置条件，职称外语和计算机应用能力考试不作统一要求。探索海外引进人才、高层次创新型和急需紧缺人才职称直接认定办法。探索在专业技术人员集中的行业领域试行职称评聘分离办法。建立非公经济组织和社会组织人才职称评审专用通道。探索建立高技能人才与专业技术人才职业发展贯通制度。建立基层专业技术人员职称单独分组、定向评价、定向使用的职称评审管理制度。

12. 推进人才管理改革试验区建设。抓住长株潭国家自主创新示范区、国家创新型城市、国家创新驱动示范市建设契机，着力打造株洲·中国动力谷人才管理改革试验区，在市场化人才配置、特殊化人才机制、科学化人才治理和高水平人才合作等方面，争取国家、省有关政策，进行试点探索，加快形成具有竞争力的人才制度优势。组织开展人才创新示范点建设，鼓励各地各单位积极进行差异化探索。

三、加快促进人才创新创业

13. 强化创业金融支持。组建总额为1亿元的股权代持基金，支持企业核心人才持有公司股份。对人才以科技成果在湖南股权交易所株洲分所注册股份公司进行股权融资的，给予最高50万元补贴。对符合条件的人才创办企业，通过深沪交易所、"新三板"、湖南股权交易所发行私募债券的，按政策给予最高50万元贴息补助；对列入省、市拟上市后备企业资源库的，享受企业上市有关扶持政策。对人才企业研发生产、首次投放市场的创新产品，按80%给予最高50万元保费补贴；对首购首用企业按采购额10%给予最高50万元补贴。引导天使投资机构投资初创期人才企业，按实际投资额给予10%单个最高50万元补贴。

14. 加大创新人才激励。市级财政资助的科研项目取消劳务费比例限制，提高人员绩效支出，比例至50%。职务发明成果转让收益用于奖励研发团队的比例不低于70%，不纳入单位绩效工资总额。职务发明成果转让收益用于研究开发人员奖励的部分，主要贡献人员获得份额不低于50%。对急需紧缺的高层次人才，经相关部门审核后，事业单位可单独制定收入分配倾斜政策，不纳入绩效工资总量。高校、科研院所转化科技成果以股份或出资比例等股权形式给予个人奖励的，按规定向税务部门备案后，暂不缴纳个人所得税。

15. 促进科技成果转化。将财政资金支持形成的，不涉及国防、国家安全、国家利益和重大社会公共利益的科技成果使用权、处置权、收益管理权下放给高校、科研院所等项目承担单位。允许科技成果通过协议定价、在技术市场挂牌交易、拍卖等方式转让转化。对人才自主知识产权项目实现成果转化和产业化的，给予最高 100 万元补贴。对重大科技成果转化项目，按"一事一议"给予支持。对引进科技成果在株转化的企业、中介机构等，每项给予最高 5 万元奖励。

16. 支持人才载体建设。支持新建重点实验室、工程技术研究中心、工程研究中心、企业技术中心、院士专家工作站、博士工作站等各类人才创新载体，按国家、省、市级分别给予最高 50 万元、20 万元、10 万元补贴。支持引进全国唯一性学术组织、学术会议、专业论坛、科技会展永久落户株洲，按"一事一议"给予补贴。积极组织创新创业大赛，推行赛、育、扶结合模式，引培创新创业优秀团队。

17. 畅通人才流动渠道。畅通党政机关、企事业单位、社会各方面人才流动渠道，研究制定吸引非公有制经济组织和社会组织优秀人才进入党政机关、国有企事业单位的政策措施。支持高校、科研院所等事业单位科研人员兼职兼薪或离岗创业。离岗创业人员，经单位同意，可在 3 年内保留人事关系，离岗创业期间执行原单位职称评审、培训、考核、奖励等管理制度。

四、加快优化人才生态建设

18. 优化人才安居保障。市县两级提供人才公寓不少于 3000 套，其中市本级不少于 1000 套。支持用人单位建设人才公寓，优先保障人才公寓建设用地。对新引进高层次人才，按不同层次分别给予 10～200 万元安家补贴，按 5：3：2 的比例分三年发放。属中央、省、市机关事业单位的，由市财政和所在单位各承担 50%；其他的，由市、县市区财政各承担 50%。实行高层次人才公积金贷款优待政策。

19. 优化人才子女入学政策。高层次人才非本市户籍子女就读义务教育阶段学校，享受本市户籍学生待遇。建立社会公认度高的学校定点吸纳高层次人才子女入学制度。鼓励引导优质教育资源来株合作办学，推进中小学国际合作办学和国际学校建设，妥善满足高层次人才子女教育需求。

20. 优化人才医疗保障水平。完善高层次人才医疗保健待遇，在我市三甲医院开通就医"绿色通道"，提供高效便捷的预约诊疗服务。每年组织核心专家进行健康体检。顶尖人才、领军人才享受市级重点保健待遇。

21. 妥善解决人才配偶就业。新引进高层次人才配偶随调随迁的，按照"对口对应"和"双向选择为主、统筹调配为辅"的原则落实就业。配偶原没有工作的，原则上由用人单位协调解决。配偶为机关事业单位编内人员的，对口推荐解决就业。适时组织新引进高层次人才配偶就业需求摸底和专场推介招聘会。

22. 建设"智慧人才平台"。市县共建共享包含"人才项目数据库，智慧人才官网，微信公众号，人才管理平台、项目申报平台、人才服务平台、信息发布平台、综合研判平台"于一体的株洲智慧人才平台，提升人才服务信息化水平。简化优化人才服务流程，建立高效便捷的线上线下人才服务模式，提高人才服务效率。

23. 加强优秀人才团结凝聚。制定加强党委联系专家工作意见，完善党政领导干部直接联系专家机制。组织各类人才开展教育培训、国情省情市情研修、考察休假、服务基层等活动。完善专家决策咨询制度。切实发挥高级专家协会团结凝聚人才作用。加强人才研究新型智库建设。

24. 建立人才荣誉制度。对有重大贡献的优秀人才，选树为"株洲市杰出人才"。对获得国家级、省级科技和人才项目最高荣誉的，给予个人或团队 5~10 万配套奖励。完善株洲市核心专家选拔管理办法，对入选专家每人每年支持 1 万元，享受医疗体检、集中休假、专利补贴等优惠待遇。

五、加快完善党管人才格局

25. 健全党管人才机制。建立党委（党组）定期研究人才工作制度、党委常委会听取人才工作汇报制度。建立县市区向市委、成员单位向市委人才工作领导小组报告人才工作制度，构建"一把手"抓人才工作机制。健全完善人才工作领导运行机制，进一步加强人才工作的政策、力量和资源统筹，健全科学决策、分工协作、沟通协调、督促落实机制。

26. 夯实人才工作力量。健全工作机构，配强人员力量，进一步充实党委组织部门人才工作力量，县市区党委组织部门应有专门机构、配备专门人员抓人才工作。市县两级人才办设在党委组织部，办公室主任由组织部部长兼任，分管副部长兼任常务副主任。

27. 加大人才投入保障。市、县市区和园区根据人才发展实际需要，优先足额安排人才开发资金，保持人才投入与经济发展同步增长。市级人才发展专项资金不少于 5000 万元。鼓励企业及社会组织建立人才发展基金，建立政府、企业、社会多元化人才投入机制。

28. 建立考核评估机制。将人才工作列为落实党建工作责任制情况述职的重要内容。健全各级党政领导班子和领导干部人才工作目标责任制考核办法。将考核结果作为考核评价领导班子和领导干部的重要依据，与单位绩效考核挂钩，对履职不力的严肃问责。建立人才项目绩效评估制度，对人才政策落实情况和执行效果开展绩效评估，根据评估结果及时研究调整政策。建立制约退出机制，强化人才发挥作用的考核，对作用发挥不明显，或品行不端、违法乱纪的人才，经核实认定后，取消相关激励政策和人才待遇。

29. 明确职责任务分工。建立人才工作整体运筹机制，加快建立人才工作在市委、市政府的统一领导下，由市委组织部负责牵头抓总、统筹协调，相关职能部门各司其职、加强协作模式。市委人才办要制定工作任务清单，将责任分解落实到位，并加强政策、责任落实情况的督促检查，确保政策措施落地见效。各有关职能部门要按照任务分工，及时制定实施细则，抓好政策落地。

30. 营造良好社会氛围。加强对重大人才政策、人才工作品牌和优秀人才事迹的宣传力度，采取开辟人才宣传专栏、制作人才宣传主题片、建立人才宣传推送平台等多种形式，扩大覆盖面和影响力。弘扬创新精神、"火车头"精神，培育尊重个性、鼓励冒尖、宽容失误的文化环境，建立容错纠错机制，营造尊重人才、见贤思齐的良好社会氛围。

各级党委、政府要高度重视人才工作，结合本地实际，制定人才优先发展政策措施。本措施实施期为 3 年，涉及的经费，除已有科技、产业等专项资金安排的外，从市人才发展专项资金中列支，由市财政预算，根据资金管理办法拨付。本措施由市委人才工作领导小组办公室负责解释，与我市此前出台的政策有重复、交叉的，按照"从新、从优、从高"的原则执行。

中共湘潭市委　湘潭市人民政府
关于印发《莲城人才行动计划》的通知

潭市发〔2018〕13号

各县市区党委和人民政府，各大型企业、高等院校，市直机关各单位、各人民团体：

现将《莲城人才行动计划》印发给你们，请认真贯彻实施。

中共湘潭市委　湘潭市人民政府

2018年5月4日

莲城人才行动计划

为认真贯彻落实党的十九大精神和习近平新时代中国特色社会主义思想，深入对接省"芙蓉人才行动计划"，在未来五年，实行更加积极、更加开放、更加有效的人才政策，着力打造更优人才生态，集聚国内外各类优秀人才来潭创新创业，为建设"伟人故里、大美湘潭"提供坚强人才保障和智力支撑，特制定莲城人才行动计划。

一、实施莲城人才引聚工程

1. 加大产业科技领军团队引进力度。围绕湘潭优势主导产业和战略性新兴产业，引进带动效果明显的创新创业人才团队。新引进的产业科技领军型创新创业团队，其创新成果在我市产业化成效明显的，经评估后分国际先进、国内领先、国内先进三个层次，按投资额分别给予200万元、150万元、100万元奖励。对国内外一流团队和顶尖人才领衔的重大项目，通过一事一议方式给予最高1000万元综合支持。

2. 加大高层次人才引进力度。按顶尖型（A 类）、领军型（B 类）、高端型（C 类）、高级型（D 类）四个类别制定湘潭市高层次人才分类认定目录。对新引进到企业和市属科研院所全职工作的 A、B、C 类人才，分别给予500万元、300万元、100万元奖励，分3年支付到位；柔性引进的，每年分别给予50万元、30万元、10万元奖励，奖励时间不超过3年。对于引进5年内有突出贡献的 A、B 类高层次人才，还可以通过一事一议方式给予最高500万元的一次性奖励。

3. 加大急需紧缺人才引进力度。定期发布湘潭市急需紧缺人才需求目录，加大在优势主导产业、战略性新兴产业、金融商贸、健康医疗、教育科研、农林水畜、文化旅游和现代服务业等方面急需紧缺人才的引进力度，对入选市级重点骨干急需紧缺人才的，根据人才类别分别给予5万~20万元奖励。加大军民融合科研人才引进力度，对自主择业在潭创新创业的核心骨干军事科研人才，综合其职称与科研能力，给予最高20万元奖励。

4. 加大青年人才引进力度。实行高校毕业生"零门槛"落户，全日制本科及以上高校毕业生凭户口本、身份证、毕业证即可办理落户手续。对新进入我市优势主导产业和战略性新兴产业相关企业工作的全日制本科、硕士、博士学历的高校应届毕业生，每年分别发放4000元、5000元、6000元就业生活补贴，连续发放两年。重点建设好50家左右就业见习基地，满足高校毕业生见习需求并给予见习补贴。加大从优秀高层次年轻专业人才中招录公务员力度，定向重点高校开展选调生选拔工作。

5. 加大国际化人才引进力度。支持市属科研院所和企业引进海外高层次人才，海外引进并在潭新申报入选国家"千人计划"、省"百人计划"的，分别给予最高 100 万元和 50 万元配套奖励。出国留学人员来潭回潭创业，符合条件且经认定的，给予 10 万~20 万元奖励，特别优秀的给予最高 50 万元奖励。获得国家、省级引智项目资助的，按照国家、省资助额度给予引智项目单位 1∶1 配套，最高 20 万元资助。每年确定 5 个左右市级引智资助项目，根据贡献程度分别给予引智项目单位 10 万元、5 万元和 2 万元经费资助。知名国外高端智力转化平台落户我市的，给予最高 1000 万元综合支持。

二、实施重点人才培育工程

6. 加大高层次人才培育力度。在潭工作三年以上的现有人才经自主培养新申报成为两院院士等顶尖人才的，给予人才一次性 500 万元奖励，分三年支付到位，并给予用人单位一次性 100 万元奖励；成为国家"万人计划"杰出人才和科技创新领军人才的，给予一次性 100 万元奖励，分三年支付到位，并给予用人单位一次性 50 万元奖励；成为国家"万人计划"其他类人才的，给予一次性 10 万元奖励。申报获评省、市、县芙蓉人才奖的，按贡献度分等次分别给予每人 30 万、20 万和 10 万元奖励。

7. 加大青年人才培养力度。对符合条件的高校毕业生创业者，给予创业培训补贴、一次性开办费补贴和经营场所租金补贴。每年遴选 5 个以上优秀青年创业项目，申报入选省市两级"双百"资助工程，按其实际有效投入情况，给予最高 10 万元奖励资助。对在市属科研院所和企业新培养的国家"青年千人计划"入选者、"优秀青年科学基金"获得者、"万人计划青年拔尖人才"等人才，一次性给予 20 万元奖励补贴。

8. 加大高技能人才培养力度。建立杰出莲城工匠认定制度，给予最高 5 万元奖励资助。继续实施"金蓝领"高技能人才培训工程，着力培育一批高素质技能人才。大力推行企业新型学徒制，5 年内选择 30 家企业与职业、技工院校开展"学徒制"培养试点，对达标企业给予每家 5 万~10 万元一次性补助。建立职业技能晋级奖励制度，对企业新获得技师、高级技师职业资格的职工，分别给予 2000 元、3000 元奖励。组织和引导各类技能人才参加国内外技能大赛，对获奖选手及输送单位给予配套奖励。对新培养获得"中华技能大奖""全国技术能手"及相当层次奖项的高技能人才，给予 20 万元奖励，并给予用人单位 10 万元奖励。推动技工(职业)院校与企业合作培养技能人才，对市属技工(职业)院校每年输送 100 人以上中级及以上技工，且与本地企业签订 3 年以上劳动合同的，按每人 500 元标准给予院校奖励。

9. 加大重点领域人才培养力度。抓好教育、医疗卫生、城市规划建设、新闻网络、社会工作等社会事业人才队伍培养。实施教育名师培养工程，建立一支数量充足、素质优良的中小学名师、名校长、名班主任和"双师型"职教名师队伍。实施医卫名家培养工程，集中培养一批医卫高层次人才和骨干人才，支持建设一批临床重点学科。突出培养一批层次较高、业务精湛的城乡规划建设优秀人才。抓好主流媒体和网络媒体骨干人才培养，适应媒体深度转型与融合发展需要。抓好社会工作人才培养，扶持建设社会工作专业人才培训基地，培育一批市级以上民办社工服务机构。

三、实施人才发展平台构建工程

10. 加快推进人才交流合作平台建设。积极推进"双一流"高校、国家级科研院所、国家重点实验室、海外知名研究机构、世界 500 强企业等在我市布局设点,建立独立创新机构、重点实验室的,给予最高 1000 万元启动资金资助。对新建国家级、省级示范士专家工作站的建站单位,分别给予 100 万元和 50 万元配套奖励;新设立的市级院士专家工作站,每个给予 50 万元奖励。新设立的国家级博士后工作(流动)站,每个给予 20 万元奖励;新设立的省级博士后工作站协作研发中心,每个给予 10 万元奖励;对新建的国家级、省级技能大师工作室,分别给予 20 万元和 10 万元配套奖励;新设立的市级技能大师工作室给予 10 万元奖励;对省级专业技术人员继续教育基地给予 50 万元配套资助,对市级专业技术人员继续教育基地择优给予最高 20 万元资助。市属高校院所、医院新建成省级以上一流学科和临床重点专科的,给予最高 20 万元资助;企业新建成省级以上重点实验室和工程技术研究中心等平台的,按国家、省扶持资助额度的 1∶1 配套,给予最高 50 万元资助。对新认定的市级工程技术研究中心等给予最高 10 万元资助。对新建的国家级、省级高技能人才培训基地给予国家、省扶持资助额度的 50%,配套最高 20 万元经费资助。

11. 加快推进人才创新创业孵化平台建设。高层次人才创业企业落户湘潭范围内省级以上园区,且被认定为市级以上科技型中小企业的,可由所在园区根据创业企业入选等级给予企业配套资助,推动优质创业企业向园区集聚。对新引进的孵化机构,由园区给予最高 300 万元资助,提供最多 1000 平方米的 3 年免租创业场所,或给予相应租金补贴;属于国内外知名孵化机构,并能为我市带来显著经济效益的,制定专门扶持政策。鼓励专业机构和民企民资参与建设、运营创业平台,对经认定的跨境人才项目孵化器,给予每年最高 100 万元资助;对新建的国家级、省级、市级企业孵化器(众创空间、众创联盟)等新型服务平台,分别给予最高 50 万、30 万和 10 万元资助。企业联合高校院所组建产业技术创新战略联盟,新认定为国家级、省级的,分别给予牵头单位 100 万元、50 万元资助。

12. 加快推进人才创业金融服务平台建设。鼓励金融机构对人才创办企业提供信贷支持,设立小微企业信贷风险补偿基金,对金融机构为企业提供信用贷款及采用股权、知识产权、商标权等质押贷款,给予风险分担支持。放宽人才创业担保贷款额度,对个人、合伙经营、小微企业贷款最高额度分别提高至 20 万元、50 万元、300 万元,并给予两年财政全额贴息。建立健全覆盖全市的政府性融资担保机构体系,鼓励政府性融资担保公司为高层次人才所创办企业提供贷款担保,按有关政策给予补贴。

13. 加快推进引才引智平台建设。鼓励国内外知名人力资源服务机构在潭设立分支机构,给予最高 50 万元的一次性奖励。建立引才中介奖励机制,为我市全职引进 A、B、C 类人才的中介组织,分别给予每人次(团队)50 万元、20 万元、5 万元的引才奖励,同一中介组织一年最高奖励 100 万元;鼓励投资机构"以投带招",推荐的高层次人才创业企业落地 5 年内,销售收入突破 1 亿元、5000 万元、1000 万元的,分别给予投资机构 20 万元、10 万元、5 万元奖励。对柔性引进高层次人才,在技术研发、产品升级、项目合作等方面取得突出成效,按其所付薪酬的 20%,给予用人单位单人最高 20 万元奖励,同一单位每年最高奖励 50 万元。鼓励以政府购买服务方式举办组团式引才活动,探索推进依托驻外机构开展引才工作站建设，根据引才成效每年给予最高 100 万元工作经费。

四、实施人才体制机制创新工程

14. 创新编制和岗位管理机制。保障和落实用人单位自主权，积极探索一事一议、一人一策的方式，不拘一格评价选拔人才，按照特设岗位予以聘用。全市在总量范围内调剂事业编制，设立人才编制管理专户，为急需紧缺高层次人才引进提供编制保障。允许符合条件的市属企事业单位引进具有高级专业技术职称或博士学历的急需紧缺专业人才，可设立特设岗位，按公开招聘程序，采取直接考核的方式招录(聘)。支持市属公立高校、医院实行编制备案制管理，先进人后备案，并探索逐步不再纳入编制管理。探索建立企业培育和市场化选聘相结合的市属国企职业经理人制度。试点市属国企、事业单位急需紧缺高层次人才协议工资制、项目工资制，不纳入单位绩效工资和职工工资总额。

15. 完善人才评价机制。建立高层次人才分类目录，对全市高层次人才按 A、B、C、D 四个层次进行评价认定，享受相应政策待遇。进一步下放职称评审权限，将中小学一级教师职称评审权限、基层卫生专业技术人才中级职称确认发文和发证权限下放至县市区。探索在条件成熟的单位(系统)开展中级职称自主评审试点。对引进的海外高层次人才和急需紧缺人才，放宽评审资历、台阶、年限等限制。

16. 健全科技人才激励机制。支持科技人才创业、科技成果转化，鼓励事业单位科研人员、市属高校、科研院所的专业技术人员兼职、在职创办企业或携带本人科技项目和成果离岗创业，三年内保留人事关系，并同等享有职称、社保等权利。知识产权和科技成果作价入股，不再限制占注册资本比例；对于职务发明成果转让收益(持股股权)，成果持有单位可按不低于 70% 的比例奖励科研负责人、骨干技术人员等团队重要贡献人员。鼓励人才携带拥有自主知识产权的科研成果在我市实施转化和产业化，对转化项目成效明显经评审给予最高 100 万元资助。鼓励在潭高校院所、企业面向市内单位开展技术开发和技术转让，经评定给予单个技术合同成交额 2%、最高 10 万元奖励，主要用于奖励相关科研人员。鼓励在潭高校院所科研人员在市内企业兼职从事研发工作，按规定获取相应报酬。深入实施科技特派员计划，鼓励支持专业技术人才到基层一线、中小微企业提供成果转化服务和技术帮扶，获取相关报酬。

五、实施人才服务保障升级工程

17. 加强人才住房保障。对每年在我市工作时间不少于 6 个月，与我市企业签订 3 年以上劳动合同，未享受我市住房优惠政策的人才，以货币化方式支持解决住房问题。对新引进到企业和市属科研院所全职工作的 A、B、C、D 类高层次人才购买商品住房的，一次性分别给予 100 万元、70 万元、50 万元和 15 万元购房补贴，不在潭购买住房的，分别给予每月 10000 元、5000 元、3000 元、1500 元租房补贴，租房补贴发放时间不超过 3 年，已享受的租房补贴在购买商品住房时从购房补贴中予以冲减。对新引进到我市优势主导产业和战略性新兴产业相关企业工作的正高职称人员(特级技师)，副高职称人员(高级技师)和博士研究生、全日制硕士研究生、全日制本科毕业生，入职或毕业 5 年内在潭首次购买商品住房的，按购房价的 12%、10%、5%、3%，一次性分别给予最高 10 万元、8 万元、3 万元、2万元购房补贴。

18. 提升人才生活保障水平。探索实施莲城人才绿卡制度,在医疗保健、安家落户、出入境签证、配偶安置、子女入学等方面提供优惠政策和便利条件。经市级认定的A、B、C类高层次人才,其子女可在市属中小学校、幼儿园选择就读入园,D类高层次人才子女就读义务教育阶段学校,根据人才意愿和实际情况,相对就近统筹安排。做好高层次人才配偶安置工作,原在机关事业单位工作的,可依照有关法律法规按对口部门予以安排,其他类型的由有关部门(单位)优先推荐就业。在市属三甲医院开通高层次人才就医"绿色通道",配备家庭医生和就医服务联络员,为高层次人才提供优先诊疗、健康管理和咨询服务。

19. 实施税收优惠政策。按税法规定落实高新技术企业、小型微利企业等有关税收优惠政策。企业引进的A、B、C、D类高层次人才,支付的一次性住房补贴、安家费等费用,可据实在计算企业所得税税前扣除。高校、科研院所转化科技成果以股份或出资比例等形式给予个人奖励的,按规定向税务部门报备后,暂不征收个人所得税。各级财政性人才奖励资助资金发放给人才个人时按相关规定享受税收优惠。

20. 营造尊重人才良好氛围。完善市级领导和各级领导干部直接联系服务人才制度,健全人才奖励体系,按期对芙蓉人才、市产业科技领军人才、市级优秀专家、杰出企业家、医卫名家、教育名师、文化艺术名人、莲城青年英才、莲城工匠、莲城友谊人士、市政府特殊津贴专家、市级专业技术骨干人才、优秀农村实用人才和优秀社会工作人才等人才进行选拔奖励,落实有关奖励待遇。积极推荐各类人才参评申报国家、省级各类人才工程。统筹安排高层次人才休假、联谊和体检活动,加大人才典型宣传力度。

莲城人才行动计划由市委人才工作领导小组牵头组织实施。各级各相关部门要认真研究制定具体实施方案和细则,确定责任领导和责任人,明确时间期限。财政部门要加强财力统筹,合理确定列支渠道和分担比例,充实人才发展专项资金,保障本计划所需资金。各县市区(园区)和专业技术人员集中的行业系统要抓好工作落实和政策衔接,并结合实际制定既全方位承接又差异化激励的配套措施,构建全市统筹联动、齐抓共管的人才工作格局。莲城人才行动计划的推进实施情况纳入各地各单位领导班子绩效考核。

本计划自颁发之日起实施,由市委组织部会同相关部门负责解释。《湘潭市产业人才引进三年行动计划(2017—2019年)》相关政策继续执行。本文件与我市现行相关政策有交叉重复的,按照"时间从新、标准从高、奖励补贴不重复"的原则执行。

中关村国家自主创新示范区条例

《中关村国家自主创新示范区条例》由北京市第十三届人民代表大会常务委员会第二十二次会议于 2010 年 12 月 23 日通过并公布施行。这是为了促进和保障中关村国家自主创新示范区建设而制定的，适用于中关村国家自主创新示范区内的组织和个人。

目　录

第一章　总　　则
第二章　创新创业主体
第三章　科技研发、成果转化和知识产权
第四章　人才资源
第五章　科技金融
第六章　土地利用
第七章　政府服务和管理
第八章　核心区建设
第九章　法律责任
第十章　附　　则

第一章　总　　则

第一条　为了促进和保障中关村国家自主创新示范区建设，制定本条例。

第二条　本条例适用于中关村国家自主创新示范区内的组织和个人。

中关村国家自主创新示范区外的组织和个人从事与中关村国家自主创新示范区建设相关的活动，也适用本条例。

第三条　中关村国家自主创新示范区（以下简称"示范区"）由海淀园、丰台园、昌平园、电子城、亦庄园、德胜园、石景山园、雍和园、通州园、大兴生物医药产业基地以及市人民政府根据国务院批准划定的其他区域等多园构成。

第四条　示范区应当以科学发展观为指导，服务国家自主创新战略，坚持首都城市功能定位，推进体制改革与机制创新，建设成为深化改革先行区、开放创新引领区、高端要素聚合区、创新创业集聚地、战略性新兴产业策源地和具有全球影响力的科技创新中心。

第五条 示范区应当以提高自主创新能力为核心，营造创新创业和产业发展环境，创新组织模式，构建和完善以项目为载体、企业为主体、市场为导向、产学研用相结合的技术创新体系。

第六条 示范区建设应当纳入本市国民经济和社会发展规划和计划，统筹示范区与行政区协调发展，统筹各种创新资源配置，统筹示范区研发、生产和生活需要。

第七条 示范区重点发展高新技术产业，加快发展战略性新兴产业，培育发展以各园区特色产业基地为基础的产业链和产业集群。

示范区重点建设中关村科学城、未来科技城等海淀区和昌平区南部平原地区构成的北部研发服务和高新技术产业聚集区，北京经济技术开发区和大兴区整合后空间资源构成的南部高技术制造业和战略性新兴产业聚集区。

第八条 鼓励和支持示范区内的企业制定创新发展战略，提升创新能力和市场竞争力，形成一批具有全球影响力的创新型企业和国际知名品牌。

第九条 鼓励组织和个人在示范区开展创新创业活动，支持有利于自主创新的制度、体制和机制在示范区先行先试，营造鼓励创新创业、宽容失败的文化氛围。

第十条 市人民政府负责统筹、规划、组织、协调、服务示范区的建设与发展。

市人民政府设立示范区管理机构负责具体工作落实。

第二章 创新创业主体

第十一条 任何组织和个人可以依法在示范区设立企业和其他组织，从事创新创业活动。

在示范区申请设立企业，经营范围中有属于法律、行政法规、国务院决定规定在登记前须经批准的项目的，可以申请筹建登记。对符合设立条件的，工商行政管理部门直接办理筹建登记，并将办理筹建登记的情况告知有关审批部门；企业获得批准后，应当申请变更登记。筹建期限为一年，筹建期内企业不得开展与筹建无关的生产经营活动。

在示范区设立企业，除申请的经营范围中有属于法律、行政法规、国务院决定规定在登记前须经批准的项目外，以指定集中办公区作为住所的，工商行政管理部门依法予以登记。

示范区内经工商行政管理部门登记的各类企业，根据发展需要可以向工商行政管理部门申请转换组织形式；企业的分支机构或者分公司可以向工商行政管理部门申请变更隶属关系。

第十二条 鼓励科技人员以知识产权、科技成果等无形资产入股的方式在示范区创办企业。

以知识产权和其他可以用货币估价并可以依法转让的科技成果作价出资占企业注册资本的比例，可以由出资各方协商约定，但是以国有资产出资的，应当符合有关国有资产的管理规定。

投资人可以其所有的可用货币估价并可依法转让的股权和债权作价出资，工商行政管理部门依法办理登记。

中国公民以自然人身份在示范区出资兴办中外合资、合作企业，经审批机关批准后，工商行政管理部门予以登记注册。

创业投资机构的注册资本可以按照出资人的约定分期到位。

第十三条 在示范区设立企业，以货币作为初次出资或者增资的，可以银行出具的企业交存入资资金凭证或者以依法设立的验资机构出具的验资证明作为验资凭证；以非货币作价出资的，可以依法设立的评估机构出具的评估报告或者以依法设立的验资机构出具的验资证明作为验资凭证。

工商行政管理部门对在示范区设立的企业的章程、合伙协议实行备案制。

第十四条 支持企业联合高等院校、科研院所和其他组织组建产业技术联盟。符合条件的，可以申请登记为法人。

第十五条 鼓励在示范区培育科技创新服务体系，支持信用、法律、知识产权、管理和信息咨询、人才服务、资产评估、审计等各类专业服务组织发展。

鼓励企业、高等院校、科研院所以及其他组织和个人，在示范区设立大学科技园、创业园、创业服务中心等各类创业孵化服务机构以及科技中介机构，利用社会资源，提升创新创业服务能力。

第十六条 申请在示范区设立有利于自主创新的社会团体、民办非企业单位、基金会，除法律、行政法规、国务院决定规定登记前须经批准的以外，申请人可以直接向市民政部门申请登记。

按照前款规定申请成立社会团体，可以吸收本市行政区域外的境内组织及个人作为会员，跨行政区域开展活动。

按照本条第一款设立的社会组织，名称应当冠以行政区划名称或者"中关村"字样。

第十七条 支持社会组织参与示范区建设，开展经济技术交流与合作，制定标准，帮助企业开拓国际市场，进行品牌推广，承担法律、法规授权或者政府委托的工作。

政府及有关部门可以通过购买服务等方式，支持服务于示范区的社会组织的发展。

第十八条 示范区应当推进自主创新资源配置方式改革，围绕国家自主创新战略的重大项目和首都经济社会发展的重大需求，在政府引导和支持下，以企业为主体或者采取企业化的运行模式，聚集企业、高等院校、科研院所、社会组织等各类创新创业主体，整合土地、资金、人才、技术、信息等各种创新要素，链接科技研发和科技成果产业化等各个创新环节，形成协同创新、利益共享的自主创新机制。

第三章　科技研发、成果转化和知识产权

第十九条 支持示范区内的企业加大研发投入，利用全球科技资源，提升原始创新、集成创新、引进消化吸收再创新的能力。

鼓励示范区内的企业自行或者联合高等院校、科研院所在境内外设立研发机构和成果转化中心。

鼓励高等院校、科研院所和示范区内的企业联合研发新技术、开发新产品。

鼓励高等院校、科研院所组织科技人员为示范区内的企业创新创业提供服务。

第二十条 支持示范区内的中小企业技术创新，通过资金资助、设立孵化器、搭建公共服务平台等多种方式，引导中小企业向专、新、特、精方向发展，提高市场竞争力。

第二十一条 支持示范区内的企业、产业技术联盟按照规定申报国家或者地方科技型中小企业技术创新基金或者资金项目，参与承担国家和地方人民政府科技重大专项、科技基础设施建设、各类科技计划项目和重大高新技术产业化项目。

市发展改革、科技、经济和信息化等行政管理部门在编制本市重大科技项目规划、计划和实施方案过程中，应当听取示范区内的企业、产业技术联盟的意见。

第二十二条 示范区内的企业、高等院校、科研院所承担国家和本市科技重大专项项目（课题），可以按照一定比例在科技重大专项项目（课题）经费中列支间接费用，用于支付实施项目（课题）过程中发生的管理、协调、监督费用，以及其他无法在直接费用中列支的相关费用。

第二十三条 市科技、教育、经济和信息化、发展改革、质量技术监督等行政管理部门应当整合公共科技资源，采取多种方式为示范区内的企业创新发展提供研发、工业设计、咨询、检测、测试等技术服务，帮助企业研发新产品、调整产品结构、创新管理和开拓市场。

第二十四条 支持示范区内的企业、高等院校、科研院所、产业技术联盟利用各自优势，开放和共享科技资源，共同培养人才，共建国家和本市的工程研究中心、工程技术研究中心、重点实验室、企业技术中心等共性技术研发平台，联合承担科技项目，开展产学研用交流与合作。

支持战略科学家领衔组建新型科研机构。

第二十五条 鼓励示范区内的企业、高等院校、科研院所依法转让科技成果。高等院校、科研院所按照国家和本市有关规定，可以将科技成果转化收益用于奖励和教学、科研及事业发展。

鼓励高等院校、科研院所的科技人员在示范区创办企业，转化科技成果。

第二十六条 对本市财政资金支持的科技项目，政府有关行政管理部门应当与示范区内承担项目的高等院校、科研院所、企业等组织就项目形成的科技成果约定知识产权目标和实施转化期限，在项目验收时对知识产权目标完成情况进行考核评价。

第二十七条 市人民政府有关部门应当根据国家自主创新战略和首都科学发展需要，定期发布一批关键核心技术研发和重大科技成果产业化与应用示范项目，按照公开、公平、公正原则，组织示范区内的企业、高等院校、科研院所和由其组成的联合体参与招标。

第二十八条 市和区、县人民政府及有关部门运用政府采购政策，支持示范区创新创业主体的自主创新活动；通过首购、订购、首台（套）重大技术装备试验和组织实施示范项目、推广应用等方式，发挥政府采购对社会应用的示范引领作用。

第二十九条 市科技行政管理部门应当将符合条件的示范区创新创业主体的创新产品纳入本市自主创新产品目录，推荐示范区创新创业主体的创新产品纳入国家自主创新产品目录。

市财政等行政管理部门应当建立健全使用首台（套）装备的风险补偿机制。

第三十条　使用市、区两级财政资金的采购以及市、区两级财政资金全额或者部分投资的市政设施、技术改造、医疗卫生、教育科研、节能环保等项目，应当采购、使用示范区创新创业主体的创新产品。

通过招标方式进行政府采购的，评标规则中应当对示范区创新创业主体的创新产品给予一定的价格扣除或者加分。

第三十一条　市人民政府应当不断加大科技资金的投入；建立健全资金统筹机制，统筹各类资金的使用，采取股权投资、贴息、补助等方式，重点支持示范区内的重大科技研发、成果转化项目；逐步提高科技和产业化资金的统筹比例和使用效率。

第三十二条　市人民政府设立示范区发展专项资金，支持在示范区创新创业、建设创新环境和促进产业发展。

市人民政府可以运用科技产业投资基金和绿色产业投资基金等产业投资基金，支持科技成果在示范区转化。

第三十三条　市和区、县人民政府及专利、商标、著作权等行政管理部门通过补贴、奖励等措施，支持示范区内的企业、高等院校、科研院所及相关人员获得专利权、商标注册和著作权登记。

鼓励示范区内的企业成立专利联盟，构建专利池，提高专利创造、运用、保护和管理的能力。

工商行政管理部门应当指导和帮助示范区内的企业制定和实施商标战略，加强商标管理，培育驰名商标、著名商标。

工商行政管理部门可以依据企业申请，对企业的驰名商标、著名商标，在本市企业名称登记中予以保护。

第三十四条　支持示范区内的企业、高等院校、科研院所等创新创业主体开展标准创新，参与创制地方标准、行业标准、国家标准和国际标准，成立标准联盟，加强与国内外标准化组织的战略合作，推动技术标准的产业化应用，促进创新产品开发。

第三十五条　专利、商标、著作权等行政管理部门应当建立健全示范区知识产权保护的举报、投诉、维权、援助平台以及有关案件行政处理的快速通道，完善行政机关之间以及行政机关与司法机关之间的案件移送和线索通报制度。

专利行政管理部门应当鼓励、引导示范区内的企业建立专利预警制度，支持协会、知识产权中介机构为企业提供目标市场的知识产权预警和战略分析服务。

专利行政管理部门应当建立企业专利海外应急援助机制，指导企业、协会制定海外重大突发知识产权案件应对预案，支持协会、知识产权中介机构为企业提供海外知识产权纠纷、争端和突发事件的应急援助。

第四章　人才资源

第三十六条　本市在示范区建设人才特区。

示范区管理机构应当会同市有关部门，制定示范区创新创业型人才发展规划，建立健全人才培养、引进、使用、流动、评价等制度，为示范区内的人才发展提供服务和保障。

第三十七条 支持示范区内的组织根据需要引进高端领军人才和高层次人才。市和区、县人民政府及有关部门应当根据国家和本市的有关规定为高端领军人才和高层次人才在企业设立、项目申报、科研条件保障、户口或者居住证办理、房屋购买和租赁等方面提供便利。

本市在示范区建立与促进科技成果转化相适应的职称评价制度，为工程技术人员提供职称评价服务；对示范区内的企业引进科技研发和成果转化方面的紧缺人才，建立侧重能力、业绩、潜力、贡献等综合素质的人才评价机制和突出贡献人才的直接引进机制。

第三十八条 示范区内的高等院校、科研院所和企业按照国家和本市有关规定，可以采取职务科技成果入股、科技成果折股、股权奖励、股权出售、股票期权、科技成果收益分成等方式，对作出贡献的科技人员和经营管理人员进行股权和分红激励。

示范区内的高等院校、科研院所和企业可以探索符合自身特点和有利于鼓励创新的激励机制。

第三十九条 支持高等院校利用自身优势，结合示范区的发展需求开展新的学科建设，开设创新创业培训课程。支持示范区内的企业接收高等院校学生实习和就业，促进企业与高等院校合作培养创新型人才。

支持企业、高等院校、科研院所的负责人举荐人才在示范区承担重大科技创新和产业化项目。

第四十条 鼓励协会等社会组织在示范区开展人才信用评价和管理，建立人才信用记录，推广使用人才信用报告等信用产品。

第四十一条 市人力资源和社会保障、科技、教育、经济和信息化、发展改革等行政管理部门应当建立健全示范区内的高等院校、科研院所的科技人员与企业的沟通交流机制，促进科技人员与企业的双向选择。

第四十二条 市人民政府应当对在示范区创新创业、为示范区建设做出突出贡献的人员给予表彰和奖励。

第五章　科技金融

第四十三条 市和区、县人民政府及有关部门应当鼓励和支持各类金融机构在示范区开展金融创新，促进技术与资本的对接。

市金融等行政管理部门应当健全企业上市联动机制，为企业上市提供综合协调和指导服务，支持示范区内的企业上市。支持示范区内的企业在证券公司代办股份转让系统挂牌。

支持示范区内的企业运用中期票据、短期融资券、公司债、信托计划等方式筹集资金，拓宽直接融资渠道。

第四十四条 支持商业银行、担保机构、保险机构和小额贷款机构开展针对示范区内企业的知识产权质押、信用贷款等业务。

支持商业银行在示范区内设立专营机构，创新金融产品和服务方式，创新考核奖励、风险管理、授信、贷款审批和发放等机制，为企业融资服务。

支持企业和其他组织在示范区内设立为科技型企业服务的小额贷款机构和担保机构。

本市建立贷款风险补偿机制，为商业银行、担保机构、保险机构和小额贷款机构开展针对示范区内企业的知识产权质押、信用贷款、信用保险、贸易融资、产业链融资等提供风险补偿。

第四十五条 市和区、县人民政府及有关部门设立创业投资引导资金和基金，采取阶段参股、跟进投资、风险补助等多种方式，支持境内外创业投资机构在示范区开展不同阶段的投资业务。

第四十六条 政府有关行政管理部门应当支持商业银行、担保机构、保险机构为示范区内的中小企业投标承担国家和地方人民政府立项的重大建设工程提供优惠、便捷的金融服务，对由此产生的相关费用，给予一定比例的补贴或者其他资金支持。

第四十七条 支持示范区内的企业购买产品研发责任保险、关键研发设备保险、营业中断保险、信用保险、高管人员和关键研发人员团体健康保险、意外保险、补充医疗保险和补充商业养老保险等保险服务。

鼓励保险机构在示范区设立专营机构，创新保险产品，建立保险理赔快速通道，分散企业创业风险。

第四十八条 市和区、县人民政府鼓励和支持示范区内的企业开展并购重组，对符合条件的，按照规定给予政策和资金支持。

第六章 土地利用

第四十九条 市和区、县人民政府应当根据示范区发展规划纲要的要求，统筹示范区与周边地区的基础设施、公共设施以及其他配套设施的开发建设与利用。

第五十条 示范区集中新建区的建设用地应当用于高新技术产业、战略性新兴产业项目和配套设施建设。

鼓励将示范区城市建成区存量土地用于发展高新技术产业、战略性新兴产业。

市国土资源等行政管理部门应当建立示范区土地节约集约利用的评价和动态监测机制，提高建设用地的利用效率。

第五十一条 示范区管理机构应当会同市人民政府有关行政管理部门、有关区县人民政府，建立对企业使用示范区建设用地的联审机制，制定示范区的产业目录和项目入驻标准、程序，统筹企业、项目的进入、调整和迁出。

第五十二条 示范区内高新技术产业、战略性新兴产业的研发和产业化项目用地，经报请市人民政府批准后，可以采取协议出让等方式。

示范区内原以协议出让方式取得的国有土地使用权不得擅自转让、改变用途；确需转让的，须报请市人民政府批准，土地所在地的区人民政府根据国家有关规定享有优先购买权。

示范区探索集体建设用地使用的流转机制，重大科技成果研发和产业化项目可以通过租赁、入股和联营联建等方式使用集体建设用地。

第七章　政府服务和管理

第五十三条　市人民政府会同国务院相关部门建立示范区科技创新和产业化促进中心服务平台，健全跨层级联合工作机制，统筹政府的资金投入和土地、人才、技术等创新资源配置，推进政策先行先试、重大科技成果产业化、科技金融改革、创新型人才服务、新技术应用推广和新产品政府采购等工作。

第五十四条　市人民政府及有关部门根据示范区发展规划纲要和本市国民经济和社会发展规划、城市总体规划、土地利用总体规划，按照生态良好、节能环保、用地集约、产业聚集、设施配套的原则，编制示范区建设的各类规划。

市和区、县人民政府及有关部门在各自职责范围内负责组织实施相关规划。

市人民政府及有关部门应当组织对示范区各类规划的实施情况进行评估，根据评估结果可以依法对规划进行调整。

第五十五条　本市各级人民政府及有关部门对示范区内的组织和个人办理行政许可、审批、年检和其他服务、管理事项，应当简化程序、缩短期限、减少层级、优化流程，提高行政管理效率和服务水平。

市和区、县人民政府及有关部门应当通过多种方式，主动公开对示范区建设所采取的支持措施的适用范围、标准和条件、申请程序以及其他相关信息，方便组织和个人查询。

第五十六条　本市实行示范区重大行政决策公开征求意见制度和科学论证制度。有关示范区建设的重大行政决策事项，决策机关应当采取座谈会、论证会、听证会、媒体公开征集意见等方式广泛听取意见，并组织专家或者研究咨询机构对重大行政决策方案进行论证。

市和区、县人民政府及有关部门应当加强与协会等社会组织的沟通协调，支持社会组织参与相关政策、规划、计划的起草和拟订，归集、反映行业动态或者成员诉求，反馈相关政策实施情况。

第五十七条　市人力资源和社会保障、科技、金融、专利、商标、著作权等行政管理部门应当组织建设人才流动和技术、资本、产权交易的平台，促进创新要素的聚集和高效配置。

第五十八条　市统计行政管理部门应当设立示范区统计机构，建立并完善符合示范区发展特点的统计指标体系，负责组织实施统计调查，对示范区建设情况进行监测、分析、预警和评价，组织编制并定期发布中关村指数。

第五十九条　示范区应当完善企业信用体系，建立健全企业信用信息的数据库和公共服务平台，推广使用企业信用报告等信用产品，培育信用产品的应用市场。

政府有关部门应当在政府采购、财政资助、政府投资项目招标等事项办理中，将企业信用报告作为了解企业信用状况的参考。

鼓励商业银行、担保机构、小额贷款机构在融资服务中使用企业信用报告。

第六十条　市和区、县人民政府及有关部门应当为示范区内的组织和个人开展国际经济技术交流与合作提供便利，支持企业在境外开展生产、研发、服务、投资等跨国经营活动。

示范区管理机构应当组织开展与其他国家或者地区科技园区的合作，推动人才交流、协同创新和产业合作。

第八章　核心区建设

第六十一条　为发挥创新资源优势，推进体制机制创新，集中力量重点突破，带动示范区整体发展，根据自主创新资源分布状况，在示范区设立核心区，具体范围由市人民政府确定。

第六十二条　市人民政府支持产学研用创新体系建设、科技成果研发、转化和股权激励、科技金融改革、科技经费改革、新型产业组织参与国家重大科技项目、政府采购、工商管理、社会组织管理等体制机制创新的政策和措施在核心区先行先试。

第六十三条　市人民政府应当通过划分管理权限、简化管理程序、直接委托等方式，推进核心区行政审批改革。核心区所在地的区人民政府应当采取统一办理、联合办理、集中办理等方式，优化审批流程，简化审批环节。

市人民政府应当按照减少执法层次、适当下移执法重心的原则，推进核心区行政执法体制改革。核心区所在地的区人民政府承担市人民政府及其有关部门下放的行政审批项目的行政执法权。

第六十四条　核心区所在地的区人民政府应当根据示范区发展规划纲要和核心区的实际需要，研究制定和实施有利于组织和个人在核心区创新创业的政策和措施。

第六十五条　核心区所在地的区人民政府应当根据示范区发展规划纲要，通过规划实施、环境建设、业态调整等方式，推动核心区的土地、资金、人才、技术等资源的统筹配置，吸引创新要素在核心区聚集，建设高端产业集群。

第九章　法律责任

第六十六条　对违反本条例规定的行为，法律、法规已规定法律责任的，从其规定。

行政机关未履行本条例规定职责的，由上级机关责令改正；情节严重的，由监察机关或者上级机关追究直接责任人和主要负责人的行政责任。

第十章　附　则

第六十七条　实施本条例需要制定配套规章或者其他具体办法的，由市人民政府或者有关行政管理部门研究制定并发布实施。

第六十八条　本条例自公布之日起施行。2000 年 12 月 8 日北京市第十一届人民代表大会常务委员会第二十三次会议通过的《中关村科技园区条例》同时废止。

东湖国家自主创新示范区条例

2015 年 1 月 15 日湖北省第十二届人民代表大会常务委员会第十三次会议通过。

目　录

第一章　总　则
第二章　管理体制
第三章　规划建设与产业发展
第四章　科技创新
第五章　金融服务
第六章　人才支撑
第七章　开放合作
第八章　法治环境
第九章　附　则

第一章　总　则

第一条　为了保障和促进东湖国家自主创新示范区建设，充分发挥其示范和辐射带动作用，根据有关法律、行政法规，制定本条例。

第二条　东湖国家自主创新示范区(以下简称示范区)包括武汉东湖新技术开发区规划建设区域和省人民政府、武汉市人民政府(以下简称省、市人民政府)委托武汉东湖新技术开发区管理的区域。

第三条　示范区坚持创新驱动战略和开放先导战略，增强自主创新能力，提高开放合作水平，依法推进改革发展创新，建设成为改革开放先行区、创新驱动示范区、高端产业聚集区和依法治理引领区。

第四条　示范区鼓励各类主体创新创业，支持有利于创新创业的体制机制先行先试，营造鼓励创新创业、宽容失败的发展氛围，增强市场活力和发展动力。

第二章　管理体制

第五条　省、市人民政府应当加强对示范区建设的组织领导，建立健全决策、协调机制，研究解决示范区建设中的重大事项和问题。

省、市人民政府相关部门应当按照各自职责，推进示范区的建设和发展。

第六条　武汉东湖新技术开发区管理委员会(以下简称管委会)根据本条例规定，行使市人民政府相应的行政管理权限，承担相应的法律责任。管委会依法履行以下职责：

(一)组织编制、实施示范区国民经济和社会发展规划、土地利用规划、城乡规划、产业发展规划等；

(二)负责示范区内发展改革、经济和信息化、教育、科技、民政、财政、人力资源和社会保障、环境保护、住房和城乡建设、交通运输、水务、商务、文化、卫生和计划生育、知识产权、市场监督管理、审计、国有资产、安全生产、体育、统计、外事侨务、人防、城市综合管理等工作；

(三)依法对示范区的土地进行管理，并负责土地及地上建筑的征收和补偿工作；

(四)负责审批、管理示范区内的投资项目；

(五)为示范区各类主体创新创业提供政策支持和公共服务；

(六)履行本条例以及省、市人民政府赋予的其他职责。

第七条　管委会按照精简、统一、效能的原则，在省、市机构编制管理部门核定的机构总数内，自主设立、调整工作机构，并报省、市机构编制管理部门备案。

除法律、行政法规规定外，省、市人民政府有关部门在示范区内不再设立派出机构。依法设立的派出机构应当接受管委会的组织协调。

第八条　管委会在省、市机构编制管理部门核定的编制和员额总数内，建立健全以全员聘用制为主的人事制度，创新符合示范区实际的多种形式的选人用人机制、薪酬激励机制和人才交流机制。省、市人民政府及其有关部门应当支持示范区人才的交流和使用。

第九条　示范区享受一级财政管理权限。示范区财政收支纳入市级预算管理，接受市人民代表大会及其常务委员会的审查和监督。

省、市财政加大对示范区转移支付力度，由示范区统筹用于科技创新和产业发展。具体办法由省、市人民政府制定，并报同级人民代表大会常务委员会备案。

第十条　管委会依法公布行政权力清单，推行行政许可权、行政处罚权和行政强制权相对集中行使，建立合作协调和联动工作机制，优化执法环境，提高行政效率。

第十一条　改革行政审批制度，实现行政审批办事不出示范区。

省、市人民政府有关部门实施的示范区范围内的行政审批事项，由管委会负责实施。具体审批事项由省、市人民政府确定并对外公布。

法律、行政法规规定由省、市人民政府有关部门先行审核，再报国家有关部门审批的示范区范围内的事项，委托管委会负责审核。省、市人民政府有关部门提供程序上的便利和支持。

第十二条　管委会对市场主体实行以事中、事后监管为主的动态监管，建立抽查和责任追溯制度，实施企业年度报告公示和企业经营异常名录管理。完善市场主体信用信息系统，依法对社会公开，推行守信激励和失信惩戒联动机制。

第十三条 管委会建立完善政务信息公开制度，主动公开示范区优惠政策、管理事项、收费项目和标准、办事程序、服务承诺等信息。

第三章 规划建设与产业发展

第十四条 管委会根据《东湖国家自主创新示范区发展规划纲要》，组织编制国民经济和社会发展规划、土地利用规划、城乡规划，报经市人民政府批准后组织实施。

管委会按照关联功能集中、产业集聚和土地集约利用的原则，制定产业发展规划，统筹产业布局，合理设置产业基地和专业园区，构建具有比较优势和核心竞争力的产业体系。

第十五条 示范区依托"武汉·中国光谷"品牌，重点发展光电子信息、生物医药、新能源和新材料、节能环保、智能制造等战略性新兴产业，加快发展互联网、云计算、大数据、地球空间信息及应用服务以及科技服务、金融服务等现代服务业，建设国际先进水平的创新型产业集群。

第十六条 示范区围绕产业发展要求，支持企业制定、实施创新发展战略，提升企业自主创新能力和市场竞争力，形成一批具有全球影响力的创新型企业和国际知名品牌。

省、市人民政府支持管委会采取措施，引进国内外领先的核心技术、产业链关键企业和领军企业。

第十七条 示范区建立最严格的生态环境保护、资源节约利用、生态损害赔偿和责任追究制度。完善生态保护红线、排污许可管理及总量控制、规划和建设项目环境影响评价等制度，引导企业节约资源、保护环境。

示范区制定产业优先发展目录，支持低能耗、低排放企业发展，鼓励企业实施清洁生产、保护和改善环境。禁止发展高能耗、高污染和高环境风险的产业项目。

第十八条 省、市人民政府以及管委会统筹示范区与周边地区基础设施、公共设施和其他配套设施的建设与管理，实施交通、管网综合同步建设，完善配套服务功能。

统筹安排，合理、高效利用土地资源。建立土地利用审查机制和土地节约集约利用评价及动态监测机制。示范区内闲置或者擅自变更用途的国有土地，管委会根据国家有关规定予以处理，纳入土地储备范围。除国家另有规定外，示范区出让国有土地使用权的各项收入，应当作为示范区基础设施建设资金实行专项管理。

第四章 科技创新

第十九条 支持示范区内企业加大研发投入，建立研发机构，开展技术创新，培育自主品牌，创新产业组织模式，提高自主创新能力。

省人民政府授权管委会负责对示范区内企业进行高新技术企业资格认定和复审，并按照国家有关规定申报备案。经认定的高新技术企业依法享受税收优惠。

第二十条　支持高等院校、科研院所和企业按照市场化机制建立新型产业技术研究机构，完善科技成果转化、产业化体制机制。

支持企业与高等院校、科研院所采取委托研发、技术许可、技术转让、技术入股以及共建研发机构等形式，开展产学研用合作。

支持企业联合高等院校、科研院所和其他创新主体组建产业技术创新联盟。符合条件的产业技术创新联盟可以申请登记为法人。

第二十一条　示范区设立专项资金，支持科技企业孵化器和加速器的建设和发展。

鼓励企业、高等院校、科研院所及其他组织和个人设立各类创新创业孵化服务机构，为创新创业主体提供投融资、市场推广、加速成长等深度服务，搭建专业技术公共平台、中试基地等创新服务平台。

第二十二条　示范区内高等院校、科研院所等事业单位的科技成果，可以自主处置，科技主管部门和资产管理部门不再审批和备案。

高等院校、科研院所等事业单位应当与项目完成人约定项目所产生的科技成果的使用权、处置权及收益分配比例。科技成果形成后一年内未实施转化的，在所有权不变的前提下，项目完成人书面告知单位后，可以自主实施转化，转化收益中至少百分之七十归项目完成人所有。

涉及国家安全、国家利益和重大社会公共利益的项目，按照有关法律、法规的规定执行。

高等院校、科研院所在示范区转化科技成果的，按照实现的技术交易额给予一定比例奖励。

第二十三条　示范区设立知识产权专项资金，鼓励和支持知识产权的创造、运用、保护和管理。鼓励建设知识产权联盟和专利池，实现知识产权合作。

建设有区域特色的知识产权交易市场，支持知识产权服务机构开展知识产权咨询、代理、评估、质押融资和托管运营等服务。

支持创新主体实施标准战略，主导或者参与制定地方标准、行业标准、国家标准和国际标准，成立标准联盟，开展与国际、国内标准化组织的战略合作，推进技术标准的产业化应用。

第二十四条　省、市人民政府拨付的科技专项资金，采取前资助、后补助、股权投资、贷款贴息等方式，支持示范区开展创新能力建设、科技研发与成果转化、产学研协同创新、创新创业平台建设。

支持示范区内企业、高等院校、科研院所、产业技术创新联盟以及个人，按照国家规定申报和承担国内外重大科技项目。管委会对重大专项项目按照相应比例予以配套资金支持。

示范区内的企业、高等院校、科研院所承担财政性资金资助的科技项目，按照国家规定的比例在项目经费中列支间接费用，用于支付项目实施过程中发生的管理、协调、监督、激励等费用。

第二十五条　示范区建立健全实验室、大型科学仪器设备、科技文献、科技数据等科技资源开放共享和激励机制，引导各类科技资源面向社会提供服务。

财政资金投资或者资助的科技资源开放共享所获收入自行支配。自有资金形成的科技资源面向社会提供服务的,管委会按照规定给予奖励。

第二十六条 省、市人民政府及其财政、科技部门应当将示范区内符合条件的新技术、新产品、新服务纳入政府采购目录。

省、市人民政府和管委会通过政府采购,采取首购、订购、实施首台(套)重大技术装备试验和示范项目等措施,推广应用示范区新技术、新产品、新服务。

第五章　金融服务

第二十七条 示范区引进国内外金融机构,设立各类要素交易所,构建多层次多元化的投融资体系和金融市场,建设资本特区,为示范区发展提供金融服务。

省、市人民政府为示范区引进金融机构提供政策支持。

第二十八条 鼓励国内外市场主体在示范区设立风险投资机构,开展创新创业风险投资活动。

示范区设立创业投资和产业发展引导资金,采取阶段参股、跟进投资、风险补助等多种方式,引导和发展创业投资。

支持在示范区内设立私募股权基金、证券机构、保险机构、信托机构及其分支机构,开展股权投资、并购等相关业务。

鼓励各类资本发起设立科技投融资平台,参与示范区的创业投资。

第二十九条 支持示范区内企业在国内外证券市场公开发行股票、债券。

支持示范区内企业通过发行中小企业集合债券、集合票据、私募券、短期融资券等方式进行融资。

支持示范区内企业在国家中小企业股份转让系统和区域股权交易市场挂牌,开展股份转让、融资和并购。

示范区为企业利用多层次资本市场融资,提供相关辅导和服务。

第三十条 鼓励银行金融机构在示范区设立分支机构,开展股权质押和知识产权质押贷款等科技金融服务。

发展金融信托、期货投资、融资租赁、融资担保、小额贷款、商业保理等各类金融机构,为企业创新创业提供金融服务。

鼓励保险机构创新保险产品及服务,分散创新创业风险。

鼓励各类金融机构开展产品创新和跨业合作,支持民营资本进入金融领域,探索发展互联网金融等新型金融业态和服务,推动科技金融创新。

第三十一条 建立示范区科技型中小企业融资风险担保补偿机制,设立专项资金,为金融机构开展针对示范区内科技型中小企业的信用贷款、信用保险、股权质押、知识产权质押、创业投资等业务提供风险担保补偿。

管委会应当加强与金融监管部门、金融机构和企业的沟通协调,建立金融业务风险防范联动机制。

第六章　人才支撑

第三十二条　管委会制定创新创业型人才发展规划，建立人才信息平台，健全人才培养、引进、使用、评价、激励和服务机制，建设人才特区。

省、市人民政府和管委会设立专项资金，对示范区引进高端领军人才和高层次人才、团队及其创新创业项目予以支持。

政府有关部门和管委会及时解决引进人才及其家属的户籍、医疗、教育、住房和出入境等问题，优先办理有关手续，并在项目申报、科研条件保障等方面提供便利。

第三十三条　省、市人民政府有关部门和管委会建立健全高等院校、科研院所与企业的人才双向交流机制。

鼓励用人单位采取委托项目、合作研究、兼职等方式引进和使用科研人员。鼓励科研人员在示范区创办科技型企业，转化科技成果；将科技成果转化作为重要指标纳入科研人员考核评价体系；创新创业贡献杰出的科研人员，可以破格评定相应专业技术职称。

示范区采取设立专项资金、建立创业基地、举办创新创业竞赛等形式，支持科研人员和大学生创新创业。支持各类创新创业孵化机构设立科研人员、大学生创业专区，为其创业提供指导和服务。

第三十四条　示范区设立股权激励代持专项资金，支持企业、高等院校、科研院所采取科技成果入（折）股、股权奖励、科技成果收益分成等方式，对作出贡献的科研人员和管理人员给予股权和分红权激励。

示范区企业探索建立股票期权激励制度，激励企业核心技术人员、高层管理人员创新创业。企业核心技术人员、高层管理人员达成业绩、服务年限等企业设定条件后，可以按照约定价格购入对应权益。

第三十五条　支持国内外知名高等院校、科研院所、高端研究咨询机构在示范区合作建立人才培养机构，探索创新国际教育、人才合作模式，建设国际教育、人才合作试验区。

支持企业与高等院校、科研院所、职业院校或者培训机构联合建立实习、实训基地，培养专业技术人才和技能型人才。

第七章　开放合作

第三十六条　示范区加快推进贸易投资自由化、便利化，搭建国际化发展平台，加强国际交流与合作，建立与国际贸易投资通行规则相衔接的制度体系和监管服务模式，培育国际化、市场化、法治化的营商环境，推动建设内陆自由贸易区。

示范区建设各类投资者平等准入的市场环境，推进科技服务、金融服务、商贸服务、航运服务、文化服务和社会服务等领域扩大开放。

示范区支持法律、信用、信息咨询、资产评估、审计、会计、国际标准认证等服务组织在区内设立机构、开展业务，为示范区发展和对外开放提供服务。

第三十七条　示范区探索外商投资准入前国民待遇加负面清单管理模式。市场准入负面清单按照国家有关规定执行。

支持示范区企业建立境外研发、生产基地和销售网络，开展对外投资。示范区对区内企业境外投资项目一般实行备案管理，按照国家规定对境外投资项目保留核准的除外。

支持示范区企业境外参展和产品国际认证、申请境外专利、注册境外商标、境外投（议）标、收购或者许可实施境外先进专利技术、许可使用境外商标。

第三十八条 示范区依法实行注册资本认缴登记制和工商先照后证登记制。

市场主体取得营业执照，即可从事一般生产经营活动。从事需要许可的生产经营活动的，除法律、法规规定需要前置审批事项外，可以在取得营业执照后，再向主管部门申请办理。

示范区实施工商营业执照、组织机构代码、税务登记证以及外商投资企业批准证书联办登记制度，对企业设立、变更、投资实行"一表申请、一口受理、一章审批"。

第三十九条 示范区依托特色产业，发展高技术含量的出口贸易加工制造业以及离岸贸易、国际贸易结算、国际大宗商品交易、跨境电子商务、保税展示交易等开放经济业态。

鼓励跨国公司在示范区内建立区域总部和研发中心，建立整合贸易、物流、结算等功能的营运中心。

第四十条 发挥武汉东湖综合保税区功能，推进示范区建设开放特区。综合保税区与境外之间的管理为"一线"管理，综合保税区与境内区外之间的管理为"二线"管理。按照"一线放开、二线管住、区内自由"原则，在综合保税区建立与国际贸易发展需要相适应的监管模式。

加强海关、检验检疫、税务、外汇等部门的协作，推行统一高效的口岸监管服务，实行海关、检验检疫一次申报、一次查验、一次放行，实现通关便利化。

推进武汉东湖综合保税区对接国内外机场、公路、铁路、港口等综合口岸资源，建设示范区开放口岸门户。

第四十一条 示范区应当根据区内科技创新和产业发展需要，组织开展与其他国家和地区科技园区、跨国公司的交流合作，推动人才交流、协同创新和产业合作。

鼓励支持示范区与其他区域、城市建立战略合作关系，共建产业园区，加强产业分工和协作，推动区域科技创新和产业优化升级。

第八章 法治环境

第四十二条 管委会应当健全依法决策机制，规范行政决策和执行程序，建立重大决策公众参与、专家论证、风险评估、合法性审查、集体讨论决定和责任追究制度。

设立示范区咨询委员会，为示范区拟订改革发展方案和实施重大决策提供咨询意见。

第四十三条 示范区加强知识产权侵权预警和风险防范工作，健全知识产权侵权举报投诉、维权援助、纠纷调处机制，增强知识产权保护能力和水平。

第四十四条 在示范区设立的仲裁机构应当依据法律、法规并借鉴国际民商事仲裁惯例，创新和完善仲裁规则，提高民商事纠纷仲裁的国际化程度，提供独立、公正、专业、高效的仲裁服务。

示范区内的行业协会、商会以及民商事纠纷专业调解机构等可以参与示范区民商事纠纷调解。

第四十五条 公民、法人或者其他组织对管委会制定的规范性文件有异议的，可以提请市人民政府进行审查。

公民、法人或者其他组织不服管委会作出的行政行为，可以依法向市人民政府申请行政复议，或者依法提起行政诉讼。

第四十六条 对不适应示范区经济社会发展的地方性法规、地方政府规章和其他规范性文件，制定主体就其在示范区的适用作出相应决定。

第四十七条 示范区进行的创新活动，未能实现预期效果，但同时符合以下情形的，免予追究相关人员的责任：

（一）创新方案的制定和实施不违反法律、法规规定；

（二）相关人员履行了勤勉尽责义务；

（三）未非法谋取私利，未恶意串通损害公共利益和他人合法权益。

第九章　附　则

第四十八条 市人民代表大会及其常务委员会依据法律、行政法规和本条例，可以就示范区有关事项制定地方性法规，报省人民代表大会常务委员会批准后施行。

经省、市人民政府批准的共建园区，可以参照施行本条例有关促进创新创业的政策措施。

第四十九条 本条例自 2015 年 3 月 1 日起施行。

深圳经济特区国家自主创新示范区条例

（2018 年 1 月 12 日深圳市第六届人民代表大会常务委员会第二十二次会议通过　根据 2019 年 10 月 31 日深圳市第六届人民代表大会常务委员会第三十六次会议《关于修改〈深圳经济特区人体器官捐献移植条例〉等四十五项法规的决定》修正）

目　录

第一章　总　则
第二章　科技创新
第三章　产业创新
第四章　金融创新
第五章　管理服务创新
第六章　空间资源配置
第七章　社会环境建设
第八章　法律责任
第九章　附　则

第一章　总　则

第一条　为了全面实施创新驱动发展战略，保障和促进深圳国家自主创新示范区（以下简称示范区）的建设发展，加快建设现代化国际化创新型城市，率先建设社会主义现代化先行区，根据有关法律、行政法规的基本原则，结合深圳经济特区实际，制定本条例。

第二条　示范区科技创新、产业创新、金融创新、管理服务创新、空间资源配置以及社会环境建设等适用本条例。

本条例所称示范区，是指经国务院批准设立，在推进自主创新和高技术产业发展方面先行先试、探索经验、做出示范的区域，包括深圳高新技术产业园区（以下简称高新区）和其他产业园区。

示范区各个产业园区的具体范围由深圳市人民政府另行公布。

第三条　以科技创新为核心，加快建设创新驱动发展示范区、科技体制改革先行区、战略性新兴产业集聚区、开放创新引领区和创新创业生态区，发挥自主创新引领辐射带动作用。

第四条 完善以企业为主体、市场为导向、产学研相结合的创新体系，促进创新要素向企业集聚，不断增强企业创新能力。

第五条 培育激励创新的社会环境，营造开放包容、合作协同、崇尚创新的氛围，激发全社会创新活力。

第六条 市、区人民政府应当加强对示范区工作的组织领导，制定示范区发展规划，建立相应的资金投入和其他保障机制，统筹协调示范区工作中的重大事项。

第七条 对在示范区工作中作出突出贡献的单位和个人，由市、区人民政府及相关部门给予表彰和奖励。

第二章　科技创新

第八条 坚持以科技创新为核心，加强科学探索和技术攻关，突出关键共性技术、前沿引领技术、现代工程技术、颠覆性技术创新，形成持续创新的系统能力。

第九条 完善基础研究财政投入稳定支持机制。加大财政性资金对基础前沿、社会公益、重大关键共性技术研究等公共科技活动的支持力度，不断提高基础研究投入占财政科技投入的比例。

第十条 支持高等院校、科研院所、企业以及社会组织实施核心关键技术研发，以科技发展的重大突破带动生产力的跨越发展。符合条件的，由财政性资金给予相应资助。

第十一条 财政性资金应当逐步减少直接投入方式，综合运用财政后补助、间接投入等方式，支持企业根据市场需求开展技术创新，引导企业增加研发投入。

财政性资金应当作为受资助企业科技研发的配套资金，配套比例由市人民政府规定。

第十二条 支持高等院校、科研院所和企业在科技发达、创新资源密集的国家和地区建立境外研发机构和技术交流平台，参与国际科技合作计划。

支持国内外知名研发机构、科学家团队在示范区设立研发机构，开展核心关键技术研发和产业化应用研究。

第十三条 高等院校、科研院所、企业与深圳市外研发机构合作开展科学研究，成果在示范区内产业化的，可以视为示范区内科研项目，按照规定享受相关优惠待遇。

第十四条 对符合条件的战略性新兴产业和未来产业研发项目，可以由财政性资金给予相应的配套支持；也可以单独就科研领军人才培养和引进、大型科学仪器设施的购置和建设给予财政性资金资助。

第十五条 杰出人才、国家级领军人才，以及相当于国家级领军人才级别以上的海外引进人才组建科研团队开展科技项目研发，其项目符合财政性资金资助条件的，可以由科研团队主要负责人申请相关资助。所获得的资助资金通过所在单位或者合作单位按照相关规定管理。

第十六条 市、区人民政府可以委托具备相应资质和能力的机构行使出资人权利，将财政性资金通过阶段性持有股权方式，支持企业开展技术、管理以及商业模式等创新。

受托股权代持机构在股权退出时，所投入财政性资金出现亏损，经第三方评估机构评估，确认属于合法投资且已尽职履责的，可以按照规定予以核销。

第十七条 高等院校、科研院所和企业利用财政性资金或者国有资本购置和建设大型科学仪器设施的，产权及相关收益归购置和建设单位所有。协议另有约定的，从其约定。

第十八条 高等院校、科研院所以及科研人员以知识产权设立公司或者入股公司的，可以分别独立持股，并按照约定的股权分配比例办理公司登记或者股权登记手续。

第十九条 拥有大型科学仪器设施的高等院校、科研院所和企业等单位应当按照相关规定，将利用或者主要利用财政性资金、国有资本购置和建设的大型科学仪器设施，在满足自身使用需求的基础上最大限度向社会开放使用，支持相关组织或者个人开展科学研究和技术开发。

大型科学仪器设施购置和建设申请报告或者项目可行性研究报告应当包括开放服务承诺，明确开放时间、范围、方式等内容。但是，涉及国家安全、重大社会公共利益的项目除外。

大型科学仪器设施对外开放使用的，可以按照非盈利原则收取适当费用。

建立大型科学仪器设施对外开放使用的信息平台，及时公开开放使用的相关信息。

第二十条 推动深港两地联合资助研发项目的资金和仪器设施跨境使用，促进科研人员、仪器设施、财政科技资金在深港两地合理流动。

第三章　产业创新

第二十一条 实施自主品牌、知识产权和标准化战略，强化市场主导作用和企业创新主体地位，加快科技成果转移转化和先进技术推广，构建产业创新体系。

第二十二条 坚持绿色低碳循环发展的产业导向，禁止高能耗、高污染、高排放产业进入示范区，积极推动节能环保、清洁生产、清洁能源产业发展。

第二十三条 市、区人民政府应当推动区域品牌创新培育，加快知名品牌建设，增强本地知名品牌的质量竞争力和国际影响力。

支持品牌公共服务机构为企业提供品牌规划、培育、宣传和人才培养等服务，开展品牌认证，参与品牌价值评价。符合条件的，由财政性资金给予相应资助。

第二十四条 支持高等院校、科研院所和企业建立研发与标准创新同步机制，推动科研、标准和产业一体化发展。

支持标准服务机构参与标准制定、深圳标准认证、标准理论研究、标准人才培育、国外技术性贸易措施研究等。符合条件的，由财政性资金给予相应资助。

第二十五条 实施国家高新技术企业培育计划，建立国家高新技术企业培育库。相关部门可以对入库企业开展研发活动给予相应支持。

第二十六条 符合产业政策和产业导向目录、在深圳注册的工业企业实施技术改造的，可以按照有关规定申请财政性资金资助。

第二十七条 支持专业性和综合性中试基地建设，为企业产品实现工业化、商品化和规模化提供投产前试验或者试生产服务。符合条件的，由财政性资金给予相应资助。

第二十八条　鼓励企业孵化器为初创科技企业提供配套增值服务，构建全链条产业孵化体系，提升运营服务能力，提高初创企业存活率、知识产权拥有率和科技成果转化率。符合条件的，由财政性资金给予相应资助。

支持创客个人、创客团队、创客空间和创客服务平台发展，推动创意转化为产品或者服务。符合条件的，由财政性资金给予相应资助。

第二十九条　市、区人民政府应当积极培育科技服务机构和科技创新服务平台，为高等院校、科研院所和企业提供相关服务。

市、区人民政府应当加强科技服务机构和科技创新服务平台规范管理。

第三十条　搭建军民融合项目投融资平台，促进军民创新融合，构建军民信息和设施共享机制，支持企业承担国家军民融合重大专项计划项目或者与军工单位开展研发合作，推进军民两用技术研发与科技成果转化。

第三十一条　推动深港两地实现执业资格互认，支持取得香港执业资格的专业人士直接为前海深港现代服务业合作区提供专业服务，并逐步扩展到其他产业园区。

支持工程师、经纪人等相关行业协会在前海深港现代服务业合作区建立与国际接轨的执业资格评价制度，相关部门可以按照有关规定认可其评价结果。

第四章　金融创新

第三十二条　建立适合示范区创新发展的金融服务模式和体系，拓展金融市场支持创新的功能，为科技企业提供综合金融服务。

第三十三条　支持商业银行建立适合科技企业的授信准入、风险评级、审查审批和贷后管理制度，提高科技企业信贷管理水平。

鼓励有条件的银行业金融机构在依法合规和风险可控的前提下，开展贷款与股权、期权等投贷联动创新，为科技企业融资提供服务。

第三十四条　支持深圳证券交易所发展多层次资本市场，优化融资服务，丰富交易产品，吸引境内外企业上市融资。

鼓励中小企业通过境内外证券交易机构开展融资活动。

第三十五条　支持符合条件的创新型企业通过发行企业债、公司债以及小微企业增信集合债、项目收益债等债券，拓宽融资渠道。

第三十六条　支持保险机构开发科技保险、出口信用保险、专利保险、小额贷款保证保险等产品，为科技企业提供风险保障和融资支持。

第三十七条　设立政府投资母基金或者联合社会资本设立、参股子基金，重点支持高技术产业、新兴产业等领域早中期、初创期创新型企业发展。

第三十八条　完善知识产权质押投融资风险补偿机制。市人民政府可以发起设立知识产权质押投融资风险补偿基金，对符合条件的知识产权质押投融资失败项目给予一定比例的补偿。

第三十九条　推动建立与人民币资本项目开放相契合的中国（广东）自由贸易试验区深圳前海蛇口片区账户管理体系，形成人民币跨境业务创新枢纽，在人民币国际化、资本项目开放等重点领域先行先试。

第五章　管理服务创新

第四十条　创新政府管理服务，实现公共服务优质高效，营造有利于示范区创新发展的政务环境。

第四十一条　市、区人民政府设立示范区管理联席会议，履行下列职责：

（一）研究示范区发展规划；

（二）统筹协调示范区的重要政策制定、重大项目安排以及改革试点工作；

（三）考核评估示范区工作；

（四）研究决定有关示范区工作的其他重要事项。

联席会议由市、区人民政府负责人召集，发展改革、教育、科技创新、工业和信息化、司法行政、财政、人力资源保障、规划和自然资源、国资监管、市场监管、地方金融监管、税务等相关部门参加。区人民政府可以参加市人民政府的联席会议。

联席会议办公室设在市、区科技创新部门，负责日常工作。

第四十二条　市科技创新部门负责下列示范区建设发展工作：

（一）拟定示范区发展战略、规划以及相关政策措施，经批准后组织实施；

（二）协调重大项目安排以及有关基础前沿、社会公益、重大关键共性技术研究等，指导高新技术产业化以及应用技术的开发与推广，促进科技成果转化；

（三）工作职责范围内相关资金、基金的申报、管理和监督；

（四）开展高新技术企业认定的相关工作；

（五）市人民政府规定的其他工作职责。

市其他部门在各自职责范围内实施示范区发展战略、规划和政策，提供相关公共服务，共同推进示范区建设和发展。

第四十三条　区人民政府负责辖区内示范区产业规划的编制和实施，重大项目引进，监督管理和服务等工作。

第四十四条　建立市、区人民政府跨部门财政科技资金统筹决策、联动监管和绩效评价制度，统一项目管理和信息公开平台，合理安排财政科技资金投入领域、比例和规模，提高财政性资金使用效益。

第四十五条　市、区人民政府及相关部门涉及示范区企业事业单位、其他组织或者个人在科技创新、产业创新以及人才培养和引进等方面的登记、许可类信息，应当互联互通，建立信息共享机制。

已经向政府部门提交的资料或者政府部门已经生成的资料，企业事业单位、其他组织以及个人在同一政府部门或者本级政府不同部门办理登记、许可、资格认定或者资金扶持申请等事项时，无须重复提交相同资料。相关部门不得以此为由拒绝受理申请；确需相关资料的，由受理部门自行调取。

第四十六条　完善科技评价制度，发挥多元评价主体、多元化评价标准在科技评价中的作用，提高科技评价的科学性和合理性。

应用研究、产业化攻关等相关项目的论证和评审应当加大技术可行性的权重。

第四十七条 建立跨部门、跨地区的科研项目评审、验收专家库，将国内、国际相关领域的领军人才作为科研项目评审、验收专家候选人。

行政主管部门和受委托组织科研项目评审、验收机构的工作人员不得参加或者干预科研项目的评审和验收。

第四十八条 建立财政性资金资助项目知识产权合规性审查制度，强化知识产权创造、保护和运用。

申请财政性资金资助的申请人和项目负责人应当向行政主管部门提交项目知识产权合规性声明。

行政主管部门应当会同知识产权部门对拟安排资助资金达到市、区人民政府规定数额的项目开展知识产权合规性审查，发现存在知识产权侵权行为或者侵权风险较高的，不予资助。

第四十九条 对于申请财政性资金资助的项目研发、人才培养和引进以及大型科学仪器设施购置和建设等，除涉及国家秘密外，审批、评审或者评议的结果应当向社会公开。对于审批、评审或者评议未能通过的申请，应当在五个工作日内向申请人说明理由。

第五十条 市、区人民政府及其相关部门应当加强对财政性资金使用情况的监管，定期形成资金使用情况报告，确保资金合理、足额用于资助事项。

相关部门可以根据需要委托专业机构对财政性资金资助的事项进行管理，但是不免除委托部门对资金使用的监管责任。

第五十一条 资助科研项目、科研领军人才培养和引进，以及大型科学仪器设施购置和建设的财政性资金达到市人民政府规定数额的，由批准资助的行政主管部门委托专业机构对资金使用情况进行审计。

市、区审计部门应当根据工作职责和市、区人民政府的工作安排，对有关部门执行本条例相关规定的情况依法进行审计监督，审计报告依法向社会公开。

第五十二条 除下列情形外，依法完成规划环境影响评价的产业园区，建设项目符合规划环境影响评价和审查意见的，可以适当简化环境影响评价内容或者调整环境影响评价类别：

（一）环境影响评价文件应当由省级以上生态环境部门审批的；

（二）建设项目属于电镀、化工、造纸、印染、制革、发酵酿造、规模化养殖和危险废物综合利用或者处置等重污染行业的。

第五十三条 市、区政务服务数据管理部门应当建立自主创新信息公共服务平台，提供政策法规、市场监管、科技成果、标准技术文件以及民生服务等信息查询服务。

第五十四条 市、区科技创新部门会同人力资源部门为科研人员提供公益性知识拓展、更新培训，提高科研人员的科技水平和创新能力。

知识拓展、更新培训可以委托高等院校、科研院所、科学技术协会、相关行业协会或者高新技术企业等承办。

第五十五条 市、区科技创新部门会同司法行政部门为高等院校、科研院所、企业以及科研人员的创新活动提供法律咨询、代理、法律援助、公证、司法鉴定、法律专业培训等公共法律服务。

第五十六条 建立知识产权公共服务平台，为高等院校、科研院所、企业以及科研人员提供知识产权查询、代理、评估、运营以及维权援助等服务。

第五十七条 市地方金融监管部门会同相关单位建设一站式中小企业投融资服务平台，提供债权和股权融资等服务。

第五十八条 市、区统计部门应当创新统计调查与分析方式、方法，加强跨部门数据比对与分析研究，及时发布宏观经济数据以及新产业、新经济、新业态发展等数据，为企业创新发展提供统计信息服务。

第五十九条 建立和完善以创新发展为导向的考核机制，将实施创新驱动发展战略作为重要考核指标，纳入区人民政府以及市、区各部门和相关机构绩效考核范围。

第六十条 取消涉及高新区内企业购买厂房、迁址、租用厂房以及配套住房的行政许可，相关事项按照有关协议执行。

第六章　空间资源配置

第六十一条 坚持市场配置资源与政府产业导向相结合的原则，建立创新型产业用地、用房保障制度。

第六十二条 规划和自然资源部门应当优化示范区城市规划，将高技术产业、战略性新兴产业、未来产业等创新型产业用地需求纳入城市建设与土地利用年度实施计划，优先安排创新型产业用地。

第六十三条 规划和自然资源部门应当以创新型产业及其配套设施建设为重点，加强统筹协调，加快示范区内旧工业区、低密度功能区以及零星地块的土地整备工作。

第六十四条 坚持土地空间利用与生态文明建设相结合，根据不同区域的功能定位划定各类产业的限制、禁止区域，合理预留绿化用地以及其他生态建设用地，实现科技创新与生态保护的协调发展。

第六十五条 在示范区内申请创新型产业用地，或者已取得使用权的土地需要改变用途的，应当符合示范区产业规划和城市规划要求。

第六十六条 申请高新区创新型产业用地使用权的，应当为高新技术企业。

取得高新区创新型产业用地使用权的高新技术企业所建的产业用房依法用于出租的，承租人应当为高新技术企业或者为高新技术企业服务的相关企业、机构。

高新区保障性用房建设用地以及公共设施建设用地的具体办法由市人民政府规定。

第六十七条 通过招标、拍卖和挂牌方式取得示范区土地使用权，受让人转让土地使用权或者人民法院强制执行但是没有符合受让条件的次受让人或者竞买人的，由市、区人民政府按照土地使用权出让协议约定的条件和价格回购。

第六十八条 市、区人民政府可以根据示范区城市规划以及创新型产业发展要求建设创新型产业用房。

产权归政府所有的创新型产业用房建设所需土地，可以采取划拨、协议出让方式取得。

第六十九条　产权归政府所有的创新型产业用地或者用房，应当主要以租赁的方式保证符合条件的企业对用地用房的实际需求。

租赁期满且项目发展符合产业导向目录的企业，可以续租或者在同等条件下优先租赁土地或者购买创新型产业用房。

第七十条　在示范区内以招标、拍卖和挂牌方式取得土地使用权，以及属于城市更新项目升级改造为创新型产业用地功能的，应当按照规定配建创新型产业用房。

第七十一条　支持旧工业区实施城市更新，促进产业升级，提高产业配套水平；支持原农村集体经济组织继受单位按照有关规定参与示范区创新型产业项目建设，提高土地利用效益。

第七十二条　通过协议出租或者协议出让方式取得创新型产业用地使用权建设产业用房依法用于出租的，出租价格不得高于产权归政府所有的创新型产业用房相应的出租价格标准；高出的部分，由区人民政府予以没收。

第七章　社会环境建设

第七十三条　充分发挥政府各部门以及工会、共产主义青年团、妇女联合会等群团组织和相关社会组织在示范区建设发展中的积极作用，营造有利于创新发展的法治环境、市场环境和文化环境。

第七十四条　健全保护创新的法治环境。加快创新薄弱环节和领域的法规、规章和规范性文件制定工作，对法规、规章和规范性文件不适应示范区发展需要的内容及时进行清理。

企业事业单位、其他组织和个人认为法规、规章、规范性文件的内容不适应示范区建设发展需要的，可以向相关部门提出修改或者废止建议，相关部门应当研究处理并按照规定予以答复。

第七十五条　加大对示范区建设发展的司法保护力度。人民法院、人民检察院应当综合运用司法办案、司法建议等形式，积极维护高等院校、科研院所、企业以及科研人员的合法权益。

第七十六条　培育开放公平的市场环境。强化需求侧创新政策的引导作用，降低企业创新成本，扩大创新产品和服务的市场空间。

第七十七条　市、区人民政府及相关部门可以举办或者鼓励高等院校、科研院所、行业协会以及其他组织举办创新创业培训、比赛、论坛、展会、创意征集等活动，营造支持创新的社会氛围。

第七十八条　支持行业协会和知识产权中介机构等参与知识产权保护，提供知识产权侵权监测、证据收集、评估定价、预案预警、调解纠纷以及维权援助等服务。

第七十九条　鼓励职业院校、技工院校与相关行业协会、企业通过开发课程和教材、提供实训基地、制定行业培训标准等方式开展合作，联合培养技术技能型人才。

第八十条　鼓励企业、行业协会以及其他组织和个人设立科技奖励基金，对关键共性技术、前沿引领技术、现代工程技术、颠覆性技术创新项目，以及在科学研究、技术开发、科技成果推广应用、高新技术产业化、科学技术普及等方面作出突出贡献的单位和个人予以奖励。

第八十一条　营造崇尚创新的文化环境。在全社会形成鼓励创造、追求卓越、宽容失败的文化氛围，推动创新发展成为深圳城市精神的重要内涵。

弘扬企业家精神，充分激发科研人员的创造活力，发挥企业家和科研人员的示范带领作用。

第八十二条　加强科学普及基础设施建设，创新科学普及理念和模式，围绕重大创新成果和科研进展，开发和推广系列科学传播产品，向公众传播科学知识、科学方法、科学精神和科学文化。

鼓励企业事业单位和行业协会等设立面向公众的科学普及场所。有条件的，应当根据自身特点面向公众开放研发机构、生产设施（流程）或者展览场所，作为科学普及教育基地。

第八十三条　科学技术协会可以通过下列方式，支持示范区建设发展：

（一）开展国内外学术交流；

（二）参与人才评价和推荐；

（三）开展科学普及活动；

（四）提供决策咨询；

（五）维护科研人员的合法权益；

（六）其他促进科技创新的活动。

科学技术协会和其他科技类社会组织可以承接政府相关职能转移，开展科技评估、奖励推荐等活动，充分发挥其在自主创新体系中的作用。

第八十四条　工会、共产主义青年团、妇女联合会等群团组织应当发挥自身优势培育创新精神，支持相关组织和个人参与创新相关活动。

第八十五条　新闻媒体应当加大对创新驱动发展战略实施的宣传报道和舆论引导，宣传相关政策法规、创新典型、创新成果以及创新品牌，营造支持创新的良好氛围。

第八章　法律责任

第八十六条　利用或者主要利用财政性资金、国有资本建设和购置大型科学仪器设施，不按照规定履行对外开放使用义务或者违规收费的，由相关部门责令限期改正，已违规收取的费用，由相关部门予以没收；对直接负责的主管人员和其他直接责任人员依法给予处分。

第八十七条　未按照财政性资金资助合同书或者任务书的要求提交相关报告、结题（验收）申请的，除因不可抗力导致无法完成外，应当按照约定或者规定予以整改；未整改或者整改后仍达不到合同书或者任务书要求的，相关部门应当停止资助，并责令退回已资助的资金，将申请人和项目负责人纳入失信名录，三年内不接受其财政性资金资助申请。

因不可抗力导致资助事项无法完成的，申请人应当退回尚未使用的财政性资金。

第八十八条　财政性资金资助的项目有下列情形之一的，相关部门应当停止资助，并责令退回已资助的资金，将申请人和项目负责人纳入失信名录，五年内不接受其财政性资金资助申请；构成犯罪的，依法追究刑事责任：

（一）弄虚作假骗取财政性资金的；

（二）非法挪用、侵占、冒领、截留财政性资金的；

（三）有知识产权侵权行为，经政府主管部门或者司法机关依法确认有过错的；

（四）法律、法规规定的其他情形。

第八十九条　在科研项目评审、验收、评估、鉴定等工作中，作出虚假评审、评估、鉴定或者泄露企业商业秘密的，除依法处罚外，纳入失信名录，五年内不得从事科研项目评审、验收或者科学技术成果评估、鉴定以及论证等工作。

第九十条　受委托组织科研项目评审、验收机构的工作人员参加或者干预科研项目评审和验收的，委托部门应当撤销委托，五年内不得委托该机构组织科研项目评审、验收工作；构成犯罪的，依法追究刑事责任。

第九十一条　行政主管部门及其工作人员未按照法律、法规和本条例规定履行职责，或者滥用职权、徇私舞弊、玩忽职守的，由所在单位或者监察机关依法给予处分；构成犯罪的，依法追究刑事责任。

第九章　附　则

第九十二条　示范区外实施创新驱动发展战略的相关工作，可以参照适用本条例。

第九十三条　本条例自 2018 年 3 月 1 日起施行。

苏南国家自主创新示范区条例

2017年12月2日江苏省第十二届人民代表大会常务委员会第三十三次会议通过，自2018年2月1日起施行。

目　录

第一章　总　　则
第二章　规划与建设
第三章　创新创业
第四章　产业技术研究开发机构
第五章　人才资源
第六章　投融资服务
第七章　开放合作
第八章　服务与管理
第九章　附　　则

第一章　总　　则

第一条　为了促进和保障苏南国家自主创新示范区建设，加快提升自主创新能力，发挥示范和辐射带动作用，根据有关法律、行政法规，结合实际，制定本条例。

第二条　苏南国家自主创新示范区的建设及其相关服务与管理活动，适用本条例。

苏南国家自主创新示范区（以下简称示范区），包括省人民政府经国务院同意确定的南京、苏州、无锡、常州、昆山、江阴、武进、镇江国家高新技术产业开发区和苏州工业园区（以下统称国家高新区）。

第三条　示范区应当以实施创新驱动发展战略为核心，充分发挥区域科教人才优势和开发开放优势，开展激励创新政策先行先试，激发各类创新主体活力，加快科技成果转移转化，提升区域创新体系整体效能，建设成为创新驱动发展引领区、深化科技体制改革试验区、区域创新一体化先行区和具有国际竞争力的创新型经济发展高地。

第四条　省人民政府成立的示范区建设工作领导协调机构，负责对示范区建设的组织领导和统筹协调。领导协调机构办公室设在省科技行政主管部门，承担日常的组织、协调、指导和推进工作。

领导协调机构成员单位和省人民政府有关部门在各自的职责范围内，支持和促进示范区建设。

示范区所在地设区的市人民政府以及国家高新区管理机构应当建立健全相应的领导和工作推进机制，明确相应工作机构，具体组织实施示范区建设工作。

第五条 示范区所在地县级以上地方人民政府应当加大财政性资金投入，鼓励、引导社会资金参与，推动自主创新经费持续稳定增长。

省人民政府设立示范区建设专项资金，主要用于支持示范区内重大科技创新载体建设、科技金融发展和对国家高新区的奖励补助。

示范区所在地设区的市人民政府以及国家高新区管理机构可以设立相应的示范区建设专项资金。

第六条 示范区鼓励各类主体创新创业，支持有利于创新创业的体制机制先行先试。

示范区所在地县级以上地方人民政府应当引导社会培育创新精神，倡导创新文化，营造崇尚创新、勇于突破、激励成功、宽容失败的创新氛围。

第二章　规划与建设

第七条 示范区的规划与建设应当着力优化创新布局，加强创新资源整合集聚和开放共享，推动创新要素合理流动，建立健全产业发展、科技创新、公共服务、社会管理和城乡建设统筹机制，构建开放型区域创新体系，促进区域创新一体化发展。

第八条 示范区发展规划由省人民政府组织编制，报国家有关部门确定。示范区所在地设区的市人民政府根据示范区发展规划编制实施方案。

省人民政府有关部门和示范区所在地设区的市人民政府有关部门编制与示范区建设有关的专项规划，应当与示范区发展规划相衔接。

第九条 示范区重点发展智能制造、新能源、新材料、新一代信息技术、生物医药、节能环保等战略性新兴产业，加快发展物联网、云计算、大数据应用服务以及科技服务、金融服务等现代服务业。

示范区所在地县级以上地方人民政府应当结合本地区资源优势和产业基础，制定相关政策，优化产业布局，培育和发展具有国际竞争力的创新型产业集群，提高专业化配套协作水平，引导和促进战略性新兴产业集聚发展。

第十条 国家高新区应当围绕产业建设布局，根据创新资源分布状况设立创新核心区，集聚创新资源，带动示范区整体发展。

第十一条 示范区所在地县级以上地方人民政府以及国家高新区管理机构应当统筹示范区与周边地区基础设施、公共设施和其他配套设施的建设与管理，实施交通、管网综合同步建设，完善配套服务功能。

第十二条 示范区应当坚持节约集约用地，严格控制土地开发强度，盘活利用存量土地资源，促进城镇低效用地再开发。

示范区建立土地集约利用的评价和动态监测机制，推动从土地利用结构、土地投资强度、地均产出效益、人均用地指标的管控和综合效益等方面提高节约集约用地水平。

第十三条 示范区的建设应当符合城乡规划和土地利用总体规划。

示范区的建设用地应当重点用于高新技术产业、战略性新兴产业、科技创新载体项目和配套设施建设。

示范区内的重大创新项目建设用地应当在土地利用年度计划中优先安排。

第十四条 省人民政府有关部门应当在示范区内统筹布局和建设科技基础设施和大型科学仪器，建立统一的共享服务平台。

利用财政性资金或者国有资本购置、建设的科技基础设施和大型科学仪器，应当按照国家和省有关规定向社会开放共享。鼓励以社会资金购置、建设的科技基础设施和大型科学仪器向社会开放共享。

第十五条 示范区建立最严格的生态环境保护、资源节约利用、自然资源资产离任审计、生态损害赔偿和责任追究等制度，提高资源节约和环境准入标准，加大环保执法力度，推动循环化改造和资源循环利用，推进清洁生产，引导产业结构向低碳、循环、集约方向发展。

示范区支持发展科技含量高、资源消耗低、环境污染少的产业项目，禁止发展高能耗、高污染和高环境风险的产业项目。

第三章　创新创业

第十六条 示范区所在地县级以上地方人民政府及其有关部门应当发挥市场配置资源、市场竞争激励创新的作用，营造公平、开放、透明的市场环境，保证各类市场主体依法平等使用生产要素、参与市场竞争，增强市场主体创新创业活力。

示范区所在地县级以上地方人民政府及其有关部门应当加快完善产权保护制度，依法保护各种所有制经济组织和公民财产权，增强市场主体创新创业动力。

第十七条 示范区应当以提高自主创新能力为核心，构建和完善以企业为主体、市场为导向、产学研深度融合的技术创新体系。

示范区所在地县级以上地方人民政府及其有关部门可以采取前资助、后补助、贷款贴息、风险补偿、奖励等方式，支持企业、高等院校、研究开发机构开展原始创新、前沿技术研发、关键共性技术开发、科技成果转化和研发平台建设等科技创新活动。

第十八条 支持企业加大研究开发投入，开展技术创新。企业的研究开发费用按照国家规定在税前列支并加计扣除。省级财政根据企业的研发投入情况，按照规定给予奖励。

对承担国家重点实验室、技术创新中心、工程研究中心、企业技术中心、制造业创新中心、产业创新中心等国家研究开发平台建设任务的企业，省级财政按照规定给予经费支持。

第十九条 对符合条件的高等院校、研究开发机构等单位进口国内不能生产或者性能不能满足需要的科学研究、科技开发和教学用品，按照国家规定免征进口关税和进口环节增值税、消费税。

第二十条 支持培育发展高新技术企业。对纳入省高新技术企业培育库的企业，所在地县级以上地方人民政府按照规定给予培育奖励，支持其开展产品、技术、工艺、业态创新。

示范区内的企业申请高新技术企业认定的，由省有关部门根据国家规定和国家高新区管理机构的意见予以认定。

经认定的高新技术企业依法享受税收优惠。高新技术企业发生的职工教育经费支出，按照国家规定享受税收优惠。

第二十一条 支持企业、高等院校、研究开发机构以及其他组织和个人在示范区内设立创新创业孵化载体。

示范区所在地设区的市、县（市、区）人民政府以及国家高新区管理机构、省人民政府有关部门对符合条件的创新创业孵化载体予以资助。

第二十二条 企业、高等院校、研究开发机构、风险投资机构可以在示范区内共建产业技术创新战略联盟、知识产权联盟等创新合作组织。鼓励符合条件的创新合作组织依法办理法人登记。

第二十三条 高等院校、研究开发机构可以自主处置科技成果。鼓励高等院校、研究开发机构采取转让、许可他人实施、作价投资等方式向示范区内的企业或者其他组织转移科技成果，或者在示范区内自行实施科技成果转化。

科技成果转移转化收益全部留归高等院校、研究开发机构。高等院校、研究开发机构应当与项目完成人约定项目所产生的科技成果的使用权、处置权及收益分配比例。科技成果形成后一年内未实施转化的，在所有权不变的前提下，项目完成人书面告知单位后，可以自主实施转化，转化收益中至少百分之七十归项目完成人所有。

涉及国家安全、国家利益和重大社会公共利益的科技成果的转移转化，按照有关法律、法规规定执行。

第二十四条 科技成果转化活动按照国家规定实行税收优惠。

示范区内符合条件的企业在转化科技成果时给予个人的股权奖励，递延至取得股权分红或者转让股权时纳税。

第二十五条 鼓励高等院校、研究开发机构组建知识产权运营机构，进行知识产权资产管理，开展科技成果转移转化。

鼓励社会资本在示范区设立知识产权运营公司，开展知识产权收储、开发、组合、投资等服务。

第二十六条 示范区所在地县级以上地方人民政府应当制定和实施知识产权战略，推进知识产权公共服务平台建设，引导支持各类创新创业主体创造、运用知识产权，促进创新成果知识产权化。

鼓励和支持各类创新创业主体建立自有品牌，提升品牌层次，扩大品牌影响，培育具有市场竞争力的国际知名自主品牌。

鼓励和支持各类创新创业主体主导或者参与制定地方标准、行业标准、国家标准和国际标准，成立标准联盟，开展与国际、国内标准化组织的战略合作，推进技术标准的产业化应用。

第二十七条 鼓励和支持政府采购人向科技型中小微企业采购产品和服务。

向中小微企业预留的采购份额应当占本部门年度政府采购项目预算总额的百分之三十以上；其中，预留给小型微型企业的比例不低于百分之六十。中小微企业无法提供的商品和服务除外。

第二十八条 示范区内利用财政性资金设立的科技计划项目，可以按照国家和省规定的比例在项目经费中列支间接费用；间接费用的绩效支出纳入项目承担单位绩效工资总量管理的，不计入绩效工资总额基数。

第四章 产业技术研究开发机构

第二十九条 示范区所在地县级以上地方人民政府以及国家高新区管理机构应当支持发展投资主体多元化、实行市场化运作的产业技术研究开发机构，从事产业共性和关键技术研究开发。鼓励、引导产业技术研究开发机构在治理结构、运行机制等方面进行探索和创新。

第三十条 示范区所在地县级以上地方人民政府以及国家高新区管理机构可以根据需要，设立或者参与设立产业技术研究开发机构。

按照前款规定设立的产业技术研究开发机构，可以实行理事会领导下的院（所）长负责制和市场化运行机制，自主决定技术路线、经费支配、人员聘任、收益分配，建立有利于发挥科技人员创新创业活力的激励机制。

第三十一条 鼓励民间资本设立或者参与发起设立产业技术研究开发机构发展基金，参与示范区内产业技术研究开发机构的建设和运营。

第三十二条 对具有独立法人资格的产业技术研究开发机构非财政性资金支持的研究开发经费支出，示范区所在地县级以上地方人民政府有关部门以及国家高新区管理机构按照规定给予奖励。

第三十三条 产业技术研究开发机构在政府项目承担、职称评审、人才引进、投融资等方面享受国有科研机构同等待遇。

公益性产业技术研究开发机构在建设用地方面享受国有科研机构同等待遇。

第三十四条 支持产业技术研究开发机构与企业、高等院校、研究开发机构联合承担国家和省级科技计划项目。

第五章 人才资源

第三十五条 省人民政府和示范区所在地设区的市人民政府应当制定实施创新型人才引进、培养计划，组织引进重点领域高端领军人才和高水平科学研究团队，建立健全人才使用、流动、评价和激励机制。

第三十六条 示范区内各类创新创业主体可以与境内外高等院校、研究开发机构联合培养创新创业人才。鼓励企业博士后工作站从优秀外籍博士和留学博士中招收博士后研究人员。

第三十七条　示范区内专业技术人才的职称评价应当注重考察创新能力、成果转化能力、工作业绩，增加技术创新、专利发明、成果转化、技术推广、标准制定等评价指标的权重，将科研成果转化取得的经济效益和社会效益作为职称评审的重要依据。

示范区所在地县级以上地方人民政府有关部门应当为非公有制经济组织和社会组织人才申报参加职称评审提供便利。

引进的高层次人才申报评审高级职称的，可以不受资历、工作年限等条件限制。

第三十八条　示范区内的高等院校、研究开发机构可以自主公开招聘高层次人才和具有创新实践成果的科研人员。

示范区内创新能力强、人才密集度高的企业、研究开发机构可以按照省有关规定开展高级职称自主评审。

用人单位按照规定自主评聘的高层次人才和具有创新实践成果的科研人员，在政府科技计划项目申报、科技奖励申报、人才培养和选拔中享有同级别专业技术人员待遇。

第三十九条　政府设立的高等院校、研究开发机构等事业单位科研人员可以按照规定离岗创业，在示范区内创办科技型企业或者到企业从事科技成果转化，离岗期间保留人事关系和职称，三年内可以在原单位按照规定正常申报职称，其创业或者兼职期间工作业绩作为职称评审的依据。

第四十条　鼓励高等院校、研究开发机构和企业及其他组织之间实行人才双向流动。高等院校、研究开发机构可以聘请企业及其他组织的科技人员兼职从事教学和科研工作，支持本单位的科技人员到企业及其他组织从事科技成果转化活动。

第四十一条　符合条件的国有科技型企业可以采取股权出售、股权奖励、股权期权、项目收益分红、岗位分红等方式，对企业重要技术人员和经营管理人员实施激励。

第四十二条　示范区所在地县级以上地方人民政府及其有关部门应当制定和完善人才服务的具体政策措施，为高层次人才在引进手续办理、外国人工作许可、户籍或者居住证以及出入境手续办理、住房保障、医疗服务、子女教育、配偶就业等方面提供便利条件。

第六章　投融资服务

第四十三条　示范区所在地县级以上地方人民政府以及国家高新区管理机构可以设立或者联合设立创业投资引导资金或者基金，通过参股、提供融资担保、跟进投资或者其他方式，支持境内外创业投资机构在示范区开展创业投资业务。

第四十四条　示范区所在地县级以上地方人民政府以及国家高新区管理机构应当增加科技型中小微企业融资风险补偿投入，引导金融机构、创业投资机构加大对科技型中小微企业的支持力度。

第四十五条　鼓励民间资本创办或者参与投资科技创业投资机构；鼓励民间资本参与重大科技基础设施建设。

示范区内国有资本可以按照规定发起设立科技投融资平台，通过资本运营参与创业投资。

第四十六条　支持银行业金融机构在示范区内设立科技金融专营机构，开展知识产权质押、股权质押等信贷业务。

鼓励银行业金融机构加强差异化信贷管理,适当提高对科技型小微企业贷款的不良贷款容忍度。

支持在示范区内依法设立民营银行,主要为示范区内的科技型中小微企业提供金融服务,促进科技型中小微企业创新发展。

第四十七条 鼓励在示范区内依法设立信用担保机构、再担保机构;鼓励担保机构加入再担保体系,为创新型企业提供融资信用担保。

鼓励信用担保机构、再担保机构扩大科技创新信用担保业务规模。

第四十八条 支持创业投资机构、银行业金融机构、小额贷款公司、商业保险机构、信用担保机构等在示范区内开展金融服务创新。

鼓励创业投资机构、银行业金融机构、小额贷款公司、商业保险机构、信用担保机构等进行科技金融合作,为示范区内初创期创新型企业提供综合性金融服务。

第四十九条 支持示范区内符合条件的企业在境内外证券市场公开发行股票、债券。

支持示范区内符合条件的企业在全国中小企业股份转让系统、区域性股权市场开展融资和并购重组。

第七章　开放合作

第五十条 示范区依法推进科技服务、知识产权服务、金融服务、商贸服务、航运服务、文化服务和社会服务等领域扩大开放,营造有利于各类投资者平等准入的市场环境。

示范区实行外商投资准入前国民待遇加负面清单管理模式。外商投资准入负面清单按照国家规定执行。

第五十一条 示范区应当加强与国际高科技园区、境外高等院校和研究开发机构等的交流与合作,推动建设国际合作科技园区。

支持境外高等院校、研究开发机构、跨国公司在示范区设立符合产业发展方向的国际性或者区域性研究开发机构、技术转移机构。

支持示范区内企业、研究开发机构和科技人员依法开展国际科技合作与交流。

第五十二条 支持示范区内符合条件的企业在境外设立或者合作设立研究开发机构、创新创业孵化载体。

支持示范区内的企业境外参展和产品国际认证、申请境外专利、注册境外商标、境外投(议)标、收购或者许可实施境外先进专利技术、许可使用境外商标。

第八章　服务与管理

第五十三条 国家高新区管理机构根据精简、统一、效能的原则,按照国家规定科学合理设置职能机构。

国家高新区管理机构在机构编制管理部门核定的编制和员额总数内,建立健全以聘用制为主的人事制度,创新符合示范区实际的选人用人机制、薪酬激励机制和人才交流机制。

第五十四条 示范区应当加强知识产权保护和管理，建立知识产权行政执法协作机制、行政执法与刑事司法衔接机制。

示范区内人民法院应当深化知识产权审判改革，提高知识产权审判质量和效率，加强知识产权司法保护。依法设立的知识产权法庭统一审理知识产权民事、刑事、行政案件。

示范区建立健全知识产权维权援助体系，建设知识产权快速维权中心，支持企业开展知识产权维权。

第五十五条 示范区所在地县级以上地方人民政府及其有关部门根据需要建立技术交易场所、信息平台，为技术信息检索与分析、技术评估、技术交易等活动提供便利和支持。

第五十六条 国家高新区享有与设区的市同等的经济管理等权限。省人民政府有关部门负责实施的行政审批事项，可以按照规定下放或者委托国家高新区管理机构负责实施。

第五十七条 国家高新区管理机构应当完善政务公开制度，公布行政权力清单，公开管理事项、收费项目和标准、办事程序、服务承诺、优惠政策等信息。

国家高新区管理机构应当设立综合服务平台，提供一站式政务和公共服务，实现创新创业办事不出高新区。

第五十八条 示范区所在地县级以上地方人民政府及其有关部门应当建立创新政策协调审查机制，对新制定政策是否制约创新进行审查，及时修改、废止有违创新规律、阻碍新兴产业和新兴业态发展的政策规定。

示范区所在地县级以上地方人民政府及其有关部门应当建立创新政策调查和评价制度，广泛听取企业和社会公众意见，定期组织或者委托第三方对政策落实情况进行评估。

第五十九条 省、设区的市地方性法规、地方政府规章部分条款适用需要在示范区作出调整的，由省、示范区所在地设区的市人民代表大会常务委员会、人民政府依照法定程序作出决定。

第六十条 省人民政府应当完善自主创新绩效评价考核机制，从知识产权创造和运用、技术创新质量和效益、产业升级和结构优化、参与国际竞争、可持续发展等方面，定期组织或者委托第三方对国家高新区自主创新绩效进行评价考核。

评价考核的标准、程序和结果应当向社会公开。

第六十一条 示范区所在地县级以上地方人民政府应当建立完善自主创新奖励制度，对在自主创新中做出突出贡献的单位和个人给予奖励。

第六十二条 示范区建立创新容错机制。对因改革创新、先行先试出现失误错误的，可以按照国家和省有关规定从轻、减轻处理或者免除责任。

第九章 附 则

第六十三条 省人民政府经国家同意划入示范区的其他科技园区，适用本条例。

经省人民政府批准，示范区外的科技园区可以参照本条例执行。

第六十四条 本条例自 2018 年 2 月 1 日起施行。

成都国家自主创新示范区条例

2018 年 12 月 7 日四川省第十三届人民代表大会常务委员会第八次会议通过，自 2019 年 1 月 1 日起施行。

目　录

第一章　总　则
第二章　规划与建设
第三章　创新创业
第四章　科技金融
第五章　人才支撑
第六章　开放合作
第七章　管理服务
第八章　附　则

第一章　总　则

第一条　为了保障和促进成都国家自主创新示范区的建设和发展，提高自主创新能力，发挥示范区引领辐射带动作用，根据有关法律法规，制定本条例。

第二条　成都国家自主创新示范区是指经国务院批准设立，在推进自主创新和高新技术产业发展方面先行先试、探索经验、做出示范的区域。

成都国家自主创新示范区以及成都市人民政府确定由成都高新技术产业开发区负责开发建设区域（以下统称示范区）的建设及其相关服务与管理活动，适用本条例。

第三条　示范区全面实施创新驱动发展战略，在推进创新创业、科技成果转化、人才引进、科技金融结合、知识产权运用和保护、新型创新组织培育、产城融合等方面先行先试，建设创新驱动发展引领区、高端产业集聚区、开放创新示范区和西部地区发展新的增长极。

第四条　省人民政府、成都市人民政府应当加强组织领导，建立协同推进机制，对示范区内重大项目安排、政策先行先试、体制机制创新等方面给予积极支持，研究解决示范区建设中的重大事项和问题。

省人民政府、成都市人民政府有关部门按照各自职责，支持和推进示范区的建设和发展。

示范区所在地的县级人民政府应当支持、配合示范区开发建设。

第五条 成都高新技术产业开发区管理委员会（以下简称管委会）为示范区管理机构，履行建设国家自主创新示范区职责，行使成都市人民政府赋予的规划、教育、科技、财政、土地、生态环境、市场监管等经济和社会管理权限。

第六条 示范区设立创新创业、产业发展、人才、科技金融、知识产权等专项资金。专项资金具体管理和使用办法由管委会制定。

第七条 示范区培育激励创新的社会环境，开展科学技术普及和宣传工作，鼓励发明创造、科学探索和技术创新，提高公众科学素质，激发社会创新活力，优化社会营商环境。

第二章　规划与建设

第八条 省人民政府、成都市人民政府统筹协调示范区重大投资项目的建设，重点发展新一代信息技术、生物医药、高端装备及智能制造等战略性新兴产业，加快发展科技服务、金融服务、知识产权服务等现代化服务业和临空产业。

管委会统筹规划示范区产业布局，制定产业发展规划，合理设置产业功能区。

第九条 示范区的规划与建设应当优化创新布局，完善公共设施和服务体系，促进创新资源聚集、资源集约、绿色发展，与成都市城市总体规划和土地利用总体规划等规划相衔接。

示范区应当将为企业服务的公共信息、技术、物流等服务平台和必要的社会事业建设项目统一纳入整体规划。

第十条 管委会组织编制示范区城市控制性详细规划、分区规划，经成都市城乡规划主管部门审查，报经成都市人民政府批准后实施。

第十一条 管委会会同示范区所在地的县级人民政府编制示范区土地利用总体规划、土地征收方案，按照法定程序报批后组织实施。示范区的建设用地应当重点用于高新技术产业、战略性新兴产业、科技创新载体项目和配套设施建设。

示范区应当合理、高效利用土地资源，建立土地利用审查机制以及土地节约集约利用评价和动态监测机制。

除国家另有规定外，示范区出让国有土地使用权的各项收入应当作为示范区基础设施建设资金实行专项管理。

第十二条 成都市人民政府根据示范区发展需要优先保障并单列下达新增规划建设用地指标和新增建设用地年度计划指标。

第十三条 示范区应当引导产业结构向低碳、循环、集约方向发展，支持发展科技含量高、资源消耗低、环境污染少的产业项目，禁止发展高能耗、高污染和高环境风险的产业项目。

第三章　创新创业

第十四条　示范区实施自主品牌、知识产权和标准化战略，强化市场主导作用和企业创新主体地位，构建产业创新体系。

示范区建立支持创新发展工作机制，鼓励企业、高等院校和科研院所创建自主创新平台，加大研发投入，积极开展基础研究、共性技术研究及应用研究，提高自主创新能力。

第十五条　支持企业与高等院校、科研院所采取委托研发、技术许可、技术转让、技术入股以及共建研发机构等形式，开展产学研用合作。

鼓励组建产业创新中心、产业技术联盟等新型创新组织。符合条件的新型创新组织可以申请登记为法人。

第十六条　鼓励企业、高等院校和科研院所开展科技成果所有权、使用权、处置权、收益权改革创新，建立知识价值评价、成果权属与利益分配机制。高等院校、科研院所在不违反国家有关规定的情况下，可以自主处置科技成果。鼓励依法建立职务科技成果混合权属和利益分配机制。

企业、高等院校和科研院所可以依法采取科技成果入（折）股、股权奖励、股权出售、股票期权、科技成果收益分成等方式，对作出重要贡献的人员给予股权和分红权激励。

企业、高等院校和科研院所在示范区内实施科技成果转化的，成都市、示范区按照有关规定给予奖励。

第十七条　企业、高等院校、科研院所与示范区内研发机构合作开展科学研究，成果在示范区内产业化的，可以视为示范区内科研项目，按照规定享受相关优惠待遇。

第十八条　示范区支持众创空间、创业苗圃、孵化器和加速器等创新创业载体的建设和发展。

鼓励发展企业管理、财务咨询、市场营销、人力资源、法律顾问、知识产权、检验检测、现代物流、认证认可等第三方专业化创业服务。

第十九条　支持知识产权服务机构为创新创业者提供知识产权申请、运用、保护等服务。鼓励知识产权服务机构以参股入股等新型合作模式直接参与创新创业。

第二十条　支持企业、高等院校、科研院所和新型创新组织开展或者参与标准化工作，在重要行业、战略性新兴产业、关键共性技术等领域利用拥有自主知识产权的创新技术制定高于推荐性标准相关技术要求的团体标准、企业标准。

鼓励企业、高等院校和科研院所参与国际标准化活动。

第二十一条　示范区应当建立实验室、大型科学仪器设备、科技文献、科技数据等科技资源开放共享和激励机制，引导各类科技资源面向社会提供服务。

利用财政性资金或者国有资本购置、建设的实验室、科学仪器设施，应当对社会开放共享，为公民、法人和其他组织开展自主创新活动提供服务，法律法规另有规定的除外。

自有资金形成的科技资源向社会提供服务的，示范区按照有关规定给予奖励。

第二十二条　示范区内企业、高等院校、科研院所以及新型创新组织和个人，可以按照有关规定申报和承担国家、省重大科技项目。

示范区内企业、高等院校和科研院所承担财政性资金资助的科技项目，在项目经费中列支一定比例间接费用的，按照相关资金管理规定执行。

鼓励和引导企业联合高等院校和科研院所，承担市场导向明确的科技项目。

第二十三条 示范区应当健全政府采购机制，确保科技型中小企业能够公平、公正参与政府采购。鼓励和支持政府采购人按照规定向科技型中小企业采购产品和服务。

推广应用示范区新技术、新产品、新服务，建立首购首用风险补偿机制，对首购首用单位给予适当风险补助。

第二十四条 支持专业性和综合性中试基地建设，为科技成果实现工业化、规模化提供投产前试验或者试生产服务。符合条件的，由财政性资金给予相应资助。

第二十五条 示范区健全创新创业的知识产权扶持政策，对优秀创业项目的知识产权申请、转化运用给予资金和项目支持。

第二十六条 示范区建立健全创新企业的退出机制，通过破产、兼并、重组等多种方式完善存量结构调整和社会资源优化配置。

第二十七条 支持军民融合产业基地、军民融合企业等军民融合创新载体的建设和发展。对新入驻军民融合企业，示范区按照有关规定在条件保障、人才引进、投融资方面给予支持。

第二十八条 在示范区创新创业并作出突出贡献的人员，按照国家和省有关规定给予表彰和奖励。

第四章　科技金融

第二十九条 鼓励示范区创新财政投入方式，采取前资助、后补助、间接投入、基金等多种方式，支持企业、高等院校、科研院所、科技领军人才围绕产业发展关键核心技术、前沿引领技术、颠覆性技术等，协同开展技术攻关活动。

管委会探索委托具备相应能力的机构行使出资人权利，将财政性资金通过阶段性持有股权方式，支持企业开展技术、管理以及商业模式等创新。

受托股权代持机构在股权退出时，所投入财政性资金出现亏损，经第三方评估机构评估，确认属于合法投资且已尽职履责的，可以按照规定予以核销。

第三十条 示范区建立科技金融服务平台，通过政府引导、民间资金参与、市场化运作，建立债券融资服务、股权融资服务、增值服务等信息服务体系，引导科技信贷产品创新，加强科技与金融融合，为企业提供投融资信息服务。

第三十一条 管委会应当与金融监管部门、金融机构和企业沟通协调，建立金融业务风险防范联动机制，为科技企业提供综合金融服务。

第三十二条 支持境内外各类创业投资机构在示范区设立分支机构，开展投资活动。

鼓励符合条件的各类资本发起设立符合监管要求的科技投融资平台，参与创业投资。

第三十三条 支持设立政府投资母基金或者联合社会资本设立、参股子基金，重点支持高技术产业、新兴产业等领域早期、初创期创新型企业以及破产重整企业发展。

第三十四条 鼓励银行在示范区内设立科技金融专营机构，按照有关监管部门要求规范开展股权质押、知识产权质押贷款等科技金融服务。

鼓励保险公司创新科技保险产品和服务。

第三十五条 示范区建立科技型中小企业融资风险分担制度，为金融机构开展信用贷款、信用保险、股权质押、知识产权质押、风险投资、融资租赁、融资担保等业务提供风险补偿。

第五章 人才支撑

第三十六条 管委会应当制定创新创业型人才发展规划，建立与国际规则接轨的招聘、薪酬、考核、科研等人才保障制度。

第三十七条 支持示范区引进高层次人才和急需紧缺人才，吸引年轻创业者。

鼓励示范区内有条件的企业、高等院校和科研院所在境外建立研发、培训等机构，吸引使用优秀人才。

第三十八条 支持国内外知名企业、高等院校和科研院所在示范区合作建立人才培养机构。

鼓励企业、高等院校和科研院所采取委托项目、合作研究、挂职等方式引进和使用专业技术人员。

鼓励高等院校、科研院所专业技术人员按照国家和省有关规定在示范区兼职创新、在职创办企业或者离岗创新创业。

第三十九条 支持示范区深化职称制度改革。根据产业发展需要，按照省有关规定可以向示范区下放职称评审权。

支持符合条件的高等院校、科研院所、医院、大型企业等单位自主开展职称评审。

第四十条 对引进的高层次人才、急需紧缺人才和高技能人才，可以放宽资历、年限等条件限制，依据其专业能力和所做的贡献，申报评审相应职称。对取得重大成果或者作出突出贡献的人才，可以按照省有关规定，破格申报评审相应职称。

第四十一条 省人民政府、成都市人民政府和管委会应当制定和完善人才服务的具体政策措施，为高层次人才在引进手续办理、外国人工作许可、户籍或者居住证以及出入境手续办理、住房保障、医疗服务、老人赡养、子女教育、配偶就业等方面提供便利条件。

第四十二条 示范区应当为科研人员提供公益性知识拓展、更新培训，提高科研人员的科技水平和创新能力。

第六章 开放合作

第四十三条 支持示范区整合对外交流和经贸合作资源，建设开放战略通道和对外合作平台，建立与国际贸易投资通行规则相衔接、更便利的制度体系和监管服务模式。

第四十四条 除国家规定实行核准的外，其他境外投资项目实行备案管理。

支持企业境外参展和宣传推介、申请产品国际认证、申请境外专利、注册境外商标、境外投(议)标、收购或者许可实施境外先进专利技术、许可使用境外商标。涉及知识产权对外转让的，按照国家有关规定办理。

第四十五条 鼓励发展技术贸易、文化贸易、服务外包等新兴服务贸易。支持加工贸易转型发展；鼓励发展国际贸易结算、国际大宗商品交易、跨境电子商务、保税展示交易等开放经济业态。

第四十六条 企业、高等院校、科研院所及科学技术人员等依法开展国际科学技术合作与交流，合作设立研究开发机构的，省人民政府及其有关部门、成都市人民政府及其有关部门、管委会应当在出入境管理、注册登记、信息服务等方面提供便利条件。

第四十七条 鼓励示范区与其他国家和地区的科技园区、跨国公司交流合作，建设离岸创新创业及人才基地，推动人才交流、协同创新和产业合作。

支持示范区与国内、省内的其他区域和城市建立战略合作关系，共建产业园区，加强产业分工和协作，推动区域科技创新和产业优化升级。

第七章　管理服务

第四十八条 鼓励示范区创新管理体制，实施一区多园发展。

管委会在机构编制管理部门核定的机构限额内，自主设立、调整管委会工作机构，并报机构编制管理部门备案。

除法律、法规规定外，省人民政府、成都市人民政府有关部门在示范区一般不再设立派出机构，确需设立的，报机构编制管理部门按程序办理。

第四十九条 管委会在机构编制管理部门核定的编制和员额限额内，可按规定实施分类改革和岗位聘用制等人事管理制度，创新符合示范区实际的选人用人机制、薪酬激励机制和人才交流机制。

第五十条 管委会及其工作机构应当依法履行经济和社会管理职责，承担相应的法律责任。

按照国家和省有关规定，经批准可以在示范区相对集中行使行政许可权、行政处罚权。

第五十一条 示范区建立政务服务事项动态调整机制，设立综合服务平台，公布政务服务事项清单，提供行政审批、企业扶持、项目申报、中小企业认定证明、政策解读、服务咨询、培训指导等一站式政务服务。

示范区内企业投资经营过程中需要由所在地县级人民政府有关部门逐级转报的审批事项，可以由管委会直接向审批部门转报。

第五十二条 省人民政府及其相关部门根据示范区创新发展需要，按照有关规定向示范区下放项目审批、商事登记、环境影响评价等经济和社会管理权限。

第五十三条 示范区行使成都市人民政府授予的预算管理权限，预算纳入成都市本级预算，接受成都市人民代表大会及其常务委员会的审查和监督。

管委会负责示范区政府采购和国有资产管理，接受成都市财政、国有资产管理部门的指导和监督。

第五十四条 加强知识产权侵权预警和风险防范工作，健全知识产权侵权举报投诉、维权援助、纠纷调解处理、仲裁、侵权查处机制,加强知识产权综合行政执法,将侵权行为信息纳入社会信用记录。

设立知识产权公共服务平台,为企业、高等院校、科研院所以及科研人员提供知识产权查询、代理、评估、评议、运营以及维权援助等服务。

建立海外知识产权维权援助机制,对示范区内企业在海外的知识产权维权活动,提供支持。

第五十五条 企业事业单位、其他组织和个人认为法规、规章、规范性文件的内容不适应示范区建设发展需要的,可以向相关部门提出修改或者废止建议,相关部门应当研究处理并按照规定予以答复。

第八章 附 则

第五十六条 本条例自 2019 年 1 月 1 日起施行。

广东省自主创新促进条例

（2011 年 11 月 30 日广东省第十一届人民代表大会常务委员会第三十次会议通过　根据 2012 年 7 月 26 日广东省第十一届人民代表大会常务委员会第三十五次会议《关于修改〈广东省民营科技企业管理条例〉等二十三项法规的决定》第一次修正　根据 2016 年 3 月 31 日广东省第十二届人民代表大会常务委员会第二十五次会议《关于修改〈广东省自主创新促进条例〉的决定》第二次修正　2019 年 9 月 25 日广东省第十三届人民代表大会常务委员会第十四次会议修订）

目　录

第一章　总　则

第二章　研究开发和成果创造

第三章　成果转化与产业化

第四章　创新型人才建设与服务

第五章　激励与保障

第六章　法律责任

第七章　附　则

第一章　总　则

第一条　为了贯彻新发展理念，强化创新第一动力，提高自主创新能力，推动产业转型升级，形成以创新为主要引领和支撑的现代化经济体系，促进经济社会高质量发展，根据有关法律法规，结合本省实际，制定本条例。

第二条　本条例适用于本省行政区域内科学技术研究开发与成果创造、成果转化与产业化、创新型人才建设以及创新环境优化等自主创新促进活动。

本条例所称的自主创新，是指公民、法人和其他组织主要依靠自身的努力，为增进知识或者拥有自主知识产权、关键核心技术而开展科学研究和技术创新，运用机制创新、管理创新、金融创新、商业模式创新、品牌创新等手段，实现前瞻性基础研究、引领性原创成果重大突破，或者向市场推出新技术、新产品、新工艺、新服务的活动。

第三条　自主创新应当坚持在开放中推进，以企业为主体，以市场为导向，以高等学校、科学技术研究开发机构为支撑，产学研深度融合，政府引导，社会参与。

第四条　县级以上人民政府领导本行政区域内的自主创新促进工作，组织有关部门开展自主创新战略研究，编制自主创新规划和年度计划，确定自主创新的目标、任务和重点领域，发挥自主创新对经济建设和社会发展的支撑和引领作用。

县级以上人民政府科学技术主管部门负责本行政区域内自主创新促进工作的组织管理服务和统筹协调。

县级以上人民政府发展改革、教育、工业和信息化、财政、人力资源社会保障、农业农村、卫生健康、知识产权等主管部门在各自的职责范围内，负责相关的自主创新促进工作。

第五条　省人民政府应当推进粤港澳大湾区建设和支持深圳建设中国特色社会主义先行示范区，优化创新体制机制，加强科技创新合作，促进创新要素便捷流动和国际创新资源有效集聚，建设国际科技创新中心，以深圳为主阵地建设综合性国家科学中心。

第六条　省人民政府应当优化区域创新发展布局，促进地区之间自主创新合作和信息资源共享，扶持经济欠发达地区自主创新，统筹推进全省科技创新协调发展。

第七条　省人民政府应当建立完善风险防范机制，采取有效措施，健全技术创新体系，加强重点产业供应链安全保障，防范化解科技领域重大风险。

第二章　研究开发和成果创造

第八条　省人民政府应当设立省基础与应用基础研究基金，资助基础研究、应用基础研究和科学前沿探索，促进原始创新能力和关键核心技术供给能力提升，推动创造原创性成果。

支持地级以上市人民政府、企业和省基础与应用基础研究基金联合设立有关基金。

鼓励县级以上人民政府加大财政投入，鼓励和引导社会资金积极投入，资助基础研究、应用基础研究和科学前沿探索。

第九条　省人民政府应当创新重大项目形成机制和管理方式，强化企业对关键核心技术攻关的主体作用，组织实施省重点领域研发计划，构建国家重大科技项目承接机制并主动对接相关项目，推动突破关键核心技术瓶颈、获取重大原创科技成果和自主知识产权。

第十条　各级人民政府应当支持企业事业组织通过技术合作、技术外包、专利许可或者建立战略联盟等方式，对现有技术进行集成创新，促进产业关键共性技术研发、系统集成和工程化条件的完善，形成有市场竞争力的产品或者新兴产业。

第十一条　省人民政府应当根据国家和本省的产业政策和技术政策，编制鼓励引进先进技术、装备的指南，引导企业事业组织和其他社会组织引进先进技术、装备。

第十二条　县级以上人民政府确定利用财政性资金设立自主创新项目的，应当坚持宏观引导、平等竞争、同行评审、择优支持的原则，采取适当的科研组织形式和财政资助方式。

第十三条　省人民政府应当在重大创新领域统筹规划、布局建设广东省实验室，并支持其开展管理体制和运营机制创新。

省人民政府和所在地的市人民政府应当给予广东省实验室稳定的财政投入和条件保障，重点支持其开展战略性、前瞻性、系统性的基础与应用基础研究和关键核心技术攻关。

第十四条 省人民政府应当统筹、协调重大科技基础设施建设，支持有条件的地级以上市人民政府布局建设重大科技基础设施。

第十五条 省和地级以上市人民政府应当在建设规划、用地审批、资金安排、人才政策等方面，支持重要科学技术研究开发机构、重大创新平台落户本省，推进建设高水平创新研究院。

第十六条 县级以上人民政府及其科学技术、发展改革、工业和信息化等有关主管部门应当在规划、资金、人才、场地等方面，支持在产业集群区域和具有产业优势的领域建立公共研究开发平台、公共技术服务平台、科学技术基础条件平台等公共创新平台，为公民、法人和其他组织自主创新提供关键共性技术研究开发、信息咨询、技术交易转让等创新服务。

利用本省财政性资金建设的公共创新平台提供创新服务的情况，应当作为考核其运行绩效的重要内容，但是涉及国家秘密或者重大公共安全的除外。

第十七条 各级人民政府应当根据本地经济社会发展需求，培育和建设投资主体多元化、实行市场化运作、从事关键共性技术研发与创新成果转化的新型研发机构，并可以通过委托研发项目、科学仪器设备购置费用补助、运行维护费用补助等形式给予扶持。

新型研发机构在政府项目承担、职称评审、人才引进、建设用地、投资融资等方面享受与国有科学技术研究开发机构同等待遇。

第十八条 利用财政性资金或者国有资本建设的广东省实验室、重大科技基础设施和购置的大型科学仪器设备，应当依法履行向社会开放共享义务，为公民、法人和其他组织开展自主创新活动提供服务。

鼓励以社会资金建设的实验室、科技基础设施和购置的科学仪器设备向社会开放共享并提供服务。

第十九条 支持企业、高等学校和科学技术研究开发机构共建产学研技术创新联盟、科技创新基地或者博士工作站、博士后科研工作站等创新平台，引导人才、资金、技术、信息等要素向企业集聚，推进产学研深度融合，促进产业转型升级。

第二十条 县级以上人民政府应当促进军用与民用科学技术在基础与应用基础研究、产业技术创新、创新成果转化与产业化等方面的衔接与协调，推动军用与民用科学技术有效集成、资源共享和交流协作。

支持企业、高等学校和科学技术研究开发机构参与承担国防科学技术计划任务，鼓励军工企业和国防科学技术研究开发机构承担民用科学技术项目。

第二十一条 鼓励与港澳台企业、高等学校、科学技术研究开发机构、科学技术社会团体，联合开展科学技术攻关、共建科学技术创新平台等自主创新合作，联合发起或者参与国际大科学计划和大科学工程。

第二十二条 面向港澳建立省级财政科研资金跨境使用机制，鼓励港澳高等学校、科学技术研究开发机构承担财政科研资金设立的自主创新项目。

项目主管部门应当与承担项目的港澳高等学校、科学技术研究开发机构签订项目合同或者合作协议，明确科技成果的知识产权归属和运用等事项。

第二十三条 企业、高等学校、科学技术研究开发机构、科学技术社会团体和科学技术人员依法开展国际科学技术合作与交流，合作设立研究开发机构和创新孵化基地的，县级以上人民政府及其有关部门应当在出入境管理、注册登记、信息服务等方面提供便利条件。

境外的企业、高等学校、科学技术研究开发机构、学术团体、行业协会等组织，可以依法在本省独立兴办研究开发机构。

第二十四条 县级以上人民政府及其有关部门应当支持开展战略规划、政策法规、项目论证等方面的软科学研究和社会科学研究，促进自然科学与人文社会科学的交叉融合，为科学决策提供理论与方法。

第二十五条 各级人民政府应当依法保护企业事业组织的商业模式创新活动，制定激励扶持政策，引导企业事业组织采用合同能源管理、重大技术设备融资租赁、电子商务等商业模式提升商业运营能力。

支持互联网创新要素、创新体系和创新理念与产业发展的对接应用，推动技术和商业模式创新，培育新兴业态和产业新增长点。

支持企业事业组织利用互联网或者新技术，优化内部流程和整合外部资源，开发使用信息管理技术，开展产业链融合重组，推进运营模式创新。

第二十六条 县级以上人民政府应当加强自主品牌与区域品牌的培育和保护工作，重点推进战略性新兴产业、先进制造业、现代服务业、优势传统产业、现代农业等产业领域的企业品牌建设。

第二十七条 县级以上人民政府应当加强对自主知识产权的保护、管理和服务，完善知识产权维权机制，支持培育高质量专利，促进专利权、商标权和著作权等知识产权的创造和运用。

省和地级以上市人民政府应当组织专家，对利用财政性资金或者国有资本设立的重大自主创新项目涉及的知识产权状况、知识产权风险等进行评议。

第二十八条 加强粤港澳大湾区知识产权保护合作，有效保护权利人的合法权益。

推动建立粤港澳大湾区知识产权信息交换机制和信息共享平台。

培育发展粤港澳大湾区知识产权市场，建立健全与国际接轨的知识产权运营体系，促进知识产权合理有效流通。

第二十九条 县级以上人民政府应当制定激励扶持政策，有条件的应当设立技术标准专项资金，支持企业事业组织和其他社会组织主导或者参与国际标准、国家标准、行业标准、地方标准和团体标准的制定和修订，推动自主创新成果形成相关技术标准。

鼓励企业事业组织和其他社会组织在自主创新活动中实行科研攻关与技术标准研究同步，自主创新成果转化与技术标准制定同步，自主创新成果产业化与技术标准实施同步。

第三章 成果转化与产业化

第三十条 省人民政府应当定期发布自主创新技术产业化重点领域指南，优先支持高新技术产业、先进制造业、现代服务业和战略性新兴产业自主创新成果的转化与产业化活动。

第三十一条　县级以上人民政府应当制定相关扶持政策，通过无偿资助、贷款贴息、补助资金、保费补贴和创业风险投资等方式，支持自主创新成果转化与产业化，引导企业加大自主创新成果转化与产业化的投入。

第三十二条　高等学校、科学技术研究开发机构和企业可以依法实行产权激励，采取科技成果折股、知识产权入股、科技成果收益分成、股权奖励、股权出售、股票期权等方式对科学技术人员和经营管理人员进行激励，促进自主创新成果转化与产业化。

第三十三条　高等学校、科学技术研究开发机构和企业利用本省财政性资金设立的科研项目所形成的职务创新成果，在不影响国家安全、国家利益、重大社会公共利益的前提下，可以由项目承担单位与科学技术人员依法约定成果使用、处置、收益分配等事项。

第三十四条　利用本省财政性资金设立的高等学校、科学技术研究开发机构对于企业、其他社会组织委托的科研项目，可以根据合同约定成果归属、使用、处置和收益分配等事项，给予科学技术人员奖励和报酬。

第三十五条　县级以上人民政府应当支持高等学校、科学技术研究开发机构和企业完善技术转移机制，引导高等学校、科学技术研究开发机构的自主创新成果向企业转移或者实施许可。

第三十六条　项目承担者应当依法实施利用本省财政性资金设立的项目所形成的知识产权，采取保护措施，并向项目管理专业机构提交实施和保护情况的年度报告。

第三十七条　县级以上人民政府及其有关主管部门应当支持科学技术中介服务机构的发展并加强监督、管理和服务。建立和推行政府购买科技公共服务制度，对科技创新计划制定、先进技术推广、扶持政策落实等专业性、技术性较强的工作，可以委托给符合条件的科学技术中介服务机构办理。

科学技术中介服务机构应当为企业、高等学校、科学技术研究开发机构提供研发服务、知识产权服务、技术检测、创意设计、技术经纪、科学技术培训、科学技术咨询与评估、创业风险投资、科技企业孵化、技术转移与推广等科学技术中介服务，促进自主创新成果的转化与产业化。

第三十八条　科学技术中介服务业应当建立行业自律制度。科学技术中介服务机构及其从业人员，应当遵守相关法律法规，按照公平竞争、平等互利和诚实信用的原则开展业务活动。

科学技术中介服务机构及其从业人员不得有下列行为：

（一）提供虚假的评估、检测结果或者鉴定结论；

（二）泄露当事人的商业秘密或者技术秘密；

（三）欺骗委托人或者与一方当事人串通欺骗另一方当事人；

（四）其他损害国家利益和社会公共利益的行为。

第三十九条　省人民政府可以根据本省产业布局、经济可持续发展等需要批准建立省级高新技术产业开发区，并支持其发展成为国家级高新技术产业开发区。

省人民政府和高新技术产业开发区所在地的县级以上人民政府，应当在用地、产业项目布局、基础设施建设、人才队伍建设、生态环境保护、公共服务配套以及相关专项资金投入等方面给予支持，引导高新技术产业开发区发展特色和优势高新技术产业、先进制造业、现代服务业和战略性新兴产业。

县级以上人民政府应当支持发展民营科技企业，推动具备条件的民营科技产业园区、新兴产业园区、传统工业园区和产业转移园区发展成为省级以上高新技术产业开发区。

第四十条 县级以上人民政府应当促进主导产业集聚发展，提高专业化配套协作水平，完善产业链，促进发展形成专业镇或者产业集群。

专业镇或者产业集群应当集聚高新技术和先进技术，支持企业开展技术创新活动，提升特色和优势传统产业集群科学技术水平。

第四十一条 县级以上人民政府应当支持农业基础研究、新品种选育和新技术研究开发，对地域特征明显且申请条件成熟的特色、优势农产品实行地理标志保护。

第四十二条 鼓励公民、法人和其他组织开展资源与环境、人口与健康、文化创意、节能减排、公共安全、防震减灾、城市建设等领域的自主创新活动，应用先进创新技术及成果促进社会事业发展。

第四十三条 省和地级以上市人民政府可以依法发起设立或者参与设立创业投资引导基金，吸引社会资金流向创业投资企业，引导创业投资企业向具有良好市场前景的自主创新项目、初创期科技型中小企业投资。

鼓励和支持金融机构开展知识产权质押融资、保险、风险投资、证券化、信托等金融创新服务。符合条件的银行业金融机构可以依法开展科技信贷服务，创新投贷联动服务模式。保险机构可以根据自主创新成果转化与产业化的需要开发保险品种。

鼓励和支持科技型企业通过股权交易、发行股票和债券等方式进行融资。

第四十四条 鼓励和支持通过市场化机制、专业化服务和资本化途径，建设众创空间、科技企业孵化器、互联网在线创业服务平台等新型创业服务平台，支持中小微企业和个人开展创新、创业活动。

第四章 创新型人才建设与服务

第四十五条 省和地级以上市人民政府应当定期制定创新型人才发展规划和紧缺人才开发目录，加强创新型人才的培养和引进工作。

县级以上人民政府应当优先保证对创新型人才建设的财政投入，保障人才发展重大项目的实施。

第四十六条 省和地级以上市人民政府应当制定和完善培养、引进创新型人才的政策措施，并为创新型人才在企业设立、项目申报、科研条件保障和出入境、户口或者居住证办理、住房、医疗保障、子女入学、配偶安置等方面提供便利条件。

省和地级以上市人民政府科学技术主管部门应当会同有关部门组织引进优先发展产业急需的创新科研团队和领军人才。

第四十七条 县级以上人民政府应当支持企业、高等学校、科学技术研究开发机构建立创新型人才培养机制，以及开展岗位实践、在职进修、学术交流等人才培训活动。

企业、高等学校、科学技术研究开发机构等有关单位应当创新人才培养模式，结合本省自主创新的目标、任务和重点领域开展相关的创新实践活动，培养急需、紧缺的创新型人才。

高等学校、科学技术研究开发机构应当在师资、设备、经费、课题、学分等方面创造条件，鼓励和支持在校大学生参与创新研究和科技竞赛。

第四十八条　鼓励高等学校、科学技术研究开发机构选派科学技术人员参与企业自主创新活动，开展成果转化的研究攻关。鼓励企业选派专业技术人员到高等学校、科学技术研究开发机构开展自主创新课题研究。

支持企业、高等学校、科学技术研究开发机构利用人才与科技信息交流平台，吸引国内外高层次人才在本省实施创新成果转化与产业化。

第四十九条　省人民政府应当推进粤港澳大湾区创新型人才公共服务衔接，促进人才往来便利化和跨境交流合作。

推动粤港澳大湾区联合引进、培养创新型人才，联合开展关键核心技术攻关，促进自主创新和科技成果转化。

第五十条　省人民政府及其相关主管部门应当根据基础前沿研究、社会公益性研究、应用技术开发和成果转化等活动的不同特点，完善科学技术人才分类评价标准。

有关单位应当将自主创新成果转化与产业化情况作为科学技术人员职称评审、岗位聘用、项目申报和成果奖励的依据。

第五十一条　企业、高等学校、科学技术研究开发机构等有关单位应当建立创新型人才的激励机制，完善岗位工资、绩效工资、年薪制和奖励股票期权等分配方式。

第五十二条　鼓励有关单位和科学技术人员在自主创新活动中自由探索、勇于承担风险。

对于以财政性资金或者国有资本为主资助的探索性强、风险性高的自主创新项目，原始记录证明承担项目的单位和科学技术人员已经履行了勤勉尽责义务仍不能完成的，经立项主管部门会同财政主管部门或者国有资产管理部门组织专家论证后，可以允许该项目结题。相关单位和个人继续申请利用财政性资金或者国有资本设立的自主创新项目不受影响。

第五章　激励与保障

第五十三条　县级以上人民政府科学技术、发展改革、工业和信息化、财政、税务等有关部门应当落实国家和省促进自主创新的税收、金融、政府采购等优惠政策，加强宣传引导工作，简化办事程序，为公民、法人和其他组织享受有关优惠政策提供便捷服务。

第五十四条　科学技术重点基础设施、重大科学技术工程等建设项目应当纳入土地利用总体规划、城乡规划和政府投资计划。

省人民政府应当统筹协调、优先保障重大自主创新项目、非营利性自主创新项目用地。

省级以上产业园区的战略性新兴产业、高新技术产业的研究开发项目用地，依法通过招标、拍卖、挂牌等方式取得，不得擅自改变用途；确需改变用途的，应当报请有批准权的人民政府批准。

第五十五条　各级人民政府应当将科学技术经费作为财政支出重点予以支持，并逐步提高科学技术经费的财政投入总体水平，确保财政对科技投入力度只增不减。

引导社会加大对自主创新的投入，逐步提高研究与开发经费占地区生产总值的比例。

第五十六条　县级以上人民政府应当整合本级有关自主创新的财政性资金，坚持统筹使用，分项管理。

县级以上人民政府财政、科学技术主管部门应当会同有关部门建立和完善有关自主创新财政性资金的绩效评价制度，提高自主创新财政性资金的使用效益。

第五十七条　对高等学校、科学技术研究开发机构和企业自筹资金研究开发并具有自主知识产权的自主创新项目，县级以上人民政府可以采取后补助方式予以财政性资金资助。资助资金应当用于该项目在本省的后续研究开发、成果转化与产业化活动。

第五十八条　利用本省财政性资金设立的自主创新项目，承担项目人员的人力资源成本费可以从项目经费中支出且比例不受限制，但是不得违反国家和省有关事业单位和国有企业绩效工资管理等规定。人力资源成本费包括项目承担单位的项目组成员、项目组临时聘用人员的人力资源成本费，以及为提高科研工作绩效而安排的相关支出。

受行业、企业等委托利用社会资金开展技术攻关、提供科技服务的科研项目，高等学校、科学技术研究开发机构可以按照委托合同自主支配经费。

第五十九条　利用本省财政性资金设立的自主创新项目的主管部门，应当建立评审专家库，健全专家评审制度，完善专家的遴选、评审、回避、问责等机制。

利用本省财政性资金设立的自主创新项目及其承担者的情况，应当由项目主管部门向社会公开，但是依照国家和省有关规定不能公开的除外。

第六十条　科研项目主管部门应当简化自主创新项目申报和过程的管理，减少项目实施周期内的评估、检查、审计等活动。项目承担单位应当提高服务质量，制定完善相关管理制度。

第六十一条　自主创新资金应当专款专用，任何组织或者个人不得虚报、冒领、贪污、挪用、截留。

县级以上人民政府审计机关和财政主管部门应当依法对财政性自主创新资金的管理和使用情况进行监督。

第六十二条　省人民政府设立科学技术奖，对在科学技术进步活动和自主创新工作中做出重要贡献的单位和个人给予奖励。

鼓励社会力量设立科学技术奖项，对在科学技术进步活动和自主创新工作中做出重要贡献的单位和个人给予奖励。面向社会设立科学技术奖项的，应当坚持公益性和非营利性原则，不得在奖励活动中收取任何费用，并及时向所在地科学技术主管部门书面报告。

第六十三条　鼓励单位和个人捐赠财产或者设立科学技术基金资助、奖励本省自主创新活动，并可以依法享受税收优惠政策。

第六十四条　省人民政府科学技术主管部门应当会同省人民政府统计机构建立健全自主创新统计制度，对全省自主创新发展状况进行监测、分析和评价，全面监测自主创新活动的能力、水平和绩效。

全省自主创新主要统计指标应当定期向社会公布。

第六十五条 省人民政府应当建立自主创新考核制度，考核市、县人民政府推动自主创新的工作实绩。

第六十六条 各级国有资本经营预算应当安排适当比例的资金用于国有企业自主创新，并逐年增加。

国有企业应当加大自主创新投入，建立健全自主创新人才建设机制和创新收益分配制度。

县级以上人民政府有关部门应当完善国有企业考核评价制度，将企业的创新投入、创新能力建设、创新成效等情况纳入国有企业及其负责人的业绩考核范围。

第六十七条 自主创新工作相关主管部门应当建立健全科学技术研究开发机构评估制度，并根据科研活动类型，分类建立相应的评价指标和评价方式，完善评价结果的激励约束机制。

第六十八条 县级以上人民政府应当引导社会培育创新精神，弘扬科学家精神，加强作风和学风建设，形成崇尚创新、勇于突破、激励成功、宽容失败的创新文化。

机关、企业事业组织、社会团体应当开展科学技术普及和宣传工作，鼓励和支持开展群众性技能竞赛、技术创新和发明创造活动，提高公众科学文化素质。

第六十九条 县级以上人民政府应当完善科研诚信管理工作机制和责任体系，强化科研活动全流程诚信管理，加强科研诚信教育和宣传。

公民、法人或者其他组织从事自主创新活动，应当恪守学术道德，遵守科研诚信，不得弄虚作假或者抄袭、剽窃、篡改他人创新成果。

公民、法人或者其他组织在申报政府设立的自主创新项目、科学技术奖励及荣誉称号，以及申请享受各种创新扶持政策时，应当诚实守信，提供真实可靠的数据、资料和信息。

利用本省财政性资金设立的自主创新项目的主管部门，应当为承担项目的科学技术人员和组织建立科研诚信档案，并建立科研诚信信息共享机制。科研诚信情况应当作为专业技术职务评聘、自主创新项目立项、科研成果奖励等的重要依据。

第七十条 公民、法人或者其他组织从事自主创新活动，应当遵循公认的科研伦理规范。

设立自主创新项目的单位对涉及生命科学、医学、人工智能等前沿领域和对社会、环境具有潜在威胁的科研活动，应当要求项目负责人在立项前签订科研伦理承诺书；未签订科研伦理承诺书的，不予立项。

从事涉及人的生物医学科研和实验动物生产、使用的单位，应当按照国家相关规定设立伦理委员会开展伦理审查，履行科研伦理管理责任。

第六章　法律责任

第七十一条 违反本条例第十八条第一款规定，不依法履行开放共享义务的，由省人民政府科学技术主管部门责令改正，通报批评，并由其主管部门对直接负责的主管人员和其他直接责任人员给予处分。

第七十二条 违反本条例第三十八条第二款规定的，由有关主管部门依法给予行政处罚；给他人造成经济损失的，依法承担民事责任；构成犯罪的，依法追究刑事责任。

第七十三条 违反本条例第六十一条第一款规定，虚报、冒领、贪污、挪用、截留财政性自主创新资金的，依照国家和省有关规定责令改正，追回有关财政性资金和违法所得，依法给予行政处罚；对直接负责的主管人员和其他直接责任人员依法给予处分；构成犯罪的，依法追究刑事责任。

第七十四条 违反本条例第六十九条第二款和第三款、第七十条第一款规定，违背科研诚信，弄虚作假，或者违背公认科研伦理规范的，所属单位可以依法给予处理，并由有关主管部门根据情节轻重采取通报批评、中止项目并责令整改、取消已获得的荣誉称号或者科学技术奖项、撤销相关项目并追回已资助的财政性资金、定期或者终身限制申报科技创新项目或者科学技术奖项等方式予以处理，记入科研诚信档案。

第七十五条 违反本条例第七十条第二款、第三款规定，在立项前未签订科研伦理承诺书仍予以立项，或者未按规定设立伦理委员会开展伦理审查的，由有关主管部门对有关单位进行通报批评，责令改正；情节严重的，对直接负责的主管人员和其他直接责任人员依法给予处分。

第七十六条 科学技术等主管部门及其工作人员违反本条例规定，有下列情形之一的，由有关机关对直接负责的主管人员和其他直接责任人员依法给予处分；构成犯罪的，依法追究刑事责任：

（一）未依法对财政性自主创新资金的管理和使用情况进行监督检查的；

（二）有其他滥用职权、玩忽职守、徇私舞弊行为的。

第七章 附 则

第七十七条 本条例自 2019 年 12 月 1 日起施行。

图书在版编目(CIP)数据

《湖南省长株潭国家自主创新示范区条例》释义／湖南省人大教育科学文化卫生委员会，湖南省科学技术厅编著. —长沙：中南大学出版社，2021.10
　　ISBN 978-7-5487-4650-8

　　Ⅰ. ①湖… Ⅱ. ①湖… ②湖… Ⅲ. ①高技术开发区—条例—法律解释—湖南 Ⅳ. ①D927. 643. 229. 191. 5

中国版本图书馆 CIP 数据核字(2021)第 185665 号

《湖南省长株潭国家自主创新示范区条例》释义

湖南省人大教育科学文化卫生委员会
湖南省科学技术厅　　编著

□责任编辑	刘锦伟	
□责任印制	唐　曦	
□出版发行	中南大学出版社	
	社址：长沙市麓山南路	邮编：410083
	发行科电话：0731-88876770	传真：0731-88710482
□印　　装	湖南省众鑫印务有限公司	

□开　　本	787 mm×1092 mm　1/16	□印张 13.5	□字数 325 千字
□版　　次	2021 年 10 月第 1 版	□印次 2021 年 10 月第 1 次印刷
□书　　号	ISBN 978-7-5487-4650-8		
□定　　价	66.00 元		

图书出现印装问题，请与经销商调换